浙江省普通高校“十三五”新形态教材
职业高等教育建筑工程技术专业系列教材

建筑构造

主　编　李小敏
副主编　曾　焱

科学出版社
北　京

内 容 简 介

本书分为民用建筑与工业建筑两部分。主要包括绪论、民用建筑构造概述、基础与地下室、墙体、楼地层、楼梯及其他垂直交通设施、屋顶、门窗、变形缝、工业建筑概述、工业厂房构造等内容。

本书介绍了构造的基本知识和原理及相关的设计原则与方法，内容全面、结构新颖，每章均配有学习目标、能力目标、课程思政、思维导图、趣闻、链接、本章小结、课后习题、学习小结、观后感等。

本书可作为职业高等教育土木建筑大类相关专业的教学用书，也可作为从事土木工程类工作的相关人员的学习用书。

图书在版编目（CIP）数据

建筑构造 / 李小敏主编.—北京：科学出版社，2021.10

（浙江省普通高校“十三五”新形态教材 · 职业高等教育建筑工程技术专业系列教材）

ISBN 978-7-03-067904-8

Ⅰ. ①建…　Ⅱ. ①李…　Ⅲ. ①建筑构造－高等职业教育－教材　Ⅳ. ①TU22

中国版本图书馆CIP数据核字（2020）第271376号

责任编辑：万瑞达 / 责任校对：赵丽杰

责任印制：吕春珉 / 封面设计：曹　来

科学出版社 出版

北京东黄城根北街 16 号

邮政编码：100717

http://www.sciencep.com

北京中科印刷有限公司 印刷

科学出版社发行　各地新华书店经销

*

2021 年 10 月第　一　版　开本：787×1092　1/16

2021 年 10 月第一次印刷　印张：23 1/4

字数：560 000

定价：65.00 元

（如有印装质量问题，我社负责调换〈中科〉）

销售部电话 010-62136230　编辑部电话 010-62130874（VA03）

前言

“建筑构造”课程是土木建筑大类相关专业的一门既有理论又具实践的必修专业基础课程。通过本书的学习，学生应掌握民用建筑与工业建筑的基本构成和基本构造原理，掌握构造方法和建筑的细部构造，了解相关的设计原则与方法等。

本书是浙江省普通高校“十三五”新形态教材（高职高专），依据高职高专层次建筑工程技术专业人才培养的要求，同时结合新形势下的职业教育改革要求进行编写。具体来说，本书具有以下特点。

（1）内容新颖全面

当前，传统建筑业正处于转型升级时期，国家大力发展装配建筑和 BIM 技术，大力推进“1+X”职业技能等级证书试点建设项目，因此本书编写依据最新规范标准，及时更新与充实新材料、新工艺、新技术，尽量反映最新业态，同时将装配式建筑相关内容融入其中。

（2）课程思政融入

本书加强教学内容设计，引入大量真实案例和趣闻，积极引导学生学习专业知识，体会工匠精神、爱国情怀等，使得思政元素与专业知识自然融合。

（3）资源配备丰富

本书以浙江省精品课程建设成果为支撑，同时，结合“互联网 +”的形式，嵌入二维码，同时融入 AR 技术，学生使用手机扫描相关二维码即可获取大量相关的三维图形、微课视频、图文资源等。

全书内容共分 10 章，具体编写分工如下：曾焱编写绪论和第 6 章，李小敏编写第 1 章和第 10 章，陈峰编写第 2 章和第 9 章，陈杰编写第 3 章，付海娟编写第 4 章和第 7 章，贺祖爱编写第 5 章和第 8 章。本书由李小敏担任主编并负责统稿，曾焱担任副主编。本书编写的过程中参考了有关标准、书籍、图片及其他相关资料等，在此谨向相关的作者表示谢意；同时得到了科学出版社、长业建设集团有限公司、浙江环宇建设集团有限公司和编者所在单位的大力支持，在此深表感谢！

由于编者的水平有限、时间仓促，书中难免有疏漏或不足之处，恳请广大读者批评指正。

编　者

目 录

绪论 …… 1

0.1 课程的主要内容和任务 …… 3

0.2 建筑的分类 …… 6

0.2.1 按建筑的使用功能和属性分类 …… 7

0.2.2 按高度或层数分类 …… 8

0.2.3 按承重结构的材料分类 …… 9

0.2.4 按施工方法分类 …… 12

0.3 建筑的等级划分 …… 14

0.3.1 按耐火等级划分 …… 14

0.3.2 按耐久性划分 …… 16

0.4 建筑模数 …… 17

0.4.1 建筑模数的基本规定 …… 18

0.4.2 装配式建筑的模数协调 …… 20

0.5 当前我国建筑发展的新形势 …… 21

0.5.1 BIM 技术 …… 22

0.5.2 装配式建筑 …… 23

0.5.3 智能家居与智能住宅 …… 24

本章小结 …… 25

课后习题 …… 25

第 1 章 民用建筑构造概述 …… 28

1.1 民用建筑构造的组成及作用 …… 30

1.2 影响建筑构造的因素 …… 33

1.2.1 外界环境因素的影响 …… 35

1.2.2 建筑技术条件的影响 …… 36

1.2.3 经济条件及审美需求的影响 …… 37

1.3 建筑构造设计的原则 …… 38

本章小结 …… 40

课后习题……40

第2章 基础与地下室……43
2.1 地基与基础……45
2.1.1 地基与基础的关系……46
2.1.2 地基的分类……46
2.1.3 地基与基础的设计要求……46
2.2 基础的埋置深度及其影响因素……47
2.2.1 基础的埋置深度……48
2.2.2 基础埋置深度的影响因素……48
2.3 基础的类型与构造……48
2.3.1 按材料及受力特点分类……49
2.3.2 按构造形式分类……51
2.4 地下室构造……55
2.4.1 地下室的分类……56
2.4.2 地下室的构造组成……56
2.4.3 地下室的防潮构造……58
2.4.4 地下室的防水构造……58
本章小结……60
课后习题……61

第3章 墙体……64
3.1 概述……66
3.1.1 墙体的作用……67
3.1.2 墙体的类型……68
3.1.3 墙体的设计要求……70
3.2 砌体墙构造……72
3.2.1 材料……73
3.2.2 砌筑方式……75
3.2.3 细部构造……75
3.3 隔墙构造……83
3.3.1 块材隔墙……84
3.3.2 板材隔墙……85
3.3.3 立筋隔墙……86
3.4 幕墙构造……88
3.4.1 幕墙类型……89
3.4.2 幕墙基本构造……90
3.5 预制墙体构造……93
3.5.1 预制墙体类型……94

3.5.2 预制墙体基本构造……94
3.5.3 预制墙体施工……95
3.6 墙面装修……97
3.6.1 墙面装修作用与分类……98
3.6.2 墙面装修基本构造……99
本章小结……107
课后习题……107

第 4 章 楼地层……110
4.1 概述……112
4.1.1 楼地层的构造组成……114
4.1.2 楼板类型……115
4.1.3 楼板层的设计要求……116
4.2 钢筋混凝土楼板……120
4.2.1 现浇整体式钢筋混凝土楼板……121
4.2.2 预制装配式钢筋混凝土楼板……125
4.2.3 装配整体式钢筋混凝土楼板……130
4.3 楼地面……133
4.3.1 楼地层的设计要求……134
4.3.2 楼地面的类型……135
4.3.3 常见楼地面的构造……136
4.4 顶棚……141
4.4.1 直接式顶棚……142
4.4.2 悬吊式顶棚……144
4.5 阳台和雨篷……149
4.5.1 阳台……150
4.5.2 雨篷……154
本章小结……157
课后习题……157

第 5 章 楼梯及其他垂直交通设施……160
5.1 概述……162
5.1.1 楼梯的组成与作用……163
5.1.2 楼梯的类型……164
5.1.3 楼梯的设计要求……166
5.1.4 楼梯的尺度……166
5.2 钢筋混凝土楼梯……175
5.2.1 现浇钢筋混凝土楼梯……176
5.2.2 预制装配式钢筋混凝土楼梯……178

5.3 钢结构楼梯……184
5.3.1 钢结构楼梯的特点……186
5.3.2 钢结构楼梯的类型……186
5.4 楼梯细部构造……188
5.4.1 踏步面层及防滑措施……190
5.4.2 栏杆、栏板和扶手……190
5.4.3 栏杆与梯段扶手等的连接构造……192
5.4.4 楼梯转弯处扶手的构造……194
5.5 电梯与自动扶梯……195
5.5.1 电梯的类型……196
5.5.2 电梯的组成……197
5.5.3 电梯的设计要求……197
5.5.4 电梯门套……198
5.5.5 自动扶梯……199
5.6 室外台阶、坡道及无障碍设计……202
5.6.1 室外台阶……204
5.6.2 坡道……206
5.6.3 无障碍设计……208
实训项目：楼梯的设计……211
本章小结……216
课后习题……217

第6章 屋顶……220
6.1 概述……222
6.1.1 屋顶的组成、类型、作用与设计要求……222
6.1.2 屋顶的坡度和排水方式……224
6.1.3 屋面排水组织设计……227
6.2 平屋顶防水构造……229
6.2.1 平屋面的构造层次……230
6.2.2 卷材防水屋面……233
6.2.3 涂膜防水屋面……237
6.3 坡屋顶防水构造……239
6.3.1 坡屋顶的承重结构……240
6.3.2 坡屋顶屋面防水设计的基本要求和防水垫层……242
6.3.3 块瓦屋面构造……244
6.3.4 装配式轻型坡屋面构造……247
6.4 屋顶的保温与隔热……249
6.4.1 屋顶的保温……250

6.4.2 屋顶的隔热……251
实训项目：屋面排水组织设计……253
本章小结……257
课后习题……257

第 7 章 门窗……260
7.1 概述……262
7.1.1 门窗的作用与尺寸……263
7.1.2 门窗的选用与布置……263
7.1.3 装配式建筑门窗……264
7.2 门的分类与构造……266
7.2.1 门的分类……268
7.2.2 门的构造……269
7.3 窗的分类与构造……273
7.3.1 窗的分类……274
7.3.2 窗的构造……276
本章小结……278
课后习题……278

第 8 章 变形缝……281
8.1 概述……283
8.1.1 变形缝的概念和作用……284
8.1.2 变形缝的类型与设置原则……285
8.2 变形缝的构造……291
8.2.1 墙体变形缝的构造……291
8.2.2 楼地面变形缝的构造……293
8.2.3 屋顶变形缝的构造……294
本章小结……295
课后习题……296

第 9 章 工业建筑概述……299
9.1 工业建筑的特点和分类……300
9.1.1 工业建筑的特点……301
9.1.2 工业建筑的分类……303
9.2 工业建筑的结构类型……304
9.2.1 框架结构……305
9.2.2 排架结构……305
9.2.3 刚架结构……306

本章小结……307
课后习题……307

第 10 章　工业厂房构造……310
10.1　主要结构构件……312
10.1.1　基础与基础梁……312
10.1.2　柱……314
10.1.3　支撑系统……316
10.1.4　屋面构件……317
10.1.5　吊车梁……317
10.2　墙面围护……318
10.2.1　砖墙及块材墙……320
10.2.2　板材墙……322
10.2.3　开敞式外墙……325
10.3　屋面围护……327
10.3.1　屋面组成……328
10.3.2　屋面排水……329
10.3.3　屋面防水……331
10.3.4　屋面保温与隔热……333
10.4　门窗……335
10.4.1　大门……336
10.4.2　天窗……339
10.4.3　侧窗……346
10.5　地面及其他设施……349
10.5.1　地面……350
10.5.2　其他设施……354
本章小结……358
课后习题……359

参考文献……362

绪　论

学习目标

1. 了解本课程的主要内容和任务，清楚课程定位；
2. 掌握建筑的分类、建筑的等级划分、建筑模数等；
3. 了解建筑发展历史和新的发展形势。

学习引导
（音频）

能力目标

1. 能根据课程的任务和内容制订学习计划，明确学习方法；
2. 提升对建筑的分类、建筑的等级划分、建筑模数等知识的归纳能力；
3. 提升对建筑发展新形势的判断能力。

课程思政

我国被称为基建强国，这是因为近几年来我国在基建方面显示了强大的实力，建成了许多世界标志性的工程，如世界第一跨海大桥（港珠澳大桥）、世界第一高桥（北盘江大桥）等。这些标志性建筑物的建设背后饱含了一批能吃苦、高素质、有组织的“建筑人”的努力和付出。

老一辈的建设者为中国建筑业的高速发展打下了一个良好的基础，我们新一代的建设者要继承优良传统，并与时俱进，在当下国际竞争激烈的发展环境中乘风破浪，奋勇前行，为中华民族的伟大复兴奉献自己的力量。

我们要带着这样的初心来学习“建筑构造”这门课程，从“绪论”中来了解该课程的基本轮廓，进一步掌握以“全局观”来统领课程学习的基本学习方法。

思维导图

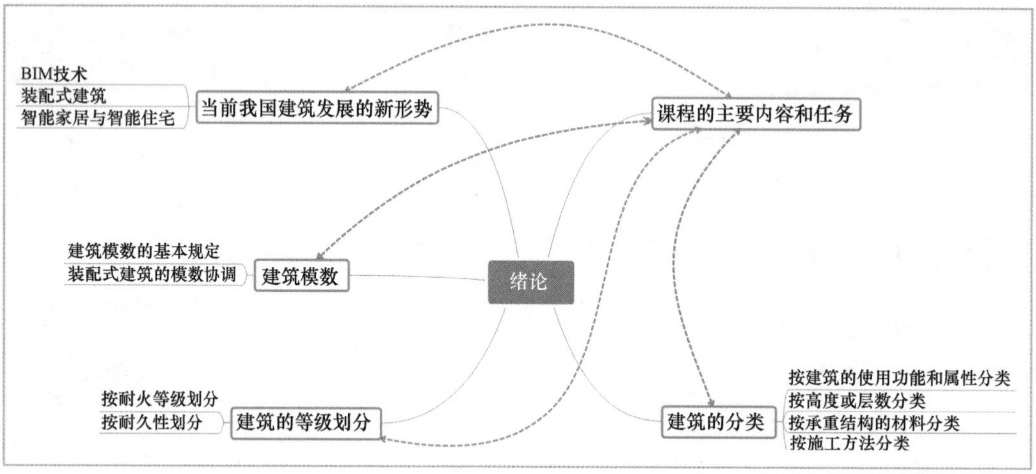

资源索引

页码	资源内容	形式
1	学习引导	音频
3	建筑的起源和内涵	视频
7	不同分类的建筑物赏析	图文
10	中国传统建筑	视频
	西方传统建筑	视频
16	建筑的构成要素	图文
23	BIM 技术简介	视频
	我国关于推广 BIM 技术相关政策	图文
	装配式建筑简介	视频
24	我国关于装配式建筑的推广政策一览	图文

0.1 课程的主要内容和任务

知识导入

建筑是人们为了满足社会生活需要，利用所掌握的物质技术手段，并运用一定的科学规律和美学法则创造的人工环境。

建筑的起源和内涵（视频）

建筑通常认为是建筑物和构筑物的总称。一般将供人们生产、生活或进行其他活动的房屋或场所叫作“建筑物”，如住宅（图 0.1）、办公楼（图 0.2）、教学楼、影剧院、体育馆（图 0.3）、工厂的车间等；将间接供人们使用的建筑称为“构筑物”，如水塔（图 0.4）、水坝、蓄水池（图 0.5）、烟囱等。

“建筑构造”课程的主要内容是什么？怎样学好这门课程？我们将在本节进行讲述。

图 0.1 住宅

图 0.2 办公楼

图 0.3 体育馆

图 0.4　水塔

图 0.5　蓄水池

趣　闻

世界上规模最大和最高的水坝

迄今世界上规模最大的混凝土重力坝就是中国的三峡大坝（图 0.6）。三峡大坝于 2006 年建成，全长 2309m，浇筑高程 185m。三峡大坝也是世界上综合效益最大的水利枢纽，其 1820 万 kW 的装机容量和每年 847 亿 kW 的发电量均居世界第一。

世界上最高的水坝则是英古里坝（图 0.7），高 272m。该水坝位于格鲁吉亚境内，但它所服务的水电站却有一部分位于阿布哈兹共和国。

图 0.6　三峡大坝

图 0.7　英古里坝

教学内容

建筑构造是研究建筑的构造组成、构造原理和构造方法的课程。该课程以建筑物为研究对象，其中，构造组成研究的是一般房屋的各组成部分及其作用；构造原理研究的则是房屋各个组成部分的构造要求及符合该要求的构造原理；而构造方法研究的是在构造原理的指导下，运用恰当的建筑材料和建筑制品构成建筑构配件并使其牢固连接的方法。

“建筑构造”课程在建筑学和土木工程学科中有着重要的作用，是土木、建筑类专业的必修专业基础课程，是支撑建筑设计、施工、造价、工程管理等相关建筑类工作的基础。

同时，“建筑构造”课程实践性强、综合性广，涉及建筑材料、建筑物理、建筑力学、建筑结构、建筑施工及建筑经济等知识，因此，需要学生对该课程有足够的重视。

在学习时，需要带着以下任务进行学习：

1）掌握房屋构造的基本理论，了解房屋各个部分的组成及功能要求；

2）根据房屋的功能、自然环境因素、建筑材料及施工技术的实际，选择合理的构造方案；

3）熟练地识读一般民用建筑施工图纸，有效地处理建筑中的构造问题，合理地组织和指导施工，满足设计要求；

4）能按照设计意图绘制一般的建筑构造图。

学习本课程时还应注意掌握以下方法：

1）掌握构造规律，能做到举一反三、融会贯通；

2）能理论联系实际，观察、学习已建或在建工程的建筑构造；

3）不断掌握新技术、新材料和新工艺，紧跟建筑工程技术发展的步伐，学会在课堂外拓展学习。

链 接

我国基础建设的快速发展

下面让我们一起来看几个数据，这些数据真实地反映了我国的基建实力。

根据交通运输部发布的《2019 年交通运输行业发展统计公报》，截至 2019 年年末，全国公路总里程达 501.25 万 km，比 2018 年增加 16.60 万 km。中国修建了许许多多的桥梁，如港珠澳大桥、杭州湾跨海大桥、海河大桥等，其中长度最长、难度最大的桥梁都在中国等。中国各城市的建筑拔地而起，一栋栋高楼林立，国内高层建筑层出不穷。2017年全球有144栋高层建筑（高度超过200m）的完工量，而中国就有76座。

基建促进了钢铁和水泥业的发展。中国的钢铁产量约占全球的一半，三年水泥的产量就达到66亿t。这些都从侧面反映了中国的基建实力。

0.2 建筑的分类

知识导入

建筑规范是建筑设计必须遵循的各种国家文件的统称。

这些规范带有编号，其中GB代表的是国家标准，如《民用建筑设计统一标准》（GB 50352—2019）；而JGJ代表的是建筑工程行业标准；除此之外，一般还有地方标准（DB）、协会标准（CECS）以及企业标准（QB）。

建筑的分类、等级划分及建筑的具体构造均来源于这些规范中的内容。

趣　闻

样式雷

在17世纪末，一位南方匠人雷发达来北京参加营造宫殿的工作，其技术高超，很快就被提升担任设计工作。此后，他和他的八代子孙一直负责主要的皇室建筑的设计，这个世袭的建筑师家族被称为“样式雷”。

直至清代末年，雷氏家族有几代后人都在样式房任掌案职务，负责过北京故宫、三海、圆明园、颐和园、静宜园、承德避暑山庄、清东陵和清西陵等重要工程的设计。雷氏家族的建筑设计方案，通常是按1/100或1/200比例先制作模型小样进呈内廷，以供审定。模型用草纸板热压制成，故名烫样（图0.8）。其台基、瓦顶、柱枋、门窗及床榻桌椅、屏风纱橱等均按比例制成。雷氏家族烫样独树一帜，是了解清代建筑和设计程序的重要资料。留存于世的部分烫样现存于北京故宫。

图 0.8 国家宝藏“样式雷”烫样

教学内容

建筑的种类很多，分类的方法也很多，常见的分为以下几类。

0.2.1 按建筑的使用功能和属性分类

不同分类的建筑物赏析（图文）

《民用建筑设计统一标准》（GB 50352—2019）第 3.1.1 条目指出，民用建筑按使用功能可分为居住建筑（图 0.9）和公共建筑（图 0.10）两大类。其中，居住建筑可分为住宅建筑和宿舍建筑。除此之外，建筑物还有工业建筑（图 0.11）与农业建筑（图 0.12）。具体分类见表 0.1。

图 0.9 居住建筑

图 0.10 公共建筑

图 0.11　工业建筑

图 0.12　农业建筑

表 0.1　建筑的分类

按照使用功能及属性分类	定义	分类	示例
民用建筑	供人们居住和进行各种公共活动的建筑的总称	居住建筑	住宅、宿舍
		公共建筑	办公楼、商业楼、教学楼、体育馆、火车站等
工业建筑	指的是各类生产用房和为生产服务的附属用房	单层工业厂房	主要用于重工业
		多层工业厂房	主要用于轻工业
		层次混合的工业厂房	主要用于化工类
农业建筑	指各类提供农业生产使用的房屋	栽种用建筑物	温室
		存储用建筑物	粮仓

0.2.2　按高度或层数分类

民用建筑高度或层数的分类主要是按照现行国家标准《建筑设计防火规范》（GB 50016—2014）（2018 年版）和《城市居住区规划设计标准》（GB 50180—2018）来划分的。当建筑高度是按照防火标准分类时，其分类方法按现行国家标准《民用建筑设计统一标准》（GB 50352—2019），见表 0.2 和表 0.3。

表 0.2　按高度分类

建筑类别	名称	高度	备注
住宅建筑	低层或多层	高度不大于 27.0m	
	高层	高度大于 27.0m，且高度不大于 100.0m	
	超高层	高度大于 100.0m	

续表

建筑类别	名称	高度	备注
公共建筑	低层或多层	高度不大于 24.0m	如为单层，高度大于 24m 也属于低单层或多层
	高层	高度大于 24.0m 的非单层公共建筑，且高度不大于 100.0m	
	超高层	高度大于 100.0m	

表 0.3　按层数分类

建筑类别	名称	层数	备注
住宅建筑	低层	1～3	建筑高度超过 100m 的民用建筑称为超高层建筑
	多层	4～9	
	高层	10 层及以上	
公共建筑和宿舍建筑	低层	1～3	
	多层	4～6	
	高层	7 层及以上	

注：《民用建筑设计统一标准》（GB 50352—2019）还提出，民用建筑类别划分因行业不同而有所不同，不宜在本标准内作统一规定。在专用建筑设计标准中结合行业主管部门要求来划分，如交通建筑中一般按汽车客运站的大小划分为一级至五级，体育场馆按举办运动会的性质划分为特级至丙级。

0.2.3　按承重结构的材料分类

承重结构，是指直接将本身自重与各种外加作用力系统地传递给基础地基的主要结构构件和其连接接点。其包括承重墙体、立杆、柱、框架柱、支墩、楼板、梁、屋架、悬索等。

构成建筑承重结构的材料有很多，常见的有木材、砖石、钢筋混凝土、钢材等。由不同材料形成承重构件的建筑大致可分为以下几类。

1．木结构

木结构是单纯由木材或主要由木材承受荷载的结构，通过各种金属连接件或榫卯手段进行连接和固定（图 0.13、图 0.14）。

木结构是由天然材料所组成的，因而受到材料本身条件的限制。木结构体系的优点很多，如维护结构与支撑结构相分离、抗震性能较高、取材方便、施工速度快等。木结构也有很多缺点，如易遭受火灾、白蚁侵蚀、雨水腐蚀；相比砖石建筑维持时间短，木料的需求会因施工量的增加而紧缺；梁架体系较难实现复杂的建筑空间等。

中国传统建筑（视频）

我国早在五千多年前的石器时代就已出现木构架支承屋顶的半穴居式建筑，后来在这个基础上逐步发展和形成具有中国特色的穿斗式和梁架式建筑。西方也从古希腊、罗马原始木支承结构发展到后来的桁架式木屋架建筑和具有西方特色的木框架填充墙建筑。

图 0.13　木结构构造

图 0.14　榫卯

2．*砖石结构*

砖石结构是指由砖砌体、石砌体建造的建筑结构，有时也泛指所有砌体材料（包括砌块砌体、土坯砌体等）建造的结构。

砖石结构的优点是材料广泛、成本较低；但是结构松散，不利于抗震。

西方传统建筑（视频）

我国砖石结构建筑在秦和两汉时期就已逐步有所发展，当时砖石拱券（图 0.15）主要用于地下墓室；地上则体现在石拱桥和长城的建造上，但总的来说，砖石并不是中国建筑的主体。西方的古建筑主要由砖石构成，如巴黎圣母院（图 0.16）、古罗马斗兽场等。

图 0.15　拱券

图 0.16　巴黎圣母院

由于砖石的抗压强度较高，而抗拉强度很低，因此，砖石结构构件主要承受轴心或小偏心压力，而很少受拉或受弯，一般用于墙、柱和基础，而不用于梁、板。

3. 砖木结构

砖木结构建筑物（图 0.17）的主要承重构件是用砖木做成的，一般竖向承重构件的墙体、柱子采用砖砌，水平承重构件的楼板、屋架采用木材。这类结构的房屋的层数一般较低（3 层以下），多用于盛产木材的地区，现已很少采用。

图 0.17　山西乔家大院建筑群

砖木结构的房屋，其空间分隔较方便，自重轻，并且施工工艺简单，材料也比较单一。但是，它的耐用年限短，而且占地面积大、建筑面积小，不利于解决城市中人多地少的矛盾。

图 0.18　砖混结构

4. 砖混结构

砖混结构是指建筑物中的竖向承重构件，如墙、柱等采用砖或砌块砌筑，横向承重构件，如梁、楼板、屋面板等采用钢筋混凝土结构（图 0.18）。换言之，砖混结构是以小部分钢筋混凝土及大部分砖砌体承重的结构。其适合开间及进深较小，且房间面积要求较小的多层或低层建筑。

5. 钢筋混凝土结构

钢筋混凝土结构是指用配有钢筋增强的混凝土制成的结构（图 0.19）。钢筋混凝土结构的主要承重构件是用钢筋混凝土建造的，包括薄壳结构、大模板现浇结构及使用滑模、升板等建造的钢筋混凝土结构。

图 0.19　钢筋混凝土建筑

6. 钢结构

钢结构主要是由钢制材料组成的结构，是主要的建筑结构类型之一。钢结构主要由型钢和钢板等制成的钢梁、钢柱、钢桁架等构件组成，各构件或部件之间通常采用焊缝、螺栓或铆钉连接。因其自重较轻，且施工简便，广泛应用于大型厂房、场馆、超高层等领域（图 0.20）。

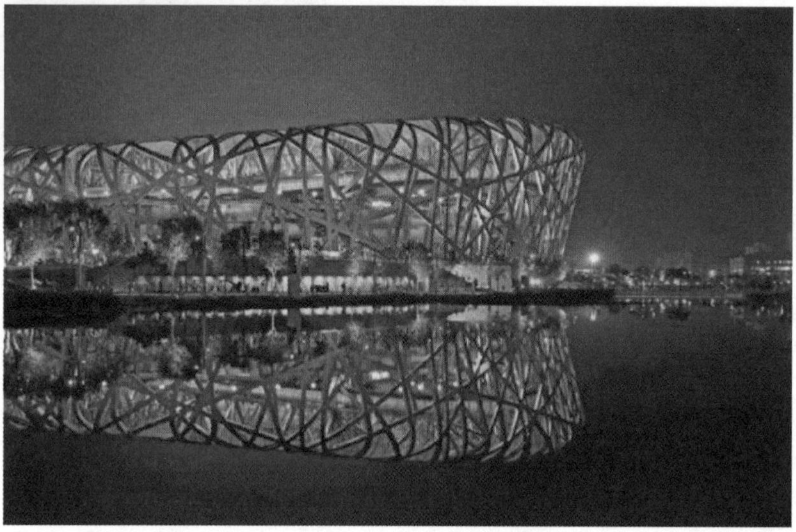

图 0.20　钢结构建筑——鸟巢

0.2.4　按施工方法分类

1．现浇、现砌式结构

现浇、现砌式结构是指主要构件在施工现场浇筑（混凝土或钢筋混凝土部分，如图 0.21 所示）或现场砌筑（如砌块墙、砖墙）的建筑结构。该类建筑的优点是：整体性好，刚度大，抗震抗冲击性好，防水性好，对不规则平面的适应性强，开洞容易；缺点是：需要大量的模板，现场的湿作业量大，工期也较长。

图 0.21　现浇建筑

2．预制装配式结构

预制装配式结构是指构件在工厂或预制场先制作好，然后在施工现场进行安装的建筑结构（图 0.22）。该类建筑的优点是：可以节省模板，改善建造时的施工条件，提高劳动生产率，加快施工进度；缺点是：整体性、刚度、抗震性能差。

图 0.22 装配式建筑

3. 装配整体式结构

装配整体式结构即将预制板、梁等构件吊装就位后，在其上或与其他部位相接处浇筑钢筋混凝土连接成整体。该类建筑的特点是装配整体式的整体性、抗震性介于现浇结构与预制装配式结构之间。模板消耗和批量生产业也介于这两者之间。

链 接

最早的钢筋混凝土

混凝土看起来很像是一种十分现代化的建筑材料，但实际上它是古罗马人发明的。

古罗马人在石灰和沙子的混合物里掺和进碎石子制造出混凝土，所使用的沙子是称为“白榴火山灰”的火山土，产自意大利的波佐利地区。

古罗马人将混凝土用在许多壮观的建筑物上，如古罗马圆形剧场——罗马最宏大的圆形露天竞技场就是用混凝土建造起来的。

1756 年，英国工程师约翰·斯米顿为了寻找一种用来建造德文郡的埃梯斯通灯塔地基的材料，又重新研究了这一技术。后来，建筑工程师们发现其他沙子也可以用来代替白榴火山灰，这样，在建筑物中使用混凝土再次广泛流行起来。

19 世纪 60 年代，法国约瑟夫·莫里尔产生了用铁条加固混凝土的想法，而后便出现了最早的钢筋混凝土。

0.3 建筑的等级划分

知识导入

根据《建设工程消防设计审查规则》（GA 1290—2016）的细则，需要审查建筑物的使用性质、火灾危险性、疏散和扑救难度、建筑高度、建筑层数、单层建筑面积等要素，审查建筑物的分类和设计依据是否准确，同时还要审查建筑的耐火等级是否符合规范要求。

所以建筑的分类和等级的划分是非常重要的建筑构造基础知识。

除按耐火等级来划分建筑等级外，还可以按耐久性、设计等级进行划分。

趣 闻

中国古代建筑的等级划分

我们现代的建筑是按耐火等级、使用年限等来进行划分的，但中国古代的建筑却是按照住户的社会地位来进行划分的，这些等级包括殿式、大式和小式。

1）殿式。殿式即宫殿的样式，为建筑的最高等级，通常为帝王后妃起居之处。佛教中的大殿（大雄宝殿）、道教中的三清殿也属于殿式建筑。殿式的特点是宏伟华丽，多采用瓦饰，建筑色彩和绘画有专门的意义，如黄琉璃瓦、重檐庑殿顶式、朱漆大门、彩绘龙凤等为帝王之所。

2）大式。大式是各级官员和富商缙绅的宅第，大式不能用琉璃瓦，斗拱彩饰也有严格的规定。

3）小式。小式则是普通老百姓的住房，其颜色只能为黑、白、灰。

对古人来说，建筑等级也是“礼制”的一部分，建筑之礼和其他礼制一起形成了中国古代的礼制文化。

教学内容

0.3.1 按耐火等级划分

为了保证建筑物的安全，必须采取必要的防火措施，使之具有一定的耐火性，即使发生了火灾也不至于造成过大的损失。通常，用耐火等级来表示建筑物所具有的耐火性。一座建筑物的耐火等级不是由一两个构件的耐火性决定的，而是由组成建筑物的所有构件的耐火性决定的，即由组成建筑物的墙、柱、梁、楼板等主要构件的燃烧性能和耐火极限决定的。

1．燃烧性能

燃烧性能是指建筑构件在明火或高温辐射的情况下，能否燃烧及燃烧的难易程度。

《建筑材料及制品燃烧性能分级》（GB 8624—2012）将建筑材料的燃烧性能分为表 0.4 所示的几种等级。

表 0.4 建筑材料的燃烧性能等级划分

等级	分类	定义
A 级	不燃材料	不会燃烧
B_1 级	难燃材料	离开火源后自动熄灭，或 10s 内熄灭
B_2 级	可燃材料	点着以后火势不会变大，且滴落物不会引燃滤纸
B_3 级	易燃材料	一点就着火，且火势越来越大

2．耐火极限

耐火极限是指在标准耐火试验条件下，对任一建筑构件进行耐火试验，从受到火的作用时起，到失去承载能力、完整性或隔热性时为止的这段时间，用小时（h）表示。

失去承载能力是指构件在试验过程中失去支持能力或抗变形能力，如墙发生垮塌，梁板变形大于 $L/20$。

失去完整性是指分隔构件，如楼板、隔墙等，出现穿透性裂缝或穿火的孔隙等现象。

失去隔热性的标志是指达到下列两个条件之一：一是构件背火面测温点平均温升达 140℃；二是构件背火面测温点任一点温升达 220℃。

只要建筑构件出现了失去承载能力、失去完整性、失去隔热性三种现象之一，就认为其达到了耐火极限。

《建筑设计防火规范》（GB 50016—2014）（2018 年版）给出了各类建筑构件的燃烧性能和耐火极限，见表 0.5。

表 0.5　不同耐火等级建筑相应构件的燃烧性能和耐火极限 单位：h

构件名称		耐火等级			
		一级	二级	三级	四级
墙	防火墙	不燃性 3.00	不燃性 3.00	不燃性 3.00	不燃性 3.00
	承重墙	不燃性 3.00	不燃性 2.50	不燃性 2.00	难燃性 0.50
	非承重外墙	不燃性 1.00	不燃性 1.00	不燃性 0.50	可燃性
	楼梯间和前室的墙 电梯井的墙 住宅建筑单元之间的墙和分户墙	不燃性 2.00	不燃性 2.00	不燃性 1.50	难燃性 0.50
	疏散走道两侧的隔墙	不燃性 1.00	不燃性 1.00	不燃性 0.50	难燃性 0.25
	房间隔墙	不燃性 0.75	不燃性 0.50	难燃性 0.50	难燃性 0.25
柱		不燃性 3.00	不燃性 2.50	不燃性 2.00	难燃性 0.50
梁		不燃性 2.00	不燃性 1.50	不燃性 1.00	难燃性 0.50
楼板		不燃性 1.50	不燃性 1.00	不燃性 0.50	可燃性
屋顶承重构件		不燃性 1.50	不燃性 1.00	可燃性 0.50	可燃性
疏散楼梯		不燃性 1.50	不燃性 1.00	不燃性 0.50	可燃性
吊顶（包括吊顶搁栅）		不燃性 0.25	难燃性 0.25	难燃性 0.15	可燃性

注：1. 除另有规定外，以木柱承重且墙体采用不燃材料的建筑，其耐火等级应按四级确定。
2. 住宅建筑构件的耐火极限和燃烧性能可按现行国家标准《住宅建筑规范》（GB 50368—2005）的规定执行。

民用建筑的耐火等级应根据其建筑高度、使用功能、重要性和火灾扑救难度等确定，并应符合下列规定：

1）地下或半地下建筑（室）和一类高层建筑的耐火等级不应低于一级；

2）单、多层重要公共建筑和二类高层建筑的耐火等级不应低于二级。

0.3.2　按耐久性划分

建筑物的耐久性等级主要根据建筑物的重要性和规模大小划分，并以此作为基建投资和建筑设计的重要依据。

建筑的构成要素（图文）

《民用建筑设计统一标准》（GB 50352—2019）对建筑物按设计使用

年限进行了分级划分，见表 0.6。

表 0.6 设计使用年限分类

类别	设计使用年限 / 年	示例
1	5	临时性建筑
2	25	易于替换结构构件的建筑
3	50	普通建筑和构筑物
4	100	纪念性建筑和特别重要的建筑

链 接

建筑业企业资质等级

除建筑物本身外，建筑业企业也是有等级划分的。住房和城乡建设部颁发的《建筑业企业资质标准》（建市〔2014〕159 号）就是建筑业企业资质的分级标准。该标准规定：施工总承包序列设有 12 个类别，一般分为 4 个等级（特级、一级、二级、三级）；专业承包序列设有 36 个类别，一般分为 3 个等级（一级、二级、三级）；施工劳务序列不分类别和等级。

建筑业企业资质等级的划分往往与企业资产、企业从业人员、企业工程业绩等相关联。不同等级的建筑业企业能参与的项目范围也不同，等级越高可参与的范围越广。因此，建筑业企业也往往与建筑从业人员一样，在努力地追求自身的等级提升。

0.4 建筑模数

知识导入

建筑模数（construction module）是指建筑设计中，为了实现建筑工业化大规模生产，使不同材料、不同形式和不同制造方法的建筑构配件、组合件具有一定的通用性和互换性，统一选定的协调建筑尺度的增值单位。

建筑模数能减少建筑中出现的尺寸规格，是建筑设计、建筑施工、建筑材料与制品、建筑设备、建筑组合件等各部门进行尺度协调的基础，其目的是使构配件安装吻合，并有互换性。

我国建筑设计和施工中，必须遵循《建筑模数协调标准》（GB/T 50002—2013）的相关规定。

趣 闻

宋朝如何治理“豆腐渣工程”

宋朝也有“豆腐渣工程”，为了减少此类工程的出现，宋人发展出一套在当时来看相当完备的工程质量监控制度。这套制度建立离不开北宋著名建筑学家李诫（图 0.23）编著的《营造法式》一书，它相当于给宋朝的公共工程建设制定了一个“ISO 质量标准”。

图 0.23　李诫画像

所谓“营造”，是工程建筑的意思；“法式”，即规则、标准的意思。《营造法式》实际上就是宋朝的公共工程建设标准，其内容对土石方工程（壕寨）、大型木料工程（大木作）、泥水工程（泥作）等 13 个工种的选料、规格、设计、施工、流程、质量都作出了详细的规范。

在《营造法式》一书中，木料与砖的规格都实现了模数化。宋朝建筑物的斗拱通常由上千个构件组成，榫卯复杂；而修建城墙的用砖，往往由不同的窑厂烧制。如果不对木料、砖的尺寸加以标准化，一项大型工程很难顺利完工。材料的模数化，不但可以大大提高工程建设的效率，还能够保证施工的质量。由此可见，古人也是非常重视“建筑模数”的。

教学内容

0.4.1　建筑模数的基本规定

《建筑模数协调标准》（GB/T 50002—2013）对模数进行了分类和规范。

1．基本模数

基本模数是模数协调中的基本尺寸单位，用 M 表示。

基本模数的数值应为 100mm（1M 等于 100mm）。整个建筑物和建筑物的一部分以及建筑部件的模数化尺寸，应是基本模数的倍数。

2. 导出模数

导出模数就是根据基本模数进行拓展的模数，应分为扩大模数和分模数。

1）扩大模数是基本模数的整数倍数，基数应为 2M、3M、6M、9M、12M……

2）分模数为基本模数的分数值，一般为整数分数，基数应为 M/10、M/5、M/2。

分模数数列的幅度，M/10 为（1/10 ～ 2）M，M/5 为（1/5 ～ 4）M；M/2 为（1/2 ～ 10）M。主要适用于缝隙、构造节点、构配件断面尺寸。

3. 模数数列

模数数列是以基本模数、扩大模数、分模数为基础扩展成的一系列尺寸。如扩大模数数列（300mm、600mm、1200mm、1500mm、3000mm、6000mm……），分模数数列（10mm、20mm、30mm……）。

根据《建筑模数协调标准》（GB/T 50002—2013），建筑设计应符合以下规定。

1）模数数列应根据功能性和经济性原则确定。

2）建筑物的开间或柱距，进深或跨度，梁、板、隔墙和门窗洞口宽度等分部件的截面尺寸宜采用水平基本模数和水平扩大模数数列（图 0.24），且水平扩大模数数列宜采用 2nM、3nM（n 为自然数）。

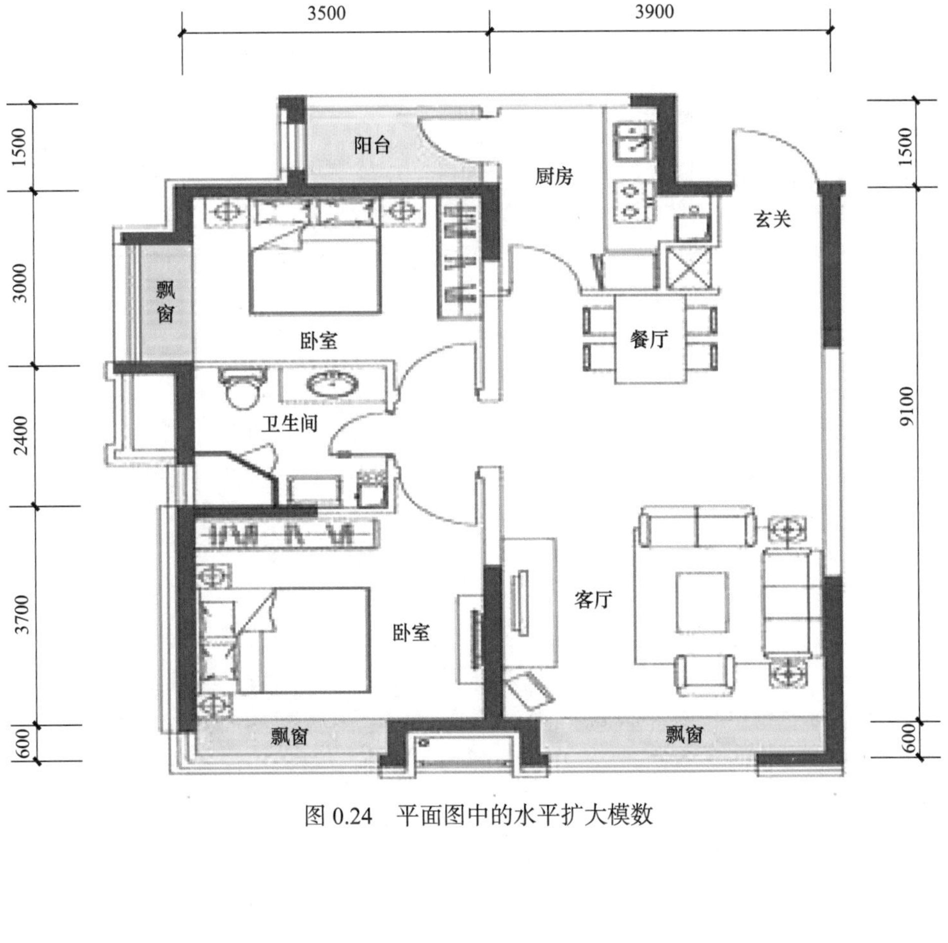

图 0.24 平面图中的水平扩大模数

3）建筑物的高度、层高和门窗洞口高度等宜采用竖向基本模数和竖向扩大模数数列（图 0.25），且竖向扩大模数数列宜采用 nM。

4）构造节点和分部件的接口尺寸等宜采用分模数数列，且分模数数列宜采用 M/10、M/5、M/2。

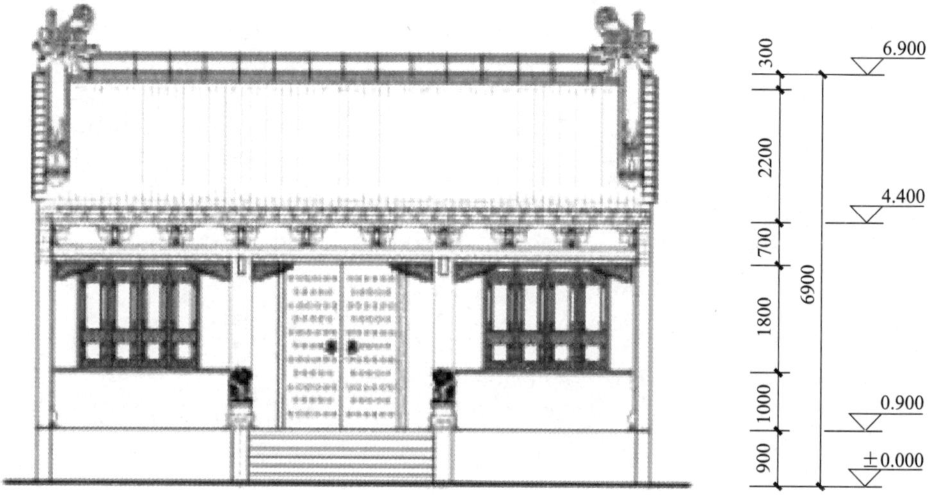

图 0.25　立面图中的竖向扩大模数

0.4.2　装配式建筑的模数协调

《装配式住宅建筑设计标准》（JGJ/T 398—2017）规定，装配式住宅建筑设计应通过模数协调实现建筑结构体和建筑内装体之间的整体协调。具体如下：

1）装配式住宅建筑设计应采用基本模数或扩大模数，部件部品的设计、生产和安装等应满足尺寸协调的要求；

2）装配式住宅建筑设计应在模数协调的基础上优化部件部品尺寸和种类，并应确定各部件部品的位置和边界条件；

3）装配式住宅主体部件和内装部品宜采用模数网格定位方法；

4）装配式住宅的建筑结构体宜采用扩大模数 2nM、3nM 模数数列；

5）装配式住宅的建筑内装体宜采用基本模数或分模数，分模数宜为 M/2、M/5；

6）装配式住宅层高和门窗洞口高度宜采用竖向基本模数和竖向扩大模数数列，竖向扩大模数数列宜采用 nM；

7）厨房空间尺寸应符合现行国家标准《住宅厨房及相关设备基本参数》（GB/T 11228—2008）和《住宅厨房模数协调标准》（JGJ/T 262—2012）的规定；

8）卫生间空间尺寸应符合现行国家标准《住宅卫生间功能及尺寸系列》（GB/T 11977—2008）和《住宅卫生间模数协调标准》（JGJ/T 263—2012）的规定。

链 接

中国古代建筑规制

中国古代建筑规制最早见于仪礼典籍中，如《周礼》《礼记》《仪礼》中就详细规定了房屋建筑的等级形式，后世历朝又逐步进行了补充完善，形成了中国独特的建筑文化。

《周礼·考工记》对各种建筑的高度、开间、屋顶乃至门阿之制均作出了详尽的规定。《宫室考》中记载：天子之门五，郭门谓之皋，皋内谓之库，库内谓之雉，雉内谓之应，应内谓之路。诸侯之门三，库内谓之雉，雉内谓之路。古代天子自外郭城门至宫内燕寝，共设有皋门、库门、雉门、应门、路门五重门阙。北京明清故宫还保留了天子五门的制度，清朝时期，在故宫南北中轴线上，正阳门至太和殿之间，从南向北布置了天安门、端门、午门、太和门和乾清门，恰好是五座门阙。台基和台阶高度也有规定，《礼记》中记载：天子之堂（台基）九尺（即天子的宫室的台阶有九丈高），诸侯七尺，大夫五尺，士三尺。《尚书大传》中记载：天子之堂高九尺，公侯七尺，子男五尺。

0.5 当前我国建筑发展的新形势

知识导入

在计算机技术、互联网技术飞速发展的今天，在中国人口逐渐老龄化、人口红利优势慢慢减少的大环境下，建筑业也遇到了前所未有的挑战。

为了适应经济技术环境的变化，我国开展了一系列自上而下的建筑业改革，其中比较突出的是BIM技术应用、装配式建筑和智能化住宅。

这就要求我们既要牢固掌握基础的建筑知识，又要与时俱进，不断发现、了解行业新形势、新技术，在准备充足的知识储备的同时，开拓思维，以适应新的建筑业发展形势。

趣 闻

近代最早的装配式建筑——英国水晶宫

1851 年，一座能够同时容纳一万人并可展示来自世界各国十万多件展品的可移动展馆出现在英国伦敦海德公园，惊艳世界。馆内挂满万国彩旗，五十多万人聚集在海德公园四周。参观人流摩肩接踵，各种工艺品、艺术雕塑琳琅满目，让人目不暇接。人们惊奇地观看来自不同国家的发明、珍奇和产品。

这是世界上第一座以玻璃及铁架构筑的大型轻质建筑，不仅开创了近代功能主义建筑的先河，也成就了第一届伟大的世界博览会（简称世博会）。设计人为英国园艺师帕克斯顿。整个建筑高三层，大部分为铁结构，外墙与屋面均为玻璃，通体透明，宽敞明亮，故名“水晶宫”（图 0.26）。

图 0.26 水晶宫

世博会结束后，水晶宫移至伦敦南部的西得汉姆，并以更大的规模重新建造，将中央通廊部分原来的阶梯形改为筒形拱顶，与原来纵向拱顶一起组成了交叉拱顶的外形，进一步展示了装配式建筑的强大生命力。

教学内容

0.5.1 BIM 技术

BIM 技术，即建筑信息模型（building information modeling）技术，是以建

筑工程项目的各项相关信息数据作为模型的基础，进行建筑模型的建立，通过数字信息仿真模拟建筑物所具有的真实信息的一种技术，具有可视化、协调性、模拟性、优化性和可出图性五大特点。

BIM 应用的优势具体体现在：三维渲染动画，给人以真实感和直接的视觉冲击；BIM 数据库的创建，通过建立 5D 关联数据库，可以准确快速计算工程量，提升施工预算的精度与效率；可以让相关管理条线快速准确地获得工程基础数据；可以实现任一时点上工程基础信息的快速获取，实现对项目成本风险的有效管控等。

BIM 技术简介（视频）

BIM 模式下的工作内容与解决方案见表 0.7。

表 0.7 BIM 模式下的工作内容与解决方案

部门名称	工作内容	BIM 解决方案
设计管理部	初步设计、深化设计	碰撞检测、参数审核
物资采购部	设备材料采购	材料需求量分析、统计
合约管理部	招投标及合约管理	报价分析、变更管理
工程管理部	质量、进度、成本、安全控制	碰撞检测、多维度分析
综合服务部	信息维护、共享和保密	基于网络的信息集成管理

BIM 将是我国房地产、勘察设计、施工行业从二维 CAD 向三维模型发展的有效路径。因此，国内外都在大力推广 BIM 技术，我国也出台了一系列的政策来鼓励 BIM 技术的发展。

例如，国务院办公厅在 2017 年 2 月发布了《关于促进建筑业持续健康发展的意见》（国办发〔2017〕19 号），其中要求：“加快推进建筑信息模型（BIM）技术在规划、勘察、设计、施工和运营维护全过程的集成应用。”

0.5.2 装配式建筑

我国关于推广 BIM 技术相关政策（图文）

随着我国经济持续快速的发展、劳动力成本的不断提高、节能环保意识的不断增强，近年来，我国装配式建筑发展迅速。

装配式建筑是指将建筑施工现场构件提前在工厂进行预制，达到设计要求后，把这些建筑构件运输至施工现场，通过一定的拼接技术和一些机械吊装的配合，将这些预制好的建筑构件装配成一个整体的建筑结构（图 0.27、图 0.28）。装配式建筑的优势如图 0.29 所示。

基于以上优势，装配式建筑得到了国家的大力推广，如《关于促进建筑业持续健康发展的意见》（国办发〔2017〕19 号），明确指出：

装配式建筑简介（视频）

坚持标准化设计、工厂化生产、装配化施工、一体化装修、信息化管理、智能化应用，推动建造方式创新，大力发展装配式混凝土建筑和钢结构建筑，在具备条件的地方倡导发展现代木结构建筑，不断提高装配式建筑在新建建筑中的比例。力争用10年左右的时间，使装配式建筑占新建建筑面积的比例达到30%。

我国关于装配式建筑的推广政策一览（图文）

图 0.27　工厂预制构件

图 0.28　现场安装构件

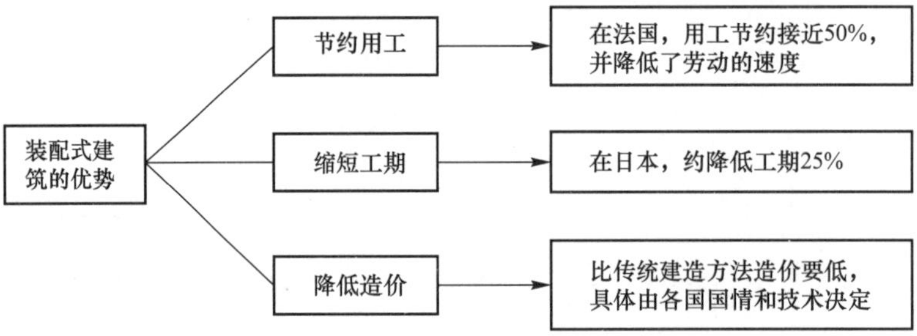

图 0.29　装配式建筑的优势

0.5.3　智能家居与智能住宅

智能家居（图 0.30）是在互联网影响之下物联化的体现。智能家居通过物联网技术将家中的各种设备（如音视频设备、照明系统、窗帘控制系统、空调控制系统、安防系统、数字影院系统、影音服务器、影柜系统、网络家电等）连接到一起，提供家电控制、照明控制、电话远程控制、室内外遥控、防盗报警、环境监测、暖通控制、红外转发及可编程定时控制等多种功能和手段。

现在很多“家居生态系统”，已经有了初级的家居智能生活体验，可以通过手机控制家电、照明等系统。有些智能场景都已经走入了普通家庭，例如，可以设置窗帘定时拉开或合拢；可以在到家前用手机控制空调打开，或者设置热水器提前加热；可以在下雨时遥控窗户关闭；当然，扫地机器人、智能音箱等就更是常见了。

智能住宅同样得到了国家政策的大力支持。为加快5G网络、数据中心等新型基础设施建设进度，国家将投入40万亿元到新基建（指人工智能、工业互联网、物联网等新型基础设施建设）中，智能住宅也必将随之得到快速发展。

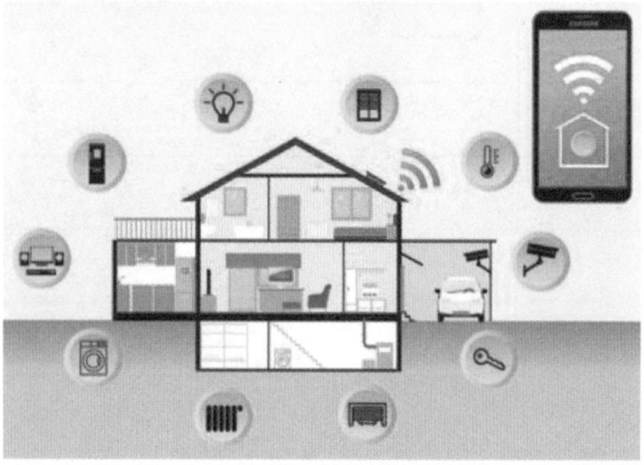

图0.30　智能家居示意

本章小结

1. 建筑通常认为是建筑物和构筑物的总称。
2. 建筑构造主要研究建筑的构造组成、构造原理和构造方法。
3. 建筑分类可以按使用功能、高度或层数、承重结构的材料、施工方法等划分。
4. 建筑等级可以按耐火等级、耐久性、设计等级划分。
5. 建筑模数包含基本模数、导出模数和模数数列。
6. 我国开展了一系列自上而下的建筑业改革，其中比较突出的方向为BIM技术、装配式建筑和智能化住宅。

课后习题

1. 什么是建筑物？什么是构筑物？
2. 建筑构造的研究内容有哪些？
3. 根据建筑的使用功能和属性分类，民用建筑如何划分？
4. 常见的承重结构材料有哪些？
5. 建筑的等级有哪些划分方式？
6. 什么是基本模数？什么是导出模数？
7. 什么是BIM技术？
8. 什么是装配式建筑？

学习小结

观后感

要求：通过对本章微课视频的观看，并结合所了解的著名建筑物，说明其按不同方法分类各属于什么类别，按不同等级划分又各属于什么等级。

（沿此虚线裁剪）

第1章 民用建筑构造概述

学习目标

1. 掌握民用建筑常见构造的组成，掌握建筑构件的名称和作用，掌握影响建筑构造的因素和建筑构造设计的原则；
2. 了解常见建筑构件的设计要点，理解考虑这些要点的缘由；
3. 理解影响建筑构造的要素。

学习引导（音频）

能力目标

1. 能根据建筑构造的设计原则为将来的构造设计制定基本原则；
2. 能通过对影响构造因素的学习在构造设计时进行细节上的把握考量；
3. 能通过对常见民用建筑构造组成的掌握，从而形成建筑构造具有全局性的概念。

课程思政

“一带一路”是“丝绸之路经济带”和“21 世纪海上丝绸之路”的简称，2013 年 9 月和 10 月国家主席习近平提出共建“新丝绸之路经济带”和“21 世纪海上丝绸之路”的合作倡议。

在“一带一路”倡议的指引下，我国工程建设行业也随之将目光转向国外，积极支持和参与全球范围内的基础设施建设，对外承包工程规模不断增长，房屋建筑业占到了基础设施建设合同额的 20% 左右（2017 年）。

在国家各领域都快速发展的大形势下，我们要响应国家的政策，努力学习建筑相关知识。建筑构造的组成部分能够帮助我们了解建筑构造对于工程项目的重要意义，我们必须牢记“不积跬步，无以至千里；不积小流，无以成江海”。本章的设计原则和影响因素等知识能告诉我们做好建筑相关工作，要有大局观。本章内容的学习能够提高在工作中统筹考虑、通盘分析的能力。我们只有认真学习，才能在学习中磨炼自己的技术，将工匠精神发扬光大。

思维导图

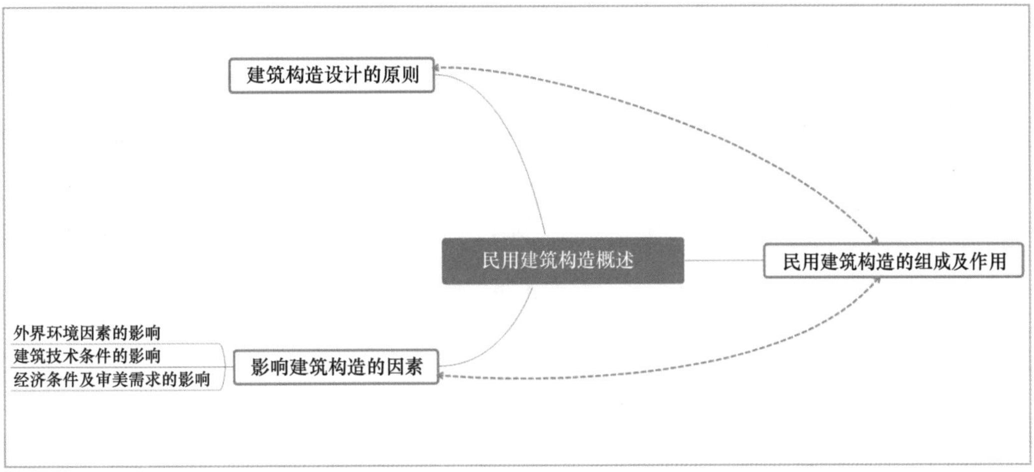

资源索引

页码	资源内容	形式
28	学习引导	音频
30	民用建筑的构造组成	图文
33	现代建筑赏析	图文
	南北方建筑赏析	视频
34	弯曲屋	视频
35	外力作用对建筑构造的影响	图文
	南北方建筑构造的差异	视频
	特朗伯墙——对自然环境的利用	图文
38	斗拱简介	图文
	中国建筑发展与技术变革	图文
39	外形奇怪的建筑	图文

1.1 民用建筑构造的组成及作用

知识导入

建筑物的构造是非常复杂的，功能要求也是多方面的。建筑物由很多构件组成，如基础、柱、梁等。这些构件不仅构成了建筑物的形体，也实现了建筑的功能。因此，每个构件的构造都是至关重要的。我们要想学好建筑构造，就必须掌握建筑的构造组成和作用。

本节将学习民用建筑的构件种类、构造组成及作用。

民用建筑的构造组成（图文）

趣 闻

著名女建筑学家林徽因

一身诗意千寻瀑，万古人间四月天。

这是被称为近代中国第一才女的林徽因女士的挽联。这位美貌与智慧并重的女士，不仅是一位学者和作家，也是一位建筑学家。

1924年林徽因赴美，进入宾夕法尼亚大学学习。她一心想习修建筑学，即使该校的建筑系不招女生，她也没有放弃，她通过在该校的美术系注册，选修了建筑学的课程。她与丈夫梁思成（著名建筑学家，梁启超之子）一起用现代科学方法研究中国古代建筑（图1.1），成为这个学术领域的开拓者。她参与创建了东北大学和清华大学的建筑系，是国徽的设计者之一，是第一届中国建筑学会理事会理事，为中国建筑学的发展作出了基础性的和发展方向性的重大贡献。

图1.1　林徽因在进行建筑考察

教学内容

建筑物是由很多构件组成的，一般民用建筑由基础、墙和柱、楼地面、楼梯、屋顶和门窗六大基本构件组成。这六大基本构件在建筑物中起着不可或缺的作用（具体部位和外形可参见图 1.2）。

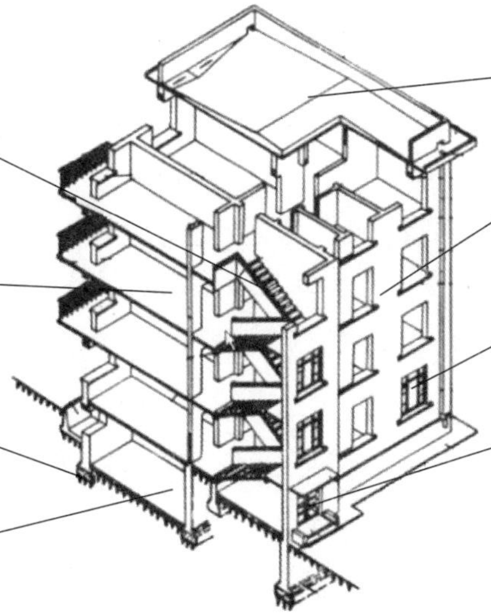

图 1.2　民用建筑的构造组成

本节将对这六大基本构件的定义、作用和设计要求进行讲解。

1．基础

基础是指建筑物地面以下的承重结构，是建筑物的承重结构（墙或柱）在地下的扩大部分。其作用是承受建筑物上部结构传递下来的荷载，并将荷载连同自重一起传递给地基（即房屋下的土层）。

基础承受着房屋的全部荷载，因此，基础应具有足够的强度，才能稳定地将荷载传递给地基，同时，基础在地下会受到如地下水、冰冻等多种不良因素的影响和侵蚀，故还应满足耐久性要求。

2．墙和柱

墙是建筑物的重要构造部分。按是否承重，墙可分为承重墙和非承重墙。在砖混结构中，墙体作为承重构件时，主要承担屋顶和楼板层传递来的荷载，并将荷载传递给基础。作为建筑物的垂直构件，墙体还起到围护、分隔等作用。外墙抵御外部不良环境，如风、霜、雨、雪等对室内的侵袭；内墙起到分隔建筑物内部空间、创造适宜的室内环境的作用。

墙要有足够的强度和稳定性，并具有保温、隔热、隔声、防火、防水等能力。

柱是建筑物中的垂直受力构件，主要承受其上方构件传来的荷载及其本身的重量，如梁、排架等，并将这些荷载传递给基础。柱要求具有足够的强度、刚度和稳定性。

3. 楼地面

楼地面包括楼板面和地坪面。楼板面是建筑物中的水平承重构件，其用于支撑非底层房间人体及家具设备等的重量，也用来分隔水平空间。楼板面必须具有足够的强度和刚度，同时，还要满足生活的其他要求，如隔声、防火、防潮、防水、耐磨、保温、防尘和具有一定的装饰功能。

地坪面是建筑最底层的房间与地基接触的水平构件，其承担着底部房间人体和家具设备的荷载。地坪面除承受房间的荷载，需要满足承载力要求外，还要具有防水、防潮、保温等功能。

4. 楼梯

楼梯作为建筑物中楼层间垂直交通用的构件，用于楼层之间和高差较大空间的交通联系。

楼梯设计时，在梯段宽度、踏步高度和深度、平台高度等方面，需要考虑搬运家具、紧急疏散时的空间是否足够，上下楼时是否舒适等要求。同时，还需考虑防火、防滑、耐磨、抗震等要求。

5. 屋顶

屋顶是建筑物最顶部的水平围护和承重构件。其作用主要有三个：一是防御自然界的风、雨、雪、太阳辐射热和冬季低温等的影响；二是承受自重及风、沙、雨、雪等荷载及施工或屋顶检修人员的活荷载；三是屋顶是建筑物的重要组成部分，对建筑物的美观起着重要的作用。归纳起来，即起着承重、围护、装饰作用。

屋顶设计必须满足坚固、耐久、防水、排水、保温（隔热）、抵御侵蚀等要求。同时，还应做到自重轻、构造简单、施工方便、便于就地取材等。

6. 门窗

门是供人们进出建筑或房间的构件，起着交通联系、分隔房间、围护等作用，有时还能进行通风和采光。

窗是围护结构上的开孔处的构件。其作用主要为采光、通风和供人眺望。

窗户要满足保温、隔热、透光性、隔声和防火等要求。同时，还需考虑窗户造型对建筑物外立面的影响。

链 接

现代主义建筑的起源

现代主义建筑思潮产生于19世纪后期，成熟于20世纪20年代，在20世纪50～60年代风行全世界。

1919 年，德国建筑师格罗皮乌斯担任包豪斯学校校长。在他的主持下，包豪斯校舍（图 1.3）成为 20 世纪 20 年代欧洲最激进的艺术和建筑中心之一，推动了建筑革新运动。

“现代主义建筑”强调建筑要随时代而发展，应同工业化社会相适应；强调建筑师要研究和解决建筑的实用功能与经济问题；主张积极采用新材料、新结构，在建筑设计中发挥新材料、新结构的特性；主张坚决摆脱过时的建筑样式的束缚，放手创造新的建筑风格；主张发展新的建筑美学，创造建筑新风格。

图 1.3 现代建筑起源的标志性建筑之一：包豪斯校舍

现代建筑赏析（图文）

1.2 影响建筑构造的因素

知识导入

图 1.4（a）所示是北方代表性建筑——四合院，布局整齐方正，给人以凝重、严谨的感觉；图 1.4（b）所示为南方代表性建筑——徽派建筑，住宅院落很小，粉墙黛瓦，颜色淡雅。那么为何南北方建筑会有如此差异呢？影响建筑构造的因素都有哪些呢？

南北方建筑赏析（视频）

(a) 北方代表性建筑——四合院

(b) 南方代表性建筑——徽派建筑

图 1.4　南北方代表性建筑

趣　闻

弯曲屋——扭曲的房子

捷克共和国的弯曲屋（图 1.5）又被称作“扭曲的房子”，是一座购物中心的附属建筑，如今已成为著名景点。该建筑呈扭曲的褶皱形，就像一位在跳舞的“舞者”。该建筑采用了蔚蓝、鲜绿、浅黄等夸张而鲜明夺目的颜色，使其更加生动。五颜六色的玻璃及各种装饰也给人留下了深刻的印象。该建筑设计巧妙，据说灵感来源于瑞典画家达赫伯格的作品、波兰画家闵采尔的童话插图和西班牙设计大师高迪创作的建筑作品。

图 1.5　弯曲屋

弯曲屋（视频）

教学内容

建筑存在于自然界中，在使用过程中会受到自然环境和人为因素的影响，同时，经济和技术等条件会促进或制约建筑构造的发展。在进行建筑构造设计时，必须考虑这些因素，采取必要措施，满足建筑的功能性、审美等方面的要求，保证建筑的耐久性。

1.2.1 外界环境因素的影响

1．外力作用的影响

作用在建筑物上的各种外力统称为荷载。荷载可分为恒荷载（如结构自重）和活荷载（如人群、家具的质量、风压力，雨、雪质量及地震作用等）。荷载的大小是建筑结构设计的主要依据，也是结构选型及构造设计的重要基础，对确定构件尺度、用料多少、构件形式和连接方式等起着重要作用。所以，外力作用是确定建筑构造方案的主要影响因素。

外力作用对建筑构造的影响(图文)

2．自然环境的影响

建筑物处于自然环境中，会受到自然环境的影响，如太阳的辐射热，自然界的风、雨、雪、霜、地下水等构成了影响建筑物的多种因素。故在进行构造设计时，应针对建筑物所受影响的性质与程度，对各有关构配件及部位采取必要的构造措施，如防潮、防水、保温、隔热、设置伸缩缝、设置隔蒸汽层等，以防患于未然。我国南北方地理位置、气候条件及环境条件不同，这使得南北方建筑构造差异明显，如南方雨水较多，建筑的半室外空间注重通风［图 1.6（a）］，而北方少雨，建筑的半室外空间设计多强调采光［图 1.6（b）］。

（a）南方建筑半室外空间　（b）北方建筑半室外空间

图 1.6　南北方建筑半室外空间

南北方建筑构造的差异（视频）

特朗伯墙——对自然环境的利用（图文）

3．各种人为因素的影响

在建筑使用过程中，人们的生产和生活活动经常会对建筑产生不利影响，如火灾、爆炸、机械振动、化学腐蚀、噪声等（图 1.7），故在进行建筑构造设计时，必须针对这些人为因素，采取相应的防火、防爆、防震、防腐、隔声等构造措施，以保证建筑使用的舒适度和安全性。

图 1.7　人为因素对建筑的影响

1.2.2　建筑技术条件的影响

由于建筑材料技术的日新月异，建筑结构技术的不断发展，建筑施工技术的不断进步，建筑构造技术也不断翻新，变得越加丰富多彩。例如，悬索结构、网架结构、膜结构等空间结构建筑（图 1.8 ～图 1.10），点式玻璃幕墙，彩色铝合金等新材料的吊顶，采光天窗中庭等现代建筑设施大量涌现。从中可以看出，建筑构造没有一成不变的固定模式，因而，在构造设计中要以构造原理为基础，在利用原有的、标准的、典型的建筑构造的同时，不断发展或创造新的构造方案。

材料技术、结构技术、施工技术使构造技术发生改变，也推动了构造技术的发展，促使建筑可以向大空间、大高度、大体量的方向发展。

图 1.8　悬索结构建筑——千年穹顶

图 1.9　网架结构建筑——鸟巢

图 1.10　膜结构建筑——水立方

1.2.3　经济条件及审美需求的影响

随着建筑技术的不断发展和人们生活水平的日益提高，人们对建筑的使用要求也越来越高。建筑标准的变化导致建筑的质量标准、建筑造价等也发生了较大改变。对建筑构造的要求也将随着经济条件的改善而日益不同。

建筑是一个技术与艺术的综合体，是凝固的音乐，人类的建筑史无疑是描绘着整个人类社会生活的文化史和美学史，也可以说，古今中外的建筑无一不凝结着文化中的美学精髓。故人们的审美需求会对建筑构造产生一定的影响。例如，法国古典主义建筑（图 1.11）强调唯理主义，运用三段式构图手法，追求外形雄伟端庄、完整统一和稳定感；洛可可建筑（图 1.12）结构细腻柔媚，常用不对称手法，喜用弧线和 S 形线，色彩多采用鲜艳的浅色调，如嫩绿、粉红等，线脚多用金色，反映了法国路易十五时代的贵族生活情趣。

图 1.11　法国古典主义建筑——凡尔赛宫

图 1.12　洛可可建筑

链 接

中国建筑发展与技术变革

从新石器时代发展至今，人们的生产生活方式发生了翻天覆地的变化，中国建筑亦然。从穴居、干阑式建筑发展到现在的大体量、异型建筑（图 1.13、图 1.14），一方面建筑的变化体现了技术的革新、经济的发展和审美需求的差异，如建筑工具由石、骨、角器、石铲、石斧、石凿变为起重机、挖掘机、伐木机等，建筑材料从茅草、树木等变为钢、混凝土、玻璃；另一方面包含着文化的继承与发展，如斗拱结构、榫卯结构的传承应用。

斗拱简介（图文）

图 1.13 河姆渡文化遗址
（新石器时代，浙江省余姚市）

图 1.14 哈尔滨大剧院
（2015 年，黑龙江哈尔滨）

中国建筑发展与技术变革（图文）

1.3 建筑构造设计的原则

知识导入

建筑构造设计是建筑初步设计的继续和深入，应综合处理好使用功能、荷载情况、施工工艺、建筑审美、经济合理等因素。那么，在建筑构造设计时要遵循哪些基本原则呢？本节将进行阐述。

趣 闻

奇怪的建筑

英国有个专营阿布扎比旅游的网站，曾评选了世界上最奇怪的建筑，它们或许是某个建筑大师的代表作，但其中也不乏观感不适的作品（图 1.15、图 1.16）。让我们一起来看看这些建筑，其中是否有让你觉得不忍直视的作品呢？

图 1.15　“倒立的”奇幻工厂

图 1.16　无锡“砂壶楼”

外形奇怪的建筑(图文)

教学内容

建筑构造设计要全面考虑各种因素，并应遵循以下原则。

1. 满足使用功能的要求

满足使用功能的要求是建筑物最主要的目的，建筑构造设计必须最大限度地满足建筑的使用功能要求。建筑物除要满足空间尺度要求外，有时还要满足某些特殊的要求，如保温、隔热、吸声、隔声等。建筑构造设计要综合相关专业的技术知识进行优化，选择经济合理的构造措施，以满足建筑使用功能要求。

2. 确保结构安全可靠

建筑构件除应满足结构强度、刚度、稳定性要求外，还要采用必要的构造措施，以保证阳台栏杆、楼梯扶手及顶棚、墙面、地面装饰等构件在使用过程中的安全。

3. 适应建筑工业化的需求

建筑工业化是建筑业的发展方向，在建筑构造设计时，应积极推广先进生产、施工技术，采用标准化设计、构件工厂化生产、装配化施工的方式，选用新型建筑材料，为实现建筑工业化创造有利条件。

4. 注重建筑的经济效益

建筑构造设计要采用合理的构造方案，既要减少材料消耗，降低建筑造价，又要减少运行、维修和管理的费用，还要注重建筑的经济、社会和环境的综合效益。

5. 形象美观

建筑细部构造的处理，要考虑其对建筑整体美观效果的影响，应与建筑立面和形体相协调，起到有效的装饰作用。

链 接

建筑节能迫在眉睫

随着我国经济快速发展，建筑业也进入鼎盛发展时期。据统计，近年来我国每年新增建筑面积超过 20 亿 m^2，同时，建筑能耗在能源总消耗中所占的比例也与日俱增，从 20 世纪 70 年代末的 10%，上升到近年的 30% 左右。高耗能建筑消耗了大量资源，如钢材、水泥、木材、玻璃和塑料制品等，还产生碳排放，仅到 2000 年年末，建筑用能的增加对全国温室气体排放的“贡献率”就已达 25%。

面对如此庞大的建筑能耗，节能减排迫在眉睫。在 2019 年 7 月召开的国家应对气候变化及节能减排工作领导小组会议上，李克强总理强调要聚焦重点领域，其中包括结合城镇老旧小区改造推进建筑节能改造。《建筑业发展“十三五”规划》中明确提出：城镇新建民用建筑全部达到节能标准要求，能效水平比 2015 年提升 20%。住房和城乡建设部、国家发展和改革委员会等 7 部门发布的《绿色建筑创建行动方案》中要求，到 2022 年，当年城镇新建建筑中绿色建筑面积占比达到 70%。

本章小结

1. 民用建筑主要由基础、墙（柱）、楼地面、楼梯、屋顶、门窗六大部分组成。
2. 影响建筑构造的因素有外部环境因素、建筑技术条件、经济条件及审美需求等。

课后习题

1. 民用建筑的主要组成部分有哪些？
2. 基础、墙和柱的构造设计要点是什么？
3. 影响建筑构造的因素有哪些？
4. 建筑构造设计的原则有哪些？

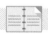

学习小结

（沿此虚线裁剪）

观后感

要求：扫描本章二维码（现代建筑赏析），了解现代建筑，写出现代建筑在构造上较传统建筑有哪些创新点及特殊要求。

（沿此虚线裁剪）

第2章 基础与地下室

学习目标

1. 掌握地基及基础的概念，了解地基处理的方法；
2. 掌握基础埋置深度的概念，熟悉影响基础埋置深度的因素。

学习引导（音频）

能力目标

能说出常见基础类型及一般构造，地下室防潮、防水构造。

课程思政

我国古代建筑成就辉煌，通过对本章内容的学习，可以了解到我国古代建筑的基础工程技术及古代地下人造建筑的奇迹，深刻体会到我国古代劳动人民的智慧和能工巧匠的高超技艺；通过对相关基础工程事故案例的学习，明白基础作为建筑物的重要构成部分，如果对其设计或施工不当，就极可能使建筑物倒塌，造成严重的后果，从而认识到遵照规范和标准进行设计或施工的重要性，并且在工作中一定要保持认真、严谨、一丝不苟的工作作风和工匠精神；建筑物可以有很多种的基础设计方案和地基处理方案，在满足安全可靠的前提下，应尽量实现经济合理的目标，从而节省资金、减少浪费。

上海“楼倒倒”工程事故案例（图文）

思维导图

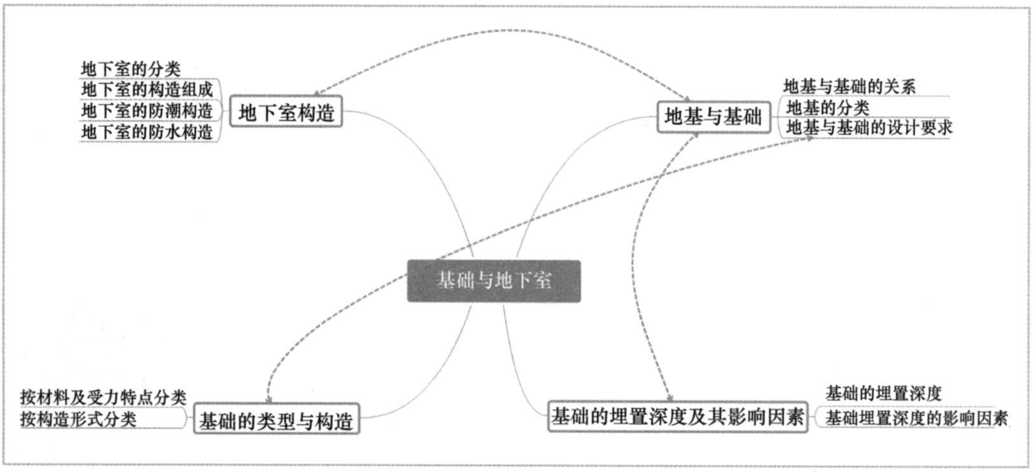

资源索引

页码	资源内容	形式
43	学习引导	音频
	上海“楼倒倒”工程事故案例	图文
45	了解比萨斜塔	图文
46	基础与地基	AR 图
	人工地基加固方法	图文
48	基础的埋深	AR 图
	基础埋置深度的影响因素	视频
50	刚性角	视频
51	钢筋混凝土基础构造	AR 图
52	单独基础（现浇柱）	AR 图
	单独基础（预制柱）	AR 图
53	井格式基础	AR 图
	梁板式片筏基础	AR 图
54	箱形基础	AR 图
	桩基础	AR 图
56	地下室	AR 图
58	地下室防潮处理	AR 图
59	地下室外防水	AR 图
60	地下室内防水	AR 图

2.1 地基与基础

知识导入

基础是建筑物的重要部分；地基虽不属于建筑物的组成部分，但它支承着整个建筑物，对建筑物的安全使用起保证作用。地基与基础都属于地下隐蔽工程，工程竣工后难以检查，一旦出现问题危害较大，难以修补，有时会造成重大的经济损失甚至人员伤亡。另外，基础工程的费用可占建筑总造价的10%～40%，可见地基的优化处理和基础的合理设计有着较高的经济价值。那么，什么是地基、基础？它们在建筑中起什么作用？又有哪些设计要求呢？本节将一一进行阐述。

趣闻

苏州虎丘塔

虎丘塔（图2.1）是驰名中外的古塔建筑，位于江苏省苏州市虎丘公园山顶，始建于五代后周显德六年（959年），落成于北宋建隆二年（961年）。塔七级八面，平面呈八角形，由外壁、回廊和塔心组成，砖身木檐，塔底直径为13.66m，全塔为7层，高为47.5m，重为六千多吨。由于塔基土厚薄不均，塔墩基础设计构造不完善等原因，从明代起，该塔就开始向西北方向倾斜。经专家测量，塔尖倾斜2.34m，塔身最大倾斜度为3°59′，虎丘斜塔也被称为“中国第一斜塔”。1956年，苏州市政府邀请古建筑专家采用铁箍灌浆办法对虎丘塔进行加固修整。1961年，虎丘塔作为苏州最古老的建筑物被列为国家级保护文物。

图2.1　虎丘塔

了解比萨斜塔（图文）

教学内容

2.1.1 地基与基础的关系

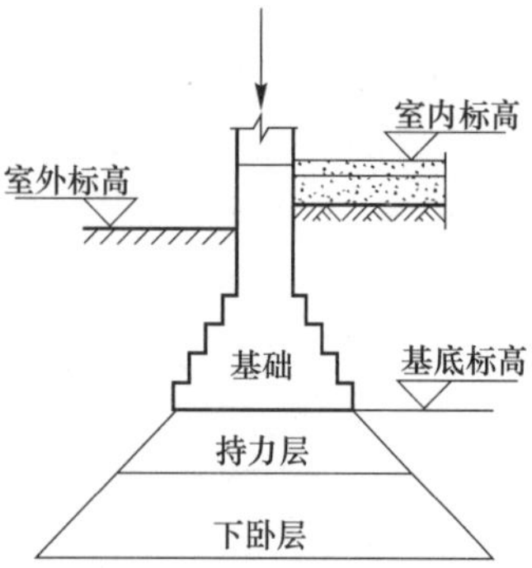

图 2.2 地基与基础

地基是支承基础的土体或岩体，不属于建筑物的组成部分。地基承受由基础传递的荷载，产生的应力和应变随着土层深度的增加而减小，达到一定深度后可忽略不计。地基中直接承受荷载的土层称为持力层；持力层以下的土层称为下卧层（图 2.2）。

AR 图：基础与地基

基础是建筑最下面与土壤接触的部分，它承受建筑上部结构传递的全部荷载，并将这些荷载连同自身的重量一并传递给地基。

2.1.2 地基的分类

地基按是否经过人工加固处理可分为天然地基和人工地基两大类。

1）天然地基。当天然土层具有足够的承载能力，不需经过人工加固处理就可以直接承受基础传递的全部荷载时，则用这种天然土层所作的地基称为天然地基。在条件允许的情况下，建筑设计应优先考虑天然地基，这样既可省去地基处理的费用，又能加快工程进度。岩石、碎石、砂土、黏性土等，一般均可作为天然地基。

人工地基加固方法（图文）

2）人工地基。当天然土层承载力较弱或虽然土层质地较好，但上部荷载过大时，为使地基具有足够的承载力和稳定性，必须对其进行人工加固处理，这种经过人工加固处理的土层叫作人工地基。淤泥、淤泥质土、各种人工填土等，具有孔隙比大、压缩性高、强度低等特性，必须进行加固处理方可作为地基。

人工地基加固的处理方法一般有换土垫层法、排水固结法、碾压夯实法、振动及挤密法、化学加固法等。

2.1.3 地基与基础的设计要求

1. 地基的设计要求

1）地基应有足够的承载能力，基础底面的压力需小于地基的承载力特征值，保证地基在防止整体破坏方面具有足够的安全储备。

2）地基的变形值应小于规范规定的变形容许值，这里的变形值包括沉降差、沉降量、倾斜和局部倾斜。

3）地基应具有足够的稳定性，为防止建筑物产生滑移、上浮，必要时应设置挡土墙，增加压重或设置抗浮构件等。

2. 基础的设计要求

1）基础应有适当的埋置深度，以保证基础的抗倾覆和抗滑移稳定性；

2）基础应具有足够的承载力，来承受和传递整个建筑物的荷载；

3）基础应具有较好的耐久性，基础埋置于地下土层中，常年处于潮湿环境中，施工完成后的检查、加固非常复杂和困难，因此，基础设计和选材时就应注意与上部结构的耐久性及使用年限相适应，并且要求严格施工，不留隐患；

4）基础设计应考虑经济性要求，选择合适的基础方案，降低造价。

2.2 基础的埋置深度及其影响因素

知识导入

基础是建筑最下面埋入土壤中的部分。不同的建筑物，其基础埋入地下的深度有所不同，那么，什么是基础的埋置深度？为什么基础需要有一定的埋置深度？影响基础埋置深度的因素主要有哪些？本节将一一进行阐述。

趣　闻

图 2.3　老子

“根深蒂固”一般用来形容根基深厚，不容易动摇。它出自《道德经》：“有国之母，可以久长，是谓深根固柢，永生久视之道。”（图 2.3）这里所说的深根，就是指把根深扎在大道之中。如果根扎得浅，就会浮出来，就会轻，就会躁，于是就会离失大道。所以，为了让自己的根不至于被拔出来，就要将根扎得深一些。根指的是树木的根，建筑也是如此，基础就是建筑的根，只有将基础埋得足够深，建筑才能屹立不倒。

教学内容

2.2.1 基础的埋置深度

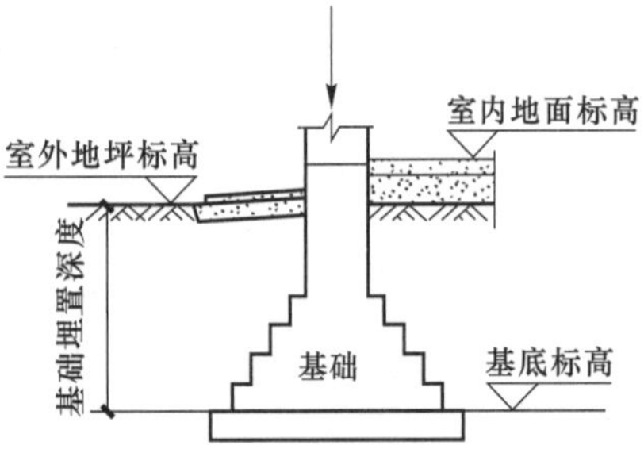

图 2.4 基础埋置深度示意

基础埋置深度是指建筑物设计室外地坪至基础底面的垂直距离（不含垫层厚度），简称基础埋深（图 2.4）。建筑物基础按照其埋置深度大小可分为浅基础和深基础。浅基础是指基础埋深小于基础宽度或不大于 5m 的基础；深基础是指基础埋深大于基础宽度或大于 5m 的基础。基础的埋深越小，其开挖、排水等施工技术越简单，工程造价越低，所以，一般民用建筑中的基础应优先选用浅基础。但基础又不能埋置过浅，否则地基受到压力后可能会将四周土挤走，使基础滑移失稳，同时，基础会受到外界各种侵蚀的影响而损坏。所以，基础需要一个适当的埋置深度，这样既可以保证建筑物的安全，且施工简单，又可以降低造价。

AR 图：基础的埋深

2.2.2 基础埋置深度的影响因素

基础埋置深度的影响因素（视频）

基础的埋置深度应综合考虑下列条件：

1）建筑物的用途，有无地下室、设备基础和地下设施，基础的形式和构造；

2）作用在地基上的荷载大小和性质；

3）工程地质和水文地质条件；

4）相邻建筑物的基础埋置深度；

5）地基土冻胀和融陷的影响。

2.3 基础的类型与构造

知识导入

基础的类型很多，不同的建筑物需要采用不同的基础类型，如某三层住宅采用的是独立基础，某 100m 高的办公楼采用的是筏形基础……那么基础的类型主要有哪些？它们各有什么特点？针对不同的建筑物该如何选择基础的类型？本节将一一进行阐述。

趣　闻

松 木 桩

松木桩是用松木制作的木桩，主要用于处理软土地基、河堤等，在我国古代建筑的基础工程中应用久远。松木含有丰富的松脂，能很好地防止地下水和细菌的腐蚀，有“水浸万年松”之说，所以，松木桩适宜在地下水水位以下工作（图 2.5）。

古代徽州匠人将松木桩五个一组，摆成梅花形打入地基，历经千年，松木桩依然支撑着青瓦白墙、徽风皖韵的徽派建筑。

著名水利工程——灵渠的基础处理也采用了松木桩。灵渠的精华工程“人”字形大坝的坝基全部用长约为 2m 的松木桩打成排桩进行处理（图 2.6）。

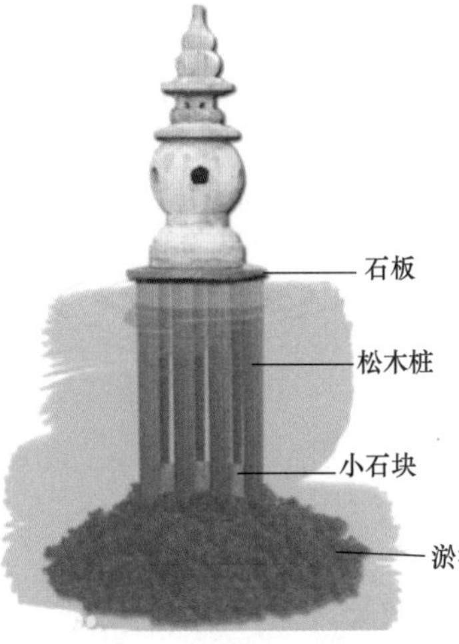

图 2.5　松木桩在水上建筑中的应用

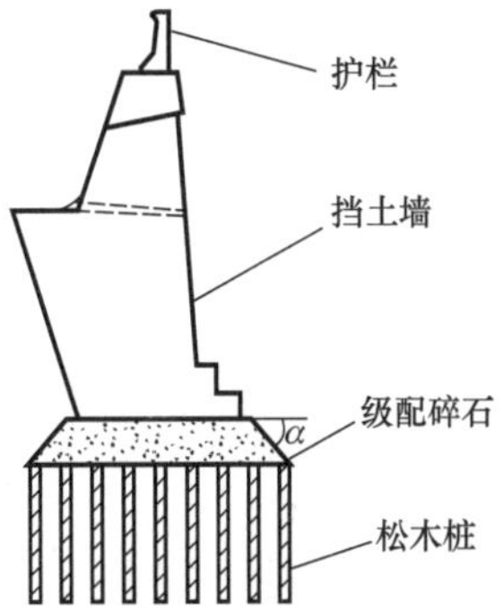

图 2.6　松木桩在堤坝中的应用

无论是作为徽派建筑还是灵渠大坝的基础，松木桩都在历史上留下了浓墨重彩的一笔。

教学内容

2.3.1　按材料及受力特点分类

基础按材料及受力特点可分为无筋扩展基础（也称刚性基础）和扩展基础（也称柔性基础）两大类。

1. 无筋扩展基础

无筋扩展基础是指由砖、毛石、混凝土或毛石混凝土、灰土和三合土等刚性材料组成的，且不配置钢筋的墙下条形基础或柱下独立基础（图 2.7）。无筋扩展基础适用于多层民用建筑和轻型厂房。

刚性角（视频）

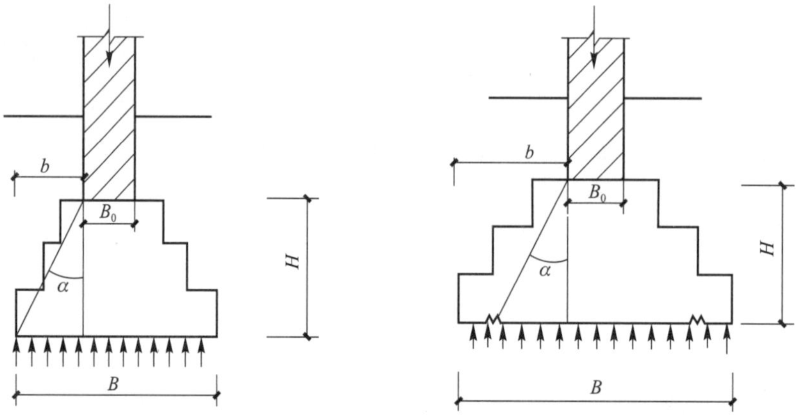

(a) 基础在刚性角范围内传递荷载　(b) 基础底面宽度超过刚性角而破坏

b—基础放出宽度；B_0—基础墙宽度；B—基础底面宽度；H—大放脚高度；α—刚性角。

图 2.7　无筋扩展基础

由于地基的承载力相对较小，为使建筑上部结构的荷载通过基础传递给地基时，基础单位面积所传递的荷载与地基允许承载力相适应，在基础底部常采用台阶的形式逐渐扩大其传力面积，这种逐步扩展的台阶称为大放脚。刚性材料的基础在传力时只能在材料允许的角度内扩散分布，这个最大传力角度用 α 表示，称为刚性角（又称压力分布角或无筋扩展角）。又因这类基础所用的材料抗压强度高，抗拉、抗弯、抗剪等强度较低，为保证基础不致被拉裂，故规定基础的放大角不应超过刚性角，实际设计时常通过控制台阶宽高比（B/H）来保证，具体指标见表 2.1。

表 2.1　无筋扩展基础台阶宽高比的允许值

基础材料	质量要求	台阶宽高比的允许值		
		$p_k \leqslant 100$	$100 < p_k \leqslant 200$	$200 < p_k \leqslant 300$
混凝土基础	C15 混凝土	1 ： 1.00	1 ： 1.00	1 ： 1.25
毛石混凝土基础	C15 混凝土	1 ： 1.00	1 ： 1.25	1 ： 1.50
砖基础	砖不低于 MU10、砂浆不低于 M5	1 ： 1.50	1 ： 1.50	1 ： 1.50
毛石基础	砂浆不低于 M5	1 ： 1.25	1 ： 1.50	—
灰土基础	体积比为 3 ： 7 或 2 ： 8 的灰土，其最小干密度：粉土 1550kg/m^3，粉质黏土 1500kg/m^3，黏土 1450kg/m^3	1 ： 1.25	1 ： 1.50	—
三合土基础	体积比（1 ： 2 ： 4）～（1 ： 3 ： 6）（石灰：砂：骨料），每层约虚铺 220mm，夯至 150mm	1 ： 1.50	1 ： 2. 00	—

注：1. p_k 为荷载效应标准组合时基础底面处的平均压力值（单位：kPa）；
2. 阶梯形毛石基础的每阶伸出宽度不宜大于 200mm；
3. 当基础由不同材料叠合组成时，应对接触部分作抗压验算；
4. 混凝土基础单侧扩展范围内基础底面处的平均压力值超过 300kPa 时，尚应进行抗剪验算；对基底反力集中于立柱附近的岩石地基，应进行局部受压承载力验算。

2．扩展基础

扩展基础一般是指钢筋混凝土基础，它不仅能承受压应力，由于配置了一定数量的钢筋，所以还能承受较大的拉应力，而且基础宽度的增加不受刚性角的限制。扩展基础主要有柱下钢筋混凝土独立基础和墙下钢筋混凝土条形基础，基础底板外形通常有锥形（图 2.8）和阶梯形（图 2.9）两种。

AR 图：钢筋混凝土基础构造

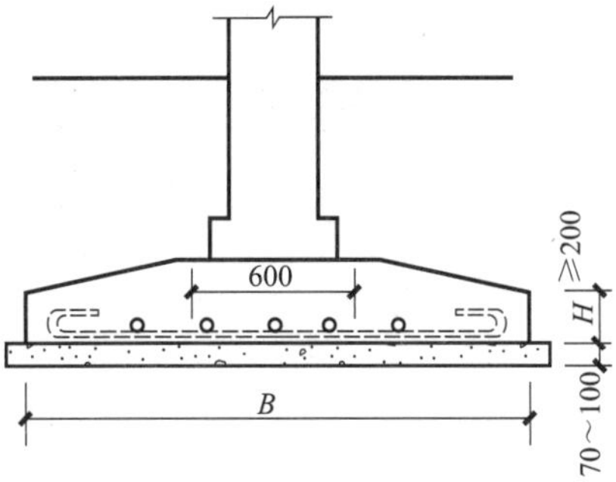

图 2.8　锥形钢筋混凝土基础

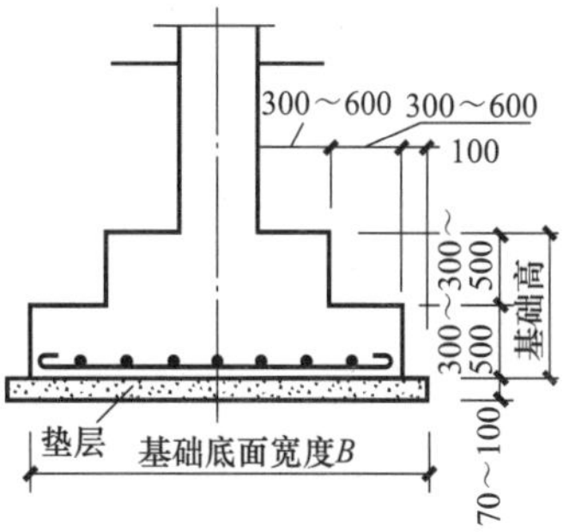

图 2.9　阶梯形钢筋混凝土基础

扩展基础的构造应符合下列要求。

1）锥形基础的边缘高度 H 不宜小于 200mm，且两个方向的坡度不宜大于 1 ∶ 3；阶梯形基础的每阶高度宜为 300 ～ 500mm。

2）垫层的厚度不宜小于 70mm；垫层混凝土强度等级不宜低于 C10。

3）扩展基础受力钢筋最小配筋率不应小于 0.15%。底板受力钢筋的最小直径不应小于 10mm，间距应在 100 ～ 200mm；墙下钢筋混凝土条形基础纵向分布钢筋的直径不应小于 8mm，间距不大于 300mm；每延米分布钢筋的面积不应小于受力钢筋面积的 15%。当有垫层时钢筋保护层的厚度不应小于 40mm，无垫层时不应小于 70mm。

4）混凝土强度等级不应低于 C20。

5）当柱下钢筋混凝土独立基础的边长和墙下钢筋混凝土条形基础的宽度大于或等于 2.5m 时，底板受力的长度可取边长或宽度的 0.9 倍，并宜交错布置。

6）钢筋混凝土条形基础底板在 T 形及“十”字形交接处，底板横向受力钢筋仅沿一个主要受力方向通长布置，另一方向的横向受力钢筋可布置到主要受力方向底板宽度 1/4 处。在拐角处，底板横向受力钢筋应沿两个方向布置。

2.3.2　按构造形式分类

基础的形式应根据建筑物上部结构形式、荷载大小及地基允许承载力情况而确定。基础按构造形式可分为独立基础、条形基础、井格基础、筏形基础、箱形基础、桩基础等。

1. 独立基础

独立基础外形上呈独立的块状，有阶梯形、锥形、杯形等形式，如图 2.10 所示。当建筑物的结构体系采用框架结构、单层排架及刚架结构时，其柱下基础常采用矩形独立基础，常用的形式有阶梯形、锥形等。当柱采用预制构件时，则基础做成杯口，然后将预制柱插入，嵌固在杯口内，称为杯形基础。

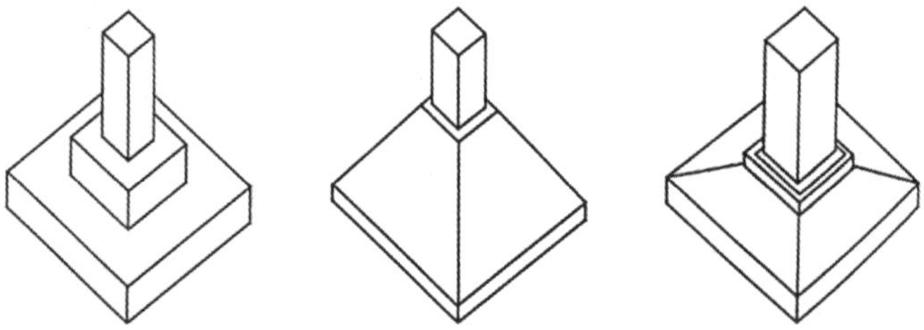

(a) 阶梯形　　(b) 锥形　　(c) 杯形

图 2.10　独立基础

AR 图：单独基础（现浇柱）　　AR 图：单独基础（预制柱）

2. 条形基础

当建筑物为墙承重结构体系时，基础沿墙身连续设置，做成长条形，这类基础称为条形基础或带形基础。这种基础整体性较好，可减缓局部的不均匀沉降，一般中小型砖混结构建筑常采用此种形式，如图 2.11 所示。

若建筑采用框架结构，由于柱间距较小，若采用柱下独立基础则基础可能会相互重叠，或当地基条件较差时，可将柱下基础相互连接起来，从而形成柱下条形基础，如图 2.12 所示，柱下条形基础可防止不均匀沉降，提高建筑的整体稳定性。

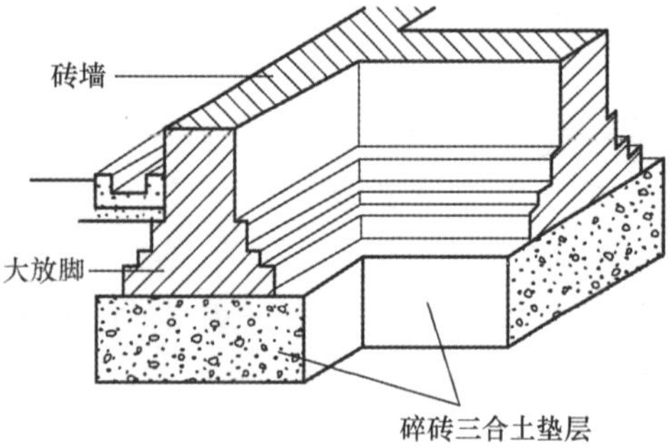

图 2.11　墙下条形基础

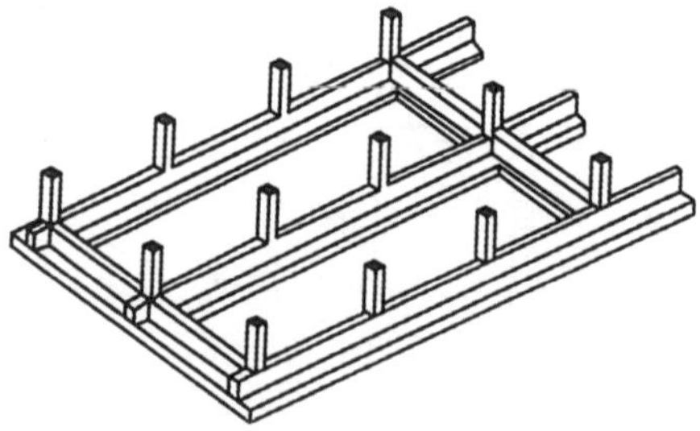

图 2.12　柱下条形基础

3. 井格基础

当地基条件较差或上部荷载较大时，为了避免柱子之间产生不均匀沉降，提高建筑整体稳定性，常将柱下独立基础沿纵横两个方向扩展连接起来，形成十字交叉的井格基础，如图 2.13 所示。

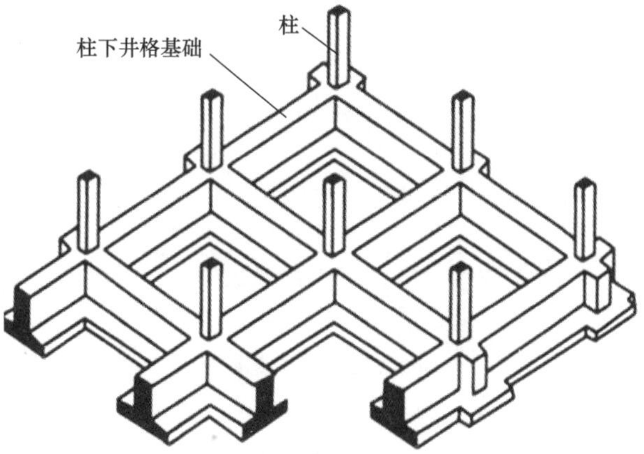

AR 图：井格式基础

图 2.13　井格基础

4. 筏形基础

当建筑物上部荷载大，而地基又较弱，采用井格基础、墙下条形基础不能满足承载力或变形等要求时，或井格基础、墙下条形基础的底面积占建筑物平面面积较大比例时，可考虑选用整片的筏板承受建筑物的荷载并传递给地基，这种基础称为筏形基础，也称筏板基础，如图 2.14 所示。

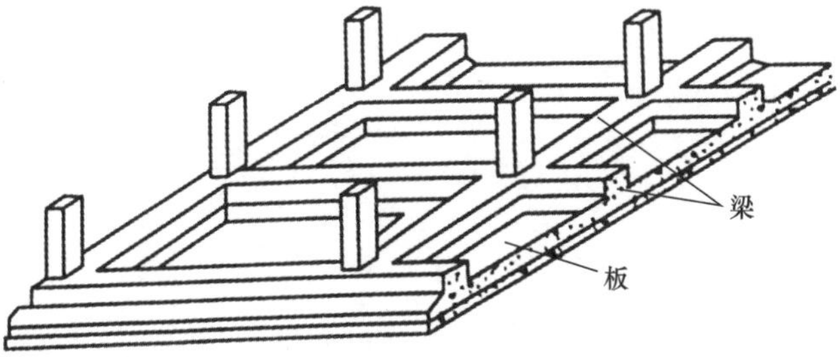

AR 图：梁板式片筏基础

图 2.14　筏形基础

筏形基础有板式结构和梁板式结构两类。前者板厚较大，构造简单；后者板厚较小，但增加了双向梁，构造较复杂。筏形基础广泛应用于地基承载力较差或建筑物上部荷载较大的建筑中。

5. 箱形基础

当地基条件较差，建筑物上部荷载很大或荷载分布较不均匀而沉降要求甚为严格，同时建筑设有地下室，且基础埋深较大时，可将地下室做成整体浇筑的钢筋混凝土箱形基础。箱形基础包括钢筋混凝土底板、顶板和若干纵横墙组成的空心箱体，如图 2.15 所示。箱形基础具有刚度大、整体性好、内部空间可利用等优点，因此，一般适用于高层建筑或在软弱地基上建造的重型建筑。

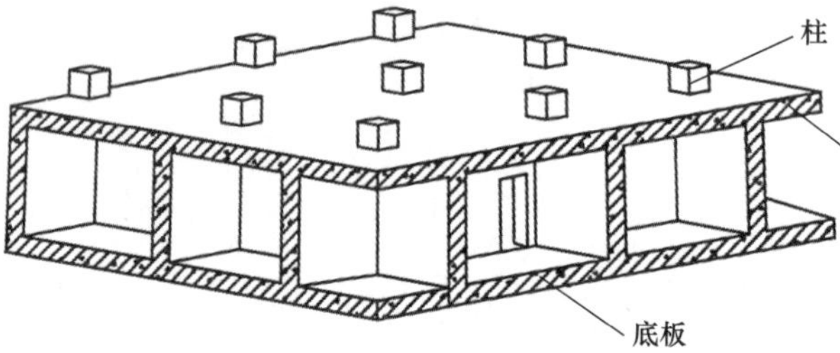

图 2.15　箱形基础

AR 图：箱形基础

6. 桩基础

桩基础是一种常用的处理软弱地基的基础形式，当浅层地基不能满足建筑物对地基承载力和变形的要求，而又不适宜采取地基处理措施时，就要考虑以下部坚实土层或岩层作为持力层的深基础，其中桩基础应用最为广泛。

桩基础的类型较多，按桩的形状与竖向受力情况可分为端承桩和摩擦桩。将建筑的荷载通过桩端传递给深处坚硬的土层的桩称为端承桩；或通过桩侧表面与周围土的摩擦力将建筑的荷载传递给地基的桩称为摩擦桩（图 2.16）。桩基础按桩的制作方法可分为预制桩和灌注桩。预制桩是在构件工厂或施工现场预制成桩，然后打入、压入或振入土体中；灌注桩是在施工现场桩位处通过钻孔、挖孔等方式成孔，然后在孔内灌注钢筋混凝土成桩。

桩基础的组成包括桩身和承台，承台上连接柱或墙体，以便于将建筑荷载均匀传递给桩基础，如图 2.17 所示。

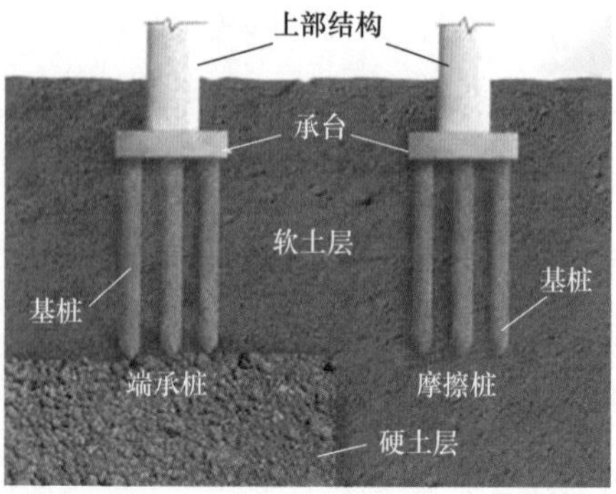

图 2.16　桩基础

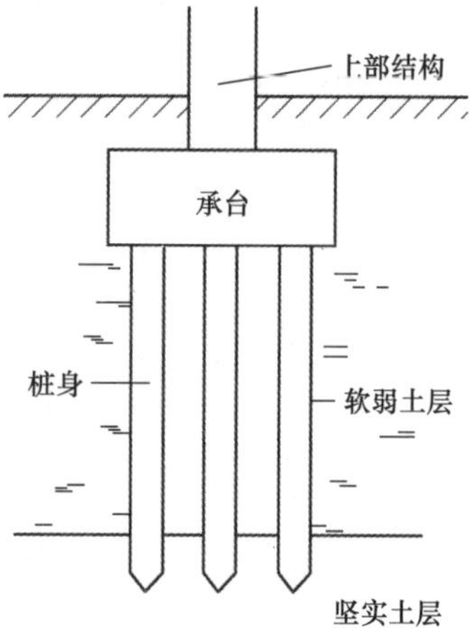

图 2.17　桩基础组成

AR 图：桩基础

2.4 地下室构造

知识导入

通常，将建筑物首层下面的房间或处于室外地坪以下的房间称为地下室。利用地下空间，既可以提高土地利用率，同时，又可满足战备防空的要求。地下室适用于建造地下车库、设备用房、地下商场等功能空间。那么地下室由哪些部分组成？地下室防水、防潮又有哪些要求？本节将一一进行阐述。

趣　闻

龙游石窟

龙游石窟具体的建造时间不明，可以追溯到公元前 212 年甚至更加久远，是至今被发现的世界上最大的古代地下人造建筑（图 2.18），是我国古代最高水平的地下人工建筑群之一，也是世界地下空间开发利用的一大奇观。

图 2.18　龙游石窟

1992 年，世人传说中的“无底塘”，在四个当地农民隆隆水泵声中“水落石出”，呈现在人们面前的一个个石窟，便是龙游石窟。这些洞窟洞厅面积小则数百平方米，大则逾千平方米；洞高为 20 ～ 40m；洞口均呈矩形；洞壁陡峭，洞顶则呈圆弧形斜伸；洞中有 2 ～ 5 个粗大石柱撑顶，其横截面均为熨斗状，大者需 5 人合抱；洞顶、洞壁和石柱的表面无一例外地凿刻着细密的斜纹，状若虎斑；从洞口至洞底均有一条宽大石阶，石阶呈波流形；每个洞窟的底部均有一至两个凿挖而成的石池和人工斜坡。

这个在地底沉睡了上千年、举世罕见的浩大地下工程，其成因和用途至今众说纷纭，难以破解，成为千古之谜。

教学内容

2.4.1 地下室的分类

1. 按使用功能分类

地下室按使用功能可分为普通地下室和人防地下室。

1）普通地下室一般用作高层建筑的地下车库、设备用房、地下商场等功能空间，根据结构和功能需要，可做成一层或多层地下室。

2）人防地下室平时在使用功能上可以用作商场、停车场等，但战时是人员、物资等掩蔽的主要场所，有保障人身安全的各项技术措施。

2. 按地下室埋深分类

按地下室房间地坪埋深可分为半地下室和全地下室。

1）半地下室是指地下室房间地面埋深为地下室净高的 1/3 ～ 1/2，地下室有一部分露在室外地坪以上，采光和通风较好，可以布置办公室、客房等。

2）全地下室是指地下室房间地面埋深为地下室净高的 1/2 以上，地下室全部埋入地下，一般用作地下车库、设备用房、地下商场等，如图 2.19 所示。

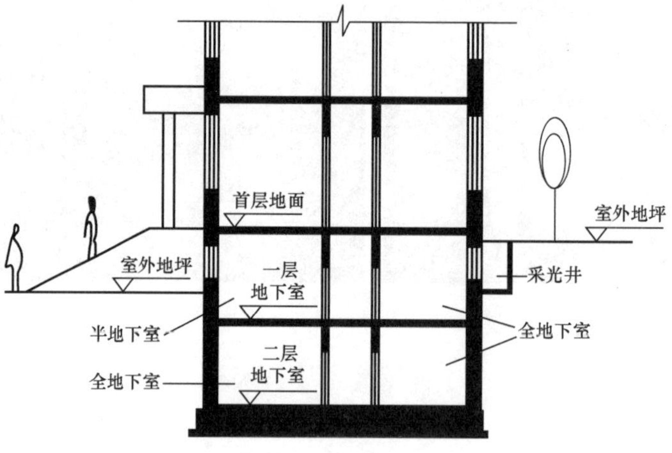

图 2.19 地下室示意

AR 图：地下室

2.4.2 地下室的构造组成

地下室由墙体、顶板、底板、楼梯、门窗等部分组成。

1. 墙体

地下室的外墙不仅承受上部结构的竖向荷载，还要承受土体、地下水及土壤冻胀产生的侧压力，所以，应按计算确定其厚度。另外，地下室外墙还应满足抗渗的要求，一般要求其厚度不应小于300mm。同时，地下室的外墙处于潮湿的工作环境，故应做防潮或防水处理。

2．顶板

地下室顶板与建筑的楼板基本相同，常采用现浇或预制的钢筋混凝土板。若为防空地下室顶板，应具有足够的强度和抗冲击能力，必须采用现浇钢筋混凝土板，其厚度和混凝土强度等级等应按防护等级的要求计算确定。

3．底板

地下室底板应具有良好的整体性和较好的刚度。当底板处于最高地下水水位以上时，可按一般地面工程处理，在垫层上现浇60～80mm厚混凝土；当底板处于最高地下水水位以下时，底板不仅承受上部垂直荷载，还承受地下水的浮力作用，因此，应采用钢筋混凝土底板，底板垫层上还应设置防水层，以防止渗漏。

4．楼梯

地下室楼梯可与地面上楼梯结合设置，当层高较小时，可设置单跑楼梯。防空地下室至少要设置两部楼梯，并通向地面的安全出口，其中必须有一个是独立的安全出口。这个安全出口周围不得有较高建筑物，以防空袭倒塌堵塞出口而影响疏散。

5．门窗

普通地下室的门窗与地上房间门窗相同，当地下室外窗在室外地坪以下时，应设置采光井和防护箅，以便采光、通风和行走安全，如图2.20所示。防空地下室一般不允许设置外窗，防空地下室的门应符合相应等级的防护和密闭要求，一般采用钢门或钢筋混凝土门。

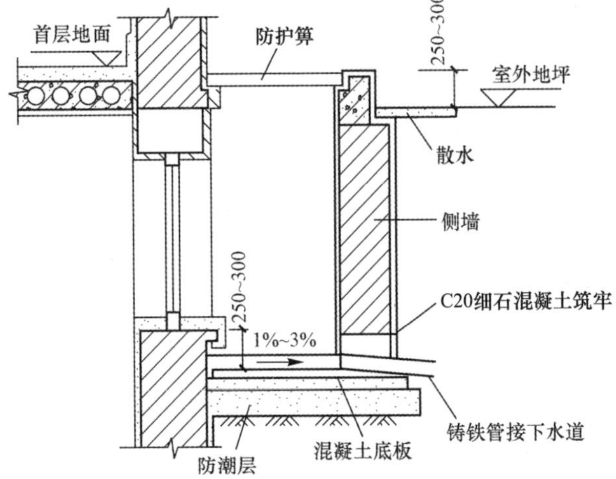

图2.20　采光井构造图

2.4.3 地下室的防潮构造

当最高地下水水位低于地下室地面标高，且无形成上层滞水可能时，地下水不能侵入地下室内部，这时地下室只需做防潮处理。地下室防潮只适用于底板和外墙仅受到土壤中潮气的影响和防无压水的情况。

地下室防潮的构造要求如下。

1）墙身垂直防潮：砌筑砂浆必须采用水泥砂浆，灰缝必须饱满；在外墙外侧设垂直防潮层，防潮层做法一般为以 1 ： 2.5 水泥砂浆找平、刷冷底子油一道、热沥青两道，防潮层做至室外散水以上；然后在防潮层外侧回填低渗透性土壤，如黏土、灰土等，并逐层夯实，底宽 500mm 左右，目的是避免或防止地表水下渗影响地下室防潮层，如图 2.21 所示。

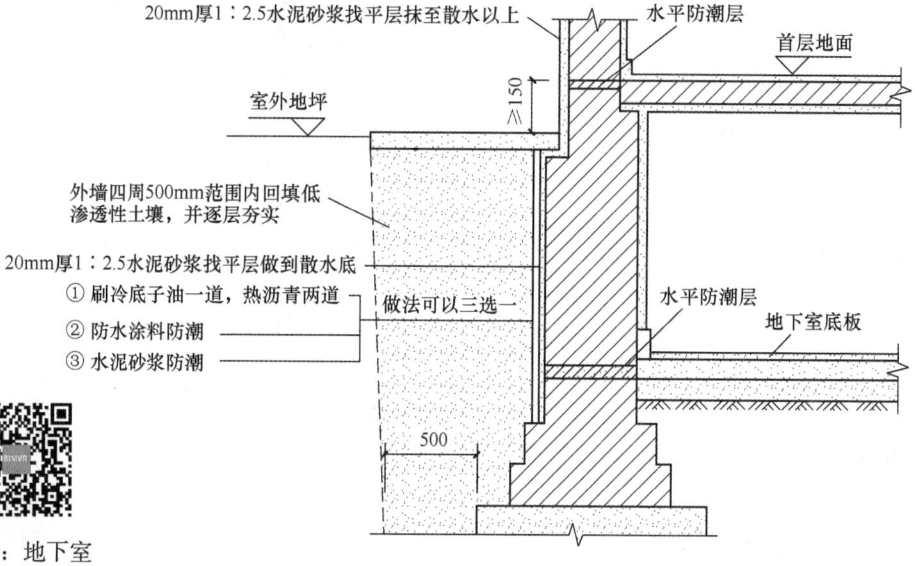

AR 图：地下室防潮处理

图 2.21 地下室防潮构造

2）墙身水平防潮：地下室所有墙体，必须设置两道水平防潮层，一道设置在地下室底层地面附近（一般设置在结构层之间），另一道设置在室外地坪高出散水 150 ～ 200mm 的位置。

3）地下室地面防潮：对于地下室地面的防潮，一般情况下可利用地面结构层混凝土垫层的抗渗性能来达到防潮的目的，但当地下室的防渗要求比较高时，也可在其地面处增设一道柔性卷材防潮层。

2.4.4 地下室的防水构造

当最高地下水水位高于地下室地面标高时，地下室底板和部分外墙将浸泡在水中。其外墙受到地下水的侧压力作用，底板受到地下水的浮力作用，这时地下室要做好防水处理，否则在水的渗透作用下，易引起地下室室内墙体灰皮脱落，墙面生霉，甚至导致地下室进水而无法正常使用。比较常见的地下室防水措施有钢筋混凝土结构自防水和材料防水两种类型。

1．钢筋混凝土结构自防水

钢筋混凝土结构自防水是用具有防水性能的钢筋混凝土结构作为地下室的防水屏障，当地下室的墙体和底板均采用钢筋混凝土时，比较适合采用钢筋混凝土结构自防水的做法，其属于刚性防水。这种做法是将地下室的结构承载功能和防水功能结合在一起，简化了施工，从而加快了施工进度。防水混凝土在满足抗渗等级要求的同时，还应满足抗压、抗冻和抗侵蚀等耐久性的要求。地下室防水混凝土外墙和底板的厚度一般在 200mm 以上，需要通过计算确定。

2．材料防水

材料防水是在地下室外墙和底板表面敷设防水材料（如卷材、涂料、防水砂浆等），以阻止地下水的渗入。其中，卷材是最常用的防水材料之一，属于柔性防水材料，主要包括高聚物改性沥青类防水卷材和合成高分子类防水卷材。当卷材用于建筑物地下室防水时，应铺设在结构主体底板垫层至墙体防水设防高度的结构基面上。根据卷材与墙体的关系，可分为外防水和内防水两种。卷材防水层设置在地下工程围护结构外侧（即迎水面）时称为外防水，如图 2.22 所示。这种方法防水效果较好，得到普遍采用，其不足是一旦出现渗漏，要查找渗漏的准确部位非常困难，且维修起来也十分不便。其具体构造要求如下：

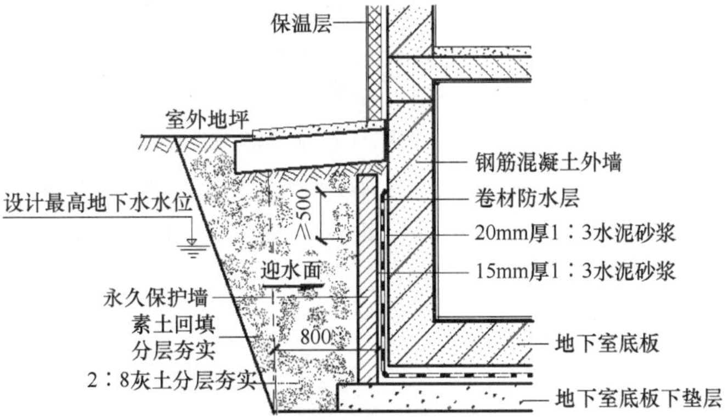

AR 图：地下室外防水

图 2.22　地下室卷材外防水构造

1）在外墙外侧抹 20mm 厚 1 ： 3 水泥砂浆找平层，刷冷底子油一道；

2）逐层粘贴防水卷材，并与从地下室地面底板下留出的卷材防水层逐一搭接；

3）防水层应高出设计最高地下水水位 0.5m 以上，其上按防潮处理，保护墙做至散水底；

4）卷材外砌保护墙一道，并在保护墙和防水层之间用水泥砂浆填充；

5）保护墙外回填灰土或炉渣。

对地下室地面的防水处理：先在土层上浇筑约 100mm 厚的素混凝土垫层，将防水层铺满整个地下室范围，然后在防水层上抹 20mm 厚水泥砂浆保护层。地下室地面防水层必须留出足够的长度，以便与墙面垂直防水层搭接，同时，还需要做好接头防水层的保护工作。

卷材粘贴于工程结构内表面时的防水称为内防水。这种做法防水效果较差，但施工简单，便于修补，常用于补救或修缮工程，如图 2.23 所示。

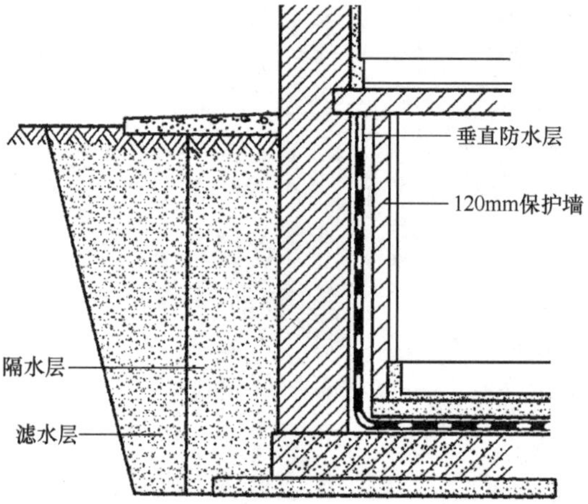

图 2.23　地下室卷材内防水构造

AR 图：地下室内防水

随着新型高分子合成防水材料的不断涌现，地下室防水构造也在更新。氰凝是一种高效防水防腐材料，能在潮湿或干燥等多种基面上施工，并能渗透到底材内部的毛细孔内，与底材融为一体，形成一层结晶致密的防水、防腐层，可用于地下工程的防水和堵漏，尤其适用于防水层的修复。聚氨酯涂膜防水材料，能在潮湿或干燥的各种基面上直接施工，与基面黏结力强，涂膜中的高分子物质能渗入基面微细细缝内，有良好的柔韧性，对基层伸缩或开裂的适应性强，对建筑内有管道、转折和高差等特殊部位的防水效果比较理想。

本章小结

1. 地基是支承基础的土体或岩体，它不属于建筑物的组成部分；基础是建筑最下部与土壤直接接触的构件，是建筑的下部结构。

2. 地基按是否经过人工加固处理可分为天然地基和人工地基两大类。

3. 基础埋置深度是指设计室外地坪至基础底面的垂直距离，按其埋置深度大小可分为浅基础和深基础。

4. 基础的类型按材料及受力特点可分为无筋扩展基础和扩展基础，按构造形式可分为独立基础、条形基础、井格基础、筏形基础、箱形基础、桩基础等。

5. 当设计最高地下水水位低于地下室地面标高，地下水不能侵入地下室内部时，地下室底板和外墙仅受到土壤中潮气的影响，这时地下室只需做防潮处理。

6. 当设计最高地下水水位高于地下室地面时，其外墙受到地下水的侧压力作用，底板受到地下水的浮力作用，这时地下室要做好防水处理。

课后习题

1. 什么是地基和基础？
2. 什么是天然地基？什么是人工地基？常用人工地基加固的处理方法有哪些？
3. 地基和基础的设计要求有哪些？
4. 什么是基础埋置深度？基础埋置深度的影响因素有哪些？
5. 什么是刚性基础？什么是柔性基础？
6. 基础按构造形式分有哪些类别？它们各有什么特点？
7. 按不同的分类方法，桩基础的类型有哪些？
8. 地下室的类型有哪些？由哪几部分组成？
9. 如何确定地下室应做防潮处理还是防水处理？

学习小结

观后感

要求：扫描本章二维码观看视频，了解人工地基加固处理的原因及目的，写出人工地基加固处理的类别有哪些，与这些类别对应的处理方法又有哪几种，不同类别处理方法的原理及作用是什么，具体应用时其适用范围怎样。

（沿此虚线裁剪）

第3章 墙 体

学习目标

1. 掌握民用建筑墙体类型及设计要求；
2. 掌握砌体墙的相关构造要求；
3. 理解预制墙体构造及施工；
4. 理解墙面装修基本构造；
5. 了解幕墙类型及基本构造。

学习引导
（音频）

能力目标

1. 能根据所学知识掌握并理解常用墙体构造方式；
2. 能识读并理解预制墙体专项吊装方案。

课程思政

装配式建筑是用预制构件在施工现场装配而成的建筑。发展装配式建筑是建造方式的重大变革，是推进供给侧结构性改革和新型城镇化发展的重要举措，有利于节约资源能源、减少施工污染、提升劳动生产效率和质量安全水平，有利于促进建筑业与信息化、工业化深度融合，培育新产业、新动能，推动化解过剩产能。

2016 年 9 月 30 日，国务院办公厅印发了《关于大力发展装配式建筑的指导意见》，提出力争用 10 年左右的时间，使装配式建筑占新建建筑面积的比例达到 30%。现代建筑技术更新速度快，需要同学们牢固掌握建筑构造基本知识，开拓创新，推进建筑业不断向前发展。

思维导图

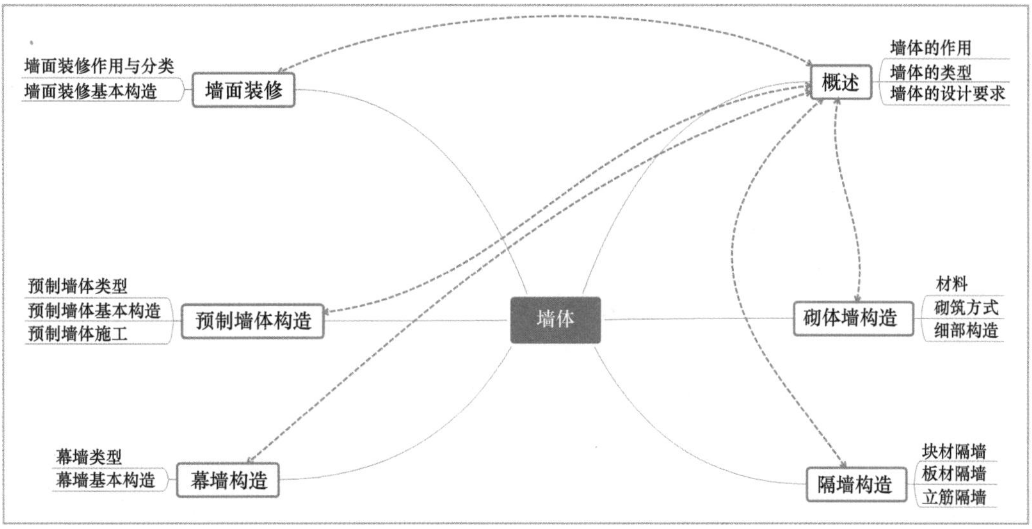

资源索引

页码	资源内容	形式
64	学习引导	音频
68	细数中国古建墙体类别	图文
74	实心砖砌体	AR 图
	密实混凝土砌块	AR 图
75	砌体墙施工工艺	图文
76	散水	AR 图
	混凝土明沟	AR 图
77	抹灰类勒脚	AR 图
	石材砌筑类勒脚	AR 图
	贴面类勒脚	AR 图
	现浇混凝土勒脚	AR 图
	墙身防潮层做法	视频
	地面垫层为密实材料防潮层	AR 图
78	地面垫层为透水材料防潮层	AR 图
	钢筋混凝土窗台	AR 图
	侧砌砖窗台	AR 图
	不悬挑窗台	AR 图
	放滴水窗台	AR 图

续表

页码	资源内容	形式
79	砖拱过梁	AR 图
80	L 形过梁	AR 图
	带窗楣过梁	AR 图
	平墙过梁	AR 图
	圈梁	视频
	圈梁的搭接	AR 图
81	构造柱	视频
	构造柱做法	AR 图
85	木质板墙面构造 1	AR 图
	木质板墙面构造 2	AR 图
89	建筑幕墙的结构分类及特点	图文
95	PC 住宅中预制墙体的不同安装方法	图文
99	抹灰类墙面装修	视频
100	护角做法	AR 图

3.1 概述

知识导入

墙体（图 3.1）是民用建筑的重要组成部分之一。墙体对建筑空间限定、建筑节能等起着重要的作用，因此，墙体构造是建筑构造的重要内容之一。

图 3.1　建筑墙体

趣 闻

"骑楼"因何得名

作为一种典型的外廊式建筑物，骑楼最早可追溯到约2500年前的希腊"帕特农神庙"。现代意义上的骑楼（图3.2）最早起源于印度的贝尼亚普库尔（Beniapukur），称为"廊房"。18世纪后半期，英国殖民者进入了印度等南亚国家，为了创造凉爽舒适的居住条件，他们在建造住宅时，采用居室前加走廊的方法，以遮挡炎热。

图3.2 骑楼老街

后来，骑楼传入我国华南地区，成为一种别具风情的建筑样式。骑楼仿佛骑跨在马路上一样，骑楼既可避风遮雨，又美观耐看。"骑楼"也适应了我国华南地区的气候特点，形成当地街景的主格局。

教学内容

3.1.1 墙体的作用

墙体主要起围护、分隔空间等作用（图3.3、图3.4）。在砌体结构和剪力墙结构中，墙体还具有承重和抗侧力的作用。

1. 围护作用

墙体具有抵御自然界中风、雨、雪等侵袭的作用，同时能为建筑提供保温隔热、防潮防水及隔声等功能，是建筑中起围护作用的最重要部分。

2. 分隔作用

外墙是界定室内与室外空间的构件。内墙是建筑水平方向划分空间的构件，它将建筑内部划分成若干房间或使用空间。

图 3.3　建筑外墙

图 3.4　建筑隔墙

3．承重作用

承重墙承担建筑的屋顶、楼板传递给它的荷载及自身荷载、风荷载，是砖混结构建筑的主要承重构件。

砌体结构墙体如图 3.5 所示，剪力墙结构墙体如图 3.6 所示。

图 3.5　砌体结构墙体

图 3.6　剪力墙结构墙体

3.1.2　墙体的类型

1．按所处位置分类

墙体按所在位置不同可分为外墙、内墙、窗间墙、窗上墙、窗下墙等。沿建筑四周外侧布置的墙体称为外墙；被外墙所包围处于建筑内部的墙体称为内墙；外墙上两扇窗之间的墙体称为窗间墙；同一层范围内，窗洞以上部分墙体称为窗上墙；窗洞以下部分墙体称为窗下墙。

细数中国古建墙体类别（图文）

2．按布置方向分类

墙体按布置方向不同可分为横墙和纵墙。沿建筑物短轴方向布置的墙体称为横墙；沿建筑物长轴方向布置的墙体称为纵墙。横墙有内横墙与外横墙之分，位于建筑物两端的外横墙称为山墙；纵墙有内纵墙、外纵墙之分，如图 3.7 所示。

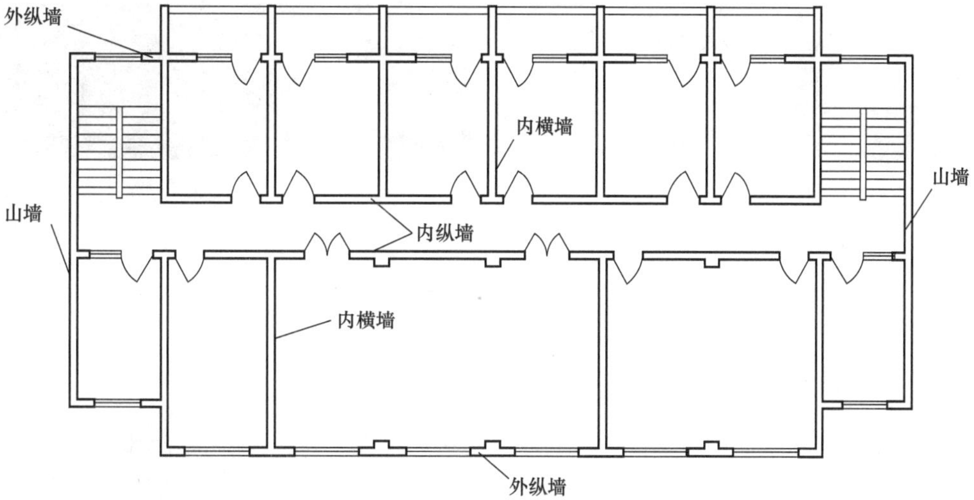

图 3.7 砌体结构墙体

3．按承重状况分类

墙体按承重状况不同可分为非承重墙和承重墙。仅承受自重的墙体称为非承重墙，如框架结构中的填充墙；除承受自重外，还需承担楼板、屋顶等构件传来荷载的墙称为承重墙，如砌体结构中的墙体、剪力墙结构中的钢筋混凝土墙体。

4．按材料不同分类

墙体按所用材料分类有很多种，较常见的有：用砖和砂浆砌筑的砖墙；用石块和砂浆砌筑的石墙（图 3.8）；由以工业废料制作而成的各种砌块砌筑的砌块墙（图 3.9）；钢筋混凝土墙；墙体板材通过设置骨架或以无骨架方式固定形成的板材墙等。

5．按施工方式分类

墙体按施工方式不同可分为块材墙、板筑墙和板材墙三种。块材墙是用砂浆等胶结材料将砖、石块、中小型砌块等组砌而成的，如实砌砖墙、砌块墙等；板筑墙是在墙体部位设置模板现浇而成的墙体，如夯土墙、滑模或大模板现浇钢筋混凝土墙；板材墙是将预先制成的墙体构件运至施工现场，然后安装、拼接而成的墙体，如预制混凝土大板墙、石膏板墙、金属面板墙、各种幕墙等。

图 3.8　石墙

图 3.9　砌块墙

3.1.3　墙体的设计要求

1．具有足够的强度、稳定性

强度是指墙体承受荷载的能力，与墙体采用的材料、材料强度等级、墙体的截面面积、砌筑质量等有关。材料强度等级越高、墙体截面面积越大则墙体强度越高。稳定性是指在荷载作用下墙体保证整体稳定的性能，与墙体的高厚比、荷载的偏心距有关。

2．满足保温、隔热要求

外墙是围护建筑的主体，其热工性能的好坏会直接影响建筑的使用及能耗。按照现行国家标准《民用建筑热工设计规范》（GB 50176—2016）的规定，建筑热工设计区划分为两级。建筑热工设计一级区划指标及设计原则应符合表 3.1 的规定。

表 3.1　建筑热工设计一级区划指标及设计原则

一级区划名称	区划指标		设计原则
	主要指标	辅助指标	
严寒地区（1）	$t_{min \cdot m} \leqslant -10℃$	$145 \leqslant b_{\leqslant 5}$	必须充分满足冬季保温要求，一般可以不考虑夏季防热
寒冷地区（2）	$-10℃ < t_{min \cdot m} \leqslant 0℃$	$90 \leqslant b_{\leqslant 5} < 145$	应满足冬季保温要求，部分地区兼夏季防热
夏热冬冷地区（3）	$0℃ < t_{min \cdot m} \leqslant 10℃$ $25℃ < t_{max \cdot m} \leqslant 30℃$	$0 \leqslant b_{\leqslant 5} < 90$ $40 \leqslant b_{\geqslant 25} < 110$	必须满足夏季防热要求，适当兼顾冬季保温
夏热冬暖地区（4）	$10℃ < t_{min \cdot m}$ $25℃ < t_{max \cdot m} \leqslant 29℃$	$100 \leqslant b_{\geqslant 25} < 200$	必须充分满足夏季防热要求，一般可不考虑冬季保温
温和地区（5）	$0℃ < t_{min \cdot m} \leqslant 13℃$ $18℃ < t_{max \cdot m} \leqslant 25℃$	$0 \leqslant b_{\leqslant 5} < 90$	部分地区应该考虑冬季保温，一般可不考虑夏季防热

3. 满足隔声要求

墙体隔绝空气传声的能力，主要取决于墙体的单位面积质量（即面密度），面密度越大，隔声质量越好。故在墙体设计时，应适当增加墙体厚度，选用密度高的墙体材料，设置中空墙或双层墙等均是提高墙体隔声能力的有效措施。

4. 满足防火要求

当建筑的单层建筑面积或长度达到规定指标时，应划分防火分区，以防止火灾蔓延。防火分区一般利用防火墙进行分隔。防火墙是分隔水平防火分区或防止建筑间火灾蔓延的重要分隔构件，在减少火灾损失方面发挥着重要的作用。

5. 满足防水防潮要求

地下室的墙体应满足防潮、防水要求。卫生间、厨房、实验室等用水房间的墙体应满足防潮、防水、易清洗、耐摩擦、耐腐蚀的要求。

6. 满足建筑工业化要求

建筑工业化是建筑发展的主要方向。在未来的发展中，将着力应用新型的轻质高强墙体材料，从而减轻墙体自重，提高施工效率，进而降低工程造价。

链 接

住房和城乡建设部印发《建筑业发展“十三五”规划》

2017 年，住房和城乡建设部印发了《建筑业发展“十三五”规划》，对我国建筑业“十三五”时期的发展成就及存在问题进行了总结，并提出了“十三五”时期发展的指导思想、基本原则和发展目标，同时提出今后五年建筑业发展的六大主要目标、九大主要任务。

六大主要目标：市场规模目标、产业结构调整目标、技术进步目标、建筑节能和绿色建筑（图 3.10）发展目标、建筑市场监管目标、质量安全监管目标。

九大主要任务：深化建筑业体制机制改革、推动建筑产业现代化、推进建筑节能与绿色建筑发展、发展建筑产业工人队伍（图 3.11）、深化建筑业“放管服”改革、提高工程质量安全水平、促进建筑业企业转型升级、积极开拓国际市场、发挥行业组织服务和自律作用。

图 3.10　绿色建筑

图 3.11　建筑产业工人

3.2 砌体墙构造

知识导入

砌体墙指的是用块体和砂浆通过一定的砌筑方法砌筑而成的墙体。块体一般包括实心砖、空心砖、轻集料混凝土砌块、混凝土空心砌块、毛料石、毛石等。砂浆一般包括混合砂浆、水泥砂浆等。砖砌体如图 3.12 所示，砌块砌体如图 3.13 所示。

图 3.12　砖砌体

图 3.13　砌块砌体

趣　闻

狮子与建筑

狮子，俗称“兽中之王”，以性格凶猛而著称。狮子原来生长在非洲和亚洲的印度一带。据传，在1900年前的东汉时期，安息国王向汉章帝赠送狮子，从此，狮子就在中国繁衍下来。中国古传统文化喜欢用动物象征权利和吉祥，如青龙、白虎、朱雀、玄武四神兽。狮子因为其凶猛的性格，被中国人赋予了护卫的作用。所以，狮子通常被放在陵墓的墓道两侧、大门的两侧，起着守护大门，以体现主人威严的作用。另外，我们还会在一些石栏杆上、石柱上见到狮子的形象。守卫在大门两侧的狮子通常为一对，一雄一雌。由于中国的建筑大门大多朝南，通常大门东侧的狮子为雄性，它的特点是右脚下踩着一个绣球；大门西侧的狮子为雌性，它的特点是座脚下安一幼狮。狮子作为建筑小品，不同时期有不同的艺术风格。唐朝以前的狮子注重从整体上刻画，此阶段的狮子规划宏大，气魄雄伟，突出建筑艺术上的大效果，华丽而不纤巧，其代表是唐顺陵前的石狮子。宋代以后狮子的风格向追求局部发展，注重对毛发、肌肉、面部表情的刻画，但狮子的整体形态却不如唐代以前威武有力，其代表是北京紫禁城故宫铜狮和太和门铜狮（图3.14、图3.15）。

图3.14　故宫铜狮

图3.15　太和门铜狮

教学内容

3.2.1　材料

1．块体种类和强度等级

传统的砌墙材料，按材料不同有黏土砖、灰砂砖、页岩砖、粉煤灰砖、炉渣砖等

（图 3.16、图 3.17）。

图 3.16　砖砌体

图 3.17　砌砖

按照《砌体结构设计规范》（GB 50003—2011）的规定，承重结构的块体的强度等级，应按下列规定采用：烧结普通砖、烧结多孔砖的强度等级为 MU30、MU25、MU20、MU15 和 MU10；蒸压灰砂普通砖、蒸压粉煤灰普通砖的强度等级为 MU25、MU20 和 MU15；混凝土普通砖、混凝土多孔砖的强度等级为 MU30、MU25、MU20 和 MU15。自承重墙的空心砖、轻集料混凝土砌块的强度等级应按下列规定采用：空心砖的强度等级：MU10、MU7.5、MU5 和 MU3.5；轻集料混凝土砌块的强度等级：MU10、MU7.5、MU5 和 MU3.5。

AR 图：实心砖砌体

AR 图：密实混凝土砌块

标准砖的规格为 240mm×115mm×53mm，每块砖的质量为 2.5 ～ 2.65kg。加入灰缝尺寸后，长、宽、厚之比为 4 ：2 ：1。

2．*砂浆*

砌筑墙体的常用砂浆有水泥砂浆（图 3.18）、石灰砂浆和混合砂浆（图 3.19）。水泥砂浆属于水硬性材料，强度高，主要用于砌筑地下部分的墙体和基础。石灰砂浆属于气硬性材料，防水性差、强度低，适宜用于砌筑非承重墙或荷载较小的墙体。混合砂浆有较高的强度和良好的可塑性、保水性，在地上砌体中被广泛应用。

按照《砌体结构设计规范》（GB 50003—2011）的规定，砂浆的强度等级应按下列规定采用：烧结普通砖、烧结多孔砖、蒸压灰砂普通砖和蒸压粉煤灰普通砖砌体采用的普通砂浆强度等级为 M15、M10、M7.5、M5 和 M2.5；蒸压灰砂普通砖和蒸压粉煤灰普通砖砌体采用的专用砌筑砂浆强度等级为 Ms15、Ms10、Ms7.5、Ms5.0；混凝土普通砖、混凝土多孔砖、单排孔混凝土砌块和煤矸石混凝土砌块砌体采用的砂浆强度等级为 Mb20、Mb15、Mb10、Mb7.5 和 Mb5；毛料石、毛石砌体采用的砂浆强度等级为 M7.5、M5 和 M2.5。

图 3.18 水泥砂浆

图 3.19 混合砂浆

3.2.2 砌筑方式

为了保证墙体的强度，墙体在砌筑时应遵循“内外搭接、上下错缝”的原则，砖缝要横平竖直，砂浆要饱满、厚薄均匀。砖与砖之间搭接和错缝的距离一般不小于60mm。

长边垂直于墙体纵向砌筑时的砖，称为丁砖；长边平行于墙体纵向砌筑时的砖，称为顺砖。每排列一层砖称为一皮。常见的砖墙砌筑方式有全顺式、一顺一丁式、两平一侧式、三顺一丁式、全丁式、梅花丁式等（图 3.20）。实际中常用的砌筑方式有全顺式（120 墙）、两平一侧式（180 墙）、一顺一丁式（240 墙、370 墙）。

砌体墙施工工艺(图文)

图 3.20 砌筑方式

3.2.3 细部构造

1．散水与明沟

散水是沿建筑物外墙四周设置的向外倾斜的坡面（图 3.21）。其作用是将屋面下落的雨水排到远处，保护墙基避免雨水侵蚀。散水的宽度一般为 600 ～ 1000mm，散水的坡度一般为 3% ～ 5%。当屋面为自由落水时，散水宽度应比屋面檐口宽出 200mm 左右，以保证屋面雨水能够落在散水上。散水适用于降雨量较小的地区，通常的做法有砖砌，砖铺，块石、碎石、水泥砂浆、混凝土砌筑等。在季节冰冻地区的散水，需在散水垫层下加设防冻胀层，以免散水被土壤冻胀而破坏。防冻胀层应选用砂石、炉渣灰土和非冻胀材料，其厚度可结合当地经验确定，通常在 300mm 左右。散水整体面层纵向距离每隔 6 ～ 12m 做一道伸缩缝，缝宽为 20 ～ 30mm，缝内填粗砂，上嵌沥青胶盖缝，以防渗水。由于建筑物的沉降，勒脚与散水施工时间的差异，在勒脚与散水交接处应留有缝隙，缝内处理一般使用沥青麻丝灌缝。

图 3.21　散水

AR 图：散水

AR 图：混凝土明沟

明沟又称阳沟、排水沟，设置在建筑物的外墙四周，以便将屋面落水和地面积水有组织地导向地下排水井，然后流入排水系统，保护外墙基础。明沟一般采用混凝土浇筑，或用砖、石砌筑成宽不少于 180mm、深不少于 150mm 的沟槽，然后采用水泥砂浆抹面。为保证排水通畅，沟底应有不少于 1% 的纵向坡度。明沟适用于降雨量较大的南方地区。

2．*勒脚*

勒脚是指室内地坪以下、室外地面以上的外墙墙体。其作用是保护距离地面较近的外墙身免受雨、雪或地表水的侵蚀，或人为因素的碰撞、破坏等，同时，对建筑立面处理产生一定的效果。勒脚应坚固、防水和美观。勒脚高度一般为室内地坪与室外地坪的高差，也可根据立面需要提高到底层窗台位置。

勒脚的做法常有以下几种：对一般建筑，采用水泥砂浆抹面或水刷石、斩假石等；对标准较高的建筑，可贴墙面砖或镶贴天然、人工石材，如花岗石、水磨石等；采用强度高、耐久性和防水性好的墙体材料，如毛石、料石、混凝土等。

AR 图：抹灰类勒脚　AR 图：石材砌筑类勒脚　AR 图：贴面类勒脚　AR 图：现浇混凝土勒脚

3．墙身防潮层

墙身防潮层做法（视频）

在墙身中设置防潮层的目的是防止土壤中的水分沿基础和墙脚上升，或位于勒脚处的地面水渗入墙内而导致地上部分墙体受潮，以保证建筑的正常使用和安全。因此，必须在内、外墙脚部位连续设置防潮层，一般设有水平防潮层和垂直防潮层两种形式。

（1）防潮层的位置

1）水平防潮层。水平防潮层一般设置在室内地面不透水垫层（如混凝土垫层）厚度范围之内，与地面垫层形成一个封闭的隔潮层，通常在 -0.060m 标高处设置，而且至少要高于室外地坪 150mm，以防止雨水溅湿墙身。

2）垂直防潮层。当室内地面出现高差或室内地面低于室外地面时，为了保证这两地面之间的墙体干燥，除要分别按高差不同在墙体内设置两道水平防潮层外，还要在两道水平防潮层的靠土壤侧设置一道垂直防潮层。

（2）防潮层的做法

防潮层按所用材料的不同，一般有油毡防潮层、砂浆防潮层、细石混凝土防潮层等（图 3.22）。

1）油毡防潮层。油毡防潮层通常是用沥青油毡，在防潮层部位先抹 10 ～ 15mm 厚的 1 ： 3 水泥砂浆找平层，然后干铺一层油毡或用沥青粘贴一毡二油。卷材的宽度应比墙体宽 20mm，搭接长度不小于 100mm。油毡防潮层具有一定的韧性、延伸性和良好的防潮性能，但不能与砂浆有效地黏结，降低了结构的整体性，对抗震不利，而且卷材的使用年限往往低于建筑的耐久年限，老化后将失去防潮的作用。因此，卷材防潮层在建筑中已较少采用。

2）砂浆防潮层。砂浆防潮层是在防潮层部位抹 20 ～ 25mm 厚掺入防水剂的 1 ： 3 水泥砂浆，防水剂的掺入量一般为水泥用量的 3% ～ 5%；或者在防潮层部位用防水砂浆砌筑 4 ～ 6 皮砖，同样可以起到防潮层的作用。防水砂浆防潮层目前在实际工程中应用较多，特别适用于抗震地区、独立砖柱和扰动较大的砖砌体中，但防水砂浆属于刚性材料，易产生裂缝，所以，在基础沉降量大或有较大振动的建筑中应慎重使用。

AR 图：地面垫层为密实材料防潮层

3）细石混凝土防潮层。细石混凝土防潮层是在防潮层部位铺设 60mm 厚 C20 细石混凝土，内配 3ϕ6 或 3ϕ8 钢筋以抗裂。由于内配钢筋的混凝土密实性和抗裂性好，防水、防潮性强，且与砖砌体结合紧密，整体性好，故适用于整体刚度要求较高的建筑，特别是抗震地区。

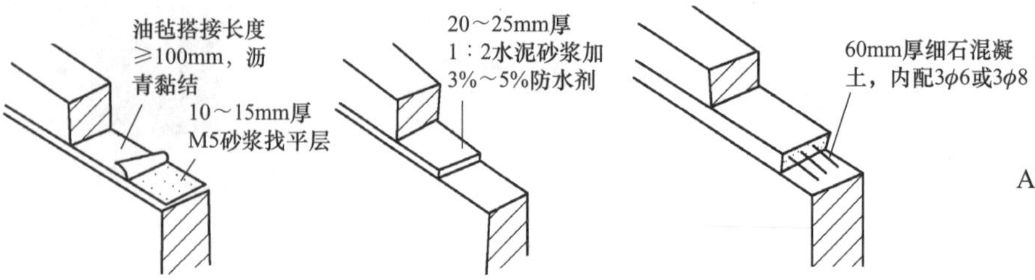

(a) 油毡防潮层　　(b) 砂浆防潮层　　(b) 细石混凝土防潮层

图 3.22　墙身防潮层做法

AR 图：地面垫层为透水材料防潮层

AR 图：钢筋混凝土窗台

AR 图：侧砌砖窗台

AR 图：不悬挑窗台

AR 图：放滴水窗台

4. 窗台

窗台根据位置的不同可分为外窗台（图 3.23）和内窗台（图 3.24）两种。外窗台的主要作用是排水，避免室外雨水沿窗向下流淌时，积聚在窗洞下部并沿窗下框向室内渗透。同时，外窗台也是建筑立面细部的重要组成部分。外窗台应有不透水的面层，并向外形成一定的坡度以利于排水。外窗台有悬挑和不悬挑两种。悬挑窗台常采用顶砌一皮砖挑出 60mm，或将一皮砖侧砌并挑出 60mm，也可采用预制钢筋混凝土窗台挑出 60mm。悬挑窗台底部边缘处抹灰时应做滴水线或滴水槽，避免排水时雨水沿窗台底面流至下部墙体污染墙面。

处于阳台位置的窗不受雨水冲刷，通常设置不悬挑窗台；当外墙面材料为贴面砖时，因为墙面砖表面光滑，容易被上部淌下的雨水冲刷干净，可设置不悬挑窗台，只在窗洞口下部用面砖做成斜坡，现在较多建筑采用这种形式。

内窗台可直接用砖砌筑，常常结合室内装饰做成砂浆抹灰、水磨石、贴面砖或天然石材等多种饰面形式。

图 3.23　外窗台

图 3.24　内窗台

5. 门窗过梁

当墙体上要开设门窗洞口时，为了承担洞口上部彻体传来的荷载，并将这些荷载传递给洞口两侧的墙体，常在门窗洞口上设置门窗过梁。常见的门窗过梁有砖拱过梁、钢筋砖过梁和钢筋混凝土过梁三种。

（1）砖拱过梁

砖拱过梁有平拱和弧拱两种类型（图 3.25）。其中平拱形式用得较多。砖砌平拱过梁适用跨度一般不大于 1.2m。砖拱过梁应事先设置胎模，由砖侧砌而成，拱中的砖垂直放置，称为拱心。两侧砖对称拱心分别向两侧倾斜，灰缝上宽下窄，靠材料之间产生的挤压摩擦力来支撑上部墙体。砖拱过梁可节约钢材和水泥，但施工麻烦，过梁整体性较差，不适用于过梁上部有集中荷载、振动较大、地基承载力不均匀及地震区的建筑。

AR 图：砖拱过梁

图 3.25　砖拱过梁

（2）钢筋砖过梁

钢筋砖过梁是由平砖砌筑，并在砖缝中加设适量钢筋而形成的过梁。其适宜跨度不大于 1.5m，且施工简单，所以在无集中荷载的门窗洞口上应用比较广泛。

钢筋砖过梁的构造要求是：应用强度等级不低于 MU7.5 的砖和不低于 M5 的砂浆砌筑；过梁的高度应在 5 皮砖以上，且不小于洞口跨度的 1/4；钢筋放置于洞口上部的砂浆层内，砂浆层为 30mm 厚 1 ∶ 3 水泥砂浆，也可以放置于洞口上部第一皮砖和第二皮砖之间，钢筋两端伸入墙内不少于 240mm，并做 60mm 高的垂直弯钩。钢筋直径不小于 5mm，根数不少于 2 根，间距小于或等于 120mm。

（3）钢筋混凝土过梁

钢筋混凝土过梁承载能力强，跨度可超过 2m，施工简便，目前被广泛采用（图 3.26）。按照施工方式不同，钢筋混凝土过梁可分为现浇和预制两种。其截面尺寸及配筋应由计算确定。过梁的高度应与砖的皮数尺寸相配合，以便于墙体的连续砌筑，常见的梁高为 120mm、180mm、240mm。过梁的宽度通常与墙厚相同，当墙面不抹灰，为清水墙结构时，其宽度应比过梁小 20mm。为了避免局压破坏，过梁两端伸入墙体的长度应各不小于 240mm。

图 3.26　钢筋混凝土过梁

钢筋混凝土过梁的截面形式有矩形和 L 形两种。矩形过梁多用于内墙或南方地区的混水墙。钢筋混凝土的导热系数比砖砌体的导热系数大，为避免过梁处产生热桥效应，内壁结露，在严寒及寒冷地区外墙或清水墙中多用 L 形过梁。

AR 图：L 形过梁　　AR 图：带窗楣过梁　　AR 图：平墙过梁

6. 圈梁

在房屋的檐口、窗顶、楼层、吊车梁顶或基础顶面标高处，沿砌体墙水平方向设置封闭状的按构造要求配筋的混凝土梁式构件，称为圈梁（图 3.27）。圈梁与楼板共同作用，能增强建筑的空间刚度和整体性，对建筑起到腰箍的作用，防止由于地基不均匀沉降、振动引起的墙体开裂。在抗震设防地区，圈梁与构造柱一起形成骨架，可提高房屋的抗震能力。

圈梁（视频）

图 3.27　钢筋混凝土圈梁

按照《砌体结构设计规范》（GB 50003—2011）的规定，厂房、仓库、食堂等空旷单层房屋应按下列规定设置圈梁：砖砌体结构房屋，檐口标高为 5 ～ 8m 时，应在檐口标高处设置圈梁一道；檐口标高大于 8m 时，应增加设置数量。砌块及料石砌体结构房屋，檐口标高为 4 ～ 5m 时，应在檐口标高处设置圈梁一道；檐口标高大于 5m 时，应增加设置数量。对有起重机或较大振动设备的单层工业房屋，当未采取有效的隔振措施时，除在檐口或窗顶标高处设置现浇混凝土圈梁外，尚应增加设置数量。采用现浇混凝土楼（屋）盖的多层砌体结构房屋，当层数超过 5 层时，除应在檐口标高处设置一道圈梁外，可隔层设置圈梁，并应与楼（屋）面板一起现浇。未设置圈梁的楼面板嵌入墙内的长度不应小于 120mm，并沿墙长配置不少于 2 根直径为 10mm 的纵向钢筋。

AR 图：圈梁的搭接

圈梁应符合下列构造要求：圈梁宜连续地设在同一水平面上，并形成封闭状；当圈梁被门窗洞口截断时，应在洞口上部增设相同截面的附加圈梁。附加圈梁与圈梁的搭接长度不应小于其中到中垂直间距的 2 倍，且不得小于 1m；纵、横墙交接处的圈梁应可靠连接。刚弹性和弹性方案房屋，圈梁应与屋架、大梁等构件可靠连接；混凝土圈梁的宽度宜与墙厚相同，当墙厚不小于 240mm 时，其宽度不宜小于墙厚的 2/3。圈梁高度不应小于 120mm，纵向钢筋数量不应少于 4 根，直径不应小于 10mm，绑扎接头的搭接长度按受拉钢筋考虑，箍筋间距不应大于 300mm；圈梁兼作过梁时，过梁部分的钢筋应按计算面积另行增配。

7. 构造柱

在砌体房屋墙体的规定部位，按构造配筋，并按先砌墙后浇灌混凝土柱的施工顺序制成的混凝土柱，通常称为混凝土构造柱，简称构造柱。构造柱不是承重柱，是从构造角度考虑而设置的，一般设置在建筑物的四角、内外墙体交接处、楼梯间、电梯间及某些较长的墙体中部。构造柱在墙体内部与水平设置的圈梁相连，相当于圈梁在水平方向将楼板和墙体箍住，构造柱则从竖向加强层与层之间墙体的连接，共同形成具有较大刚度的空间骨架，从而较大地加强建筑物的整体刚度，提高墙体抵抗变形的能力。多层砖砌体房屋，构造柱的设置要求见表 3.2。

构造柱（视频）

AR 图：构造柱做法

表 3.2 多层砖砌体房屋构造柱设置要求

房屋层数				设置部位	
6 度	7 度	8 度	9 度		
≤五	≤四	≤三		楼、电梯间四角，楼梯斜梯段上下端对应的墙体处； 外墙四角和对应转角； 错层部位横墙与外纵墙交接处； 大房间内外墙交接处； 较大洞口两侧	隔 12m 或单元横墙与外墙交接处； 楼梯间对应的另一侧内横墙与外纵墙交接处
六	五	四	二		隔开间横墙（轴线）与外接交接处； 山墙与内纵墙交接处
七	六、七	五、六	三、四		内墙（轴线）与外墙交接处； 内墙的局部较小墙垛处； 内纵墙与横墙（轴线）交接处

注：较大洞口，内墙指不小于 2.1m 的洞口；外墙在内外墙交接处已设置构造柱时应允许适当放宽，但洞侧墙体应加强。

构造柱下端应锚固于钢筋混凝土条形基础或基础梁内，上部与楼层圈梁连接。如圈梁是隔层设置的，应在无圈梁的楼层增设配筋砖带。构造柱应通至女儿墙顶部，与其钢筋混凝土压顶相连。构造柱的最小截面尺寸为180mm×240mm；主筋用4ϕ12，箍筋间距不大于250mm；墙与柱之间应沿墙每500mm设置拉结钢筋，每边伸入墙内长度不小于1m。构造柱在施工时应先砌砖墙形成“马牙槎”，随着墙体的上升，逐段现浇钢筋混凝土构造柱。

链 接

第一批装配式建筑示范城市和产业基地名单

2017年，住房和城乡建设部公布了第一批30个装配式建筑示范城市和195个产业基地名单。30个示范城市包括北京、上海、天津、沈阳、南京、杭州、合肥、郑州、成都等热点城市，以及合肥技术经济开发区、常州市武进区。河南省除郑州市外还有新乡市也在示范城市名单中。195个产业基地不仅包括了北京住总集团有限责任公司、上海建工集团股份有限公司、华东建筑集团股份有限公司、中民筑友建设有限公司、浙江东南网架股份有限公司、杭萧钢构股份有限公司等建筑业企业，以及万科、碧桂园等房地产企业，还包括了在装配式领域颇有研究的大学院校，如天津大学、东南大学、合肥工业大学等。除此之外，河南省产业基地有河南东方建设集团发展有限公司、河南省第二建设集团有限公司、河南省金华夏建工集团股份有限公司、河南天丰绿色装配集团有限公司、河南万道捷建股份有限公司等。

住房和城乡建设部要求各装配式建筑示范城市和产业基地扎实推进装配式建筑各项工作，及时探索总结一批可复制、可推广的装配式建筑发展经验，切实发挥示范引领和产业支撑作用（图3.28）。同时，要求各省级住房城乡建设主管部门加强对示范城市和产业基地的监督管理，定期组织检查和考核。住房和城乡建设部也将对装配式建筑示范城市和产业基地实施动态管理，定期开展评估，评估不合格的撤销认定。

图3.28 装配式建筑构件生产厂

3.3 隔墙构造

知识导入

隔墙（图3.29）是分隔建筑物内部空间的墙。隔墙不承重，一般要求其轻、薄，有良好的隔声性能，并根据具体环境要求有隔声、耐水、耐火性能等。

图3.29 建筑隔墙

趣 闻

靠“揉纸团”来设计建筑的弗兰克·盖里

弗兰克·盖里设计的建筑是从“揉纸团”的灵感中设计出来的。作为一名包揽了几乎所有世界建筑大奖的设计大师，他却被大众贴上了这样的标签。

2005年4月3日，美国经典动画片《辛普森一家》新一集播出，片中恶搞了2003年建成的迪士尼音乐厅（图3.30）和设计师弗兰克·盖里。剧情中，春田镇的居民们在报纸上得知位于洛杉矶的迪士尼音乐厅取得了巨大成功，于是决定邀请它的设计师弗兰克·盖里为他们镇设计一座音乐厅。玛琦写了一封信寄给弗兰克·盖里，不过弗兰克·盖里对这个项目没有丝毫兴趣，他把玛琦的信揉成一团，随手丢到了地上。然而，地上那被揉皱的纸团却忽然激发了他的兴致和设计灵感，剧中的音乐厅也按盖里的设计方案于不久后落成了。

但是弗兰克·盖里本人很喜欢动画片对自己的这种“温和的讽刺”，竟然还为自己的这个形象配了音。动画片播出后，弗兰克·盖里与他的“揉纸团设计法”名声大噪，而成名的代价就是，从此以后，看过动画片的人全都觉得他就是那样的建筑师：“设计作品像地上的烂纸团”“狂野的、不理性的，过分随意的创作”。网上对作品的争议及对前卫的“解构式建筑”的不理解让弗兰克·盖里为配音的事情感到非常后悔，但他仍然笃定地坚持自我，决定将自己的“废纸团”标签“不可救药”地延续下去（图 3.31）。

图 3.30　华特 · 迪士尼音乐厅

图 3.31　Marqués de Riscal 酒店

教学内容

在钢筋混凝土承重结构体系中，荷载由钢筋混凝土承受，墙体只是起到围护和分割空间的作用，这种墙就是隔墙。隔墙是分隔建筑物内部空间的非承重内墙，隔墙的质量由楼板或墙梁承担，所以要求隔墙质量轻。为了增加建筑的有效使用面积，在满足稳定的前提下，隔墙厚度应尽量薄。建筑物的室内空间在使用过程中有可能会被重新划分，所以要求隔墙便于安装与拆卸。

隔墙根据其材料和施工方式的不同，可以分为块材隔墙、板材隔墙和立筋隔墙。

3.3.1　块材隔墙

块材隔墙有砖砌隔墙和砌块隔墙两种。这种隔墙质量较重，现场湿作业量较大，但经过抹灰装饰后隔声效果较好。

1．*砖砌隔墙*

目前，在国内大部分地区都已经禁止使用红砖，灰砂砖已成为工程中使用最广泛的砖。砖砌隔墙（图 3.32）有 1/4 砖墙和 1/2 砖墙两种，其中 1/2 砖砌隔墙应用较广。

1/2 砖砌隔墙又称半砖隔墙，墙厚为 120mm，采用全顺式砌筑而成，砌筑砂浆强度不应低于 M5。由于隔墙的厚度较薄，应控制墙体的长度和高度，以确保墙体的稳定。为使隔墙的上端与楼板之间结合紧密，隔墙顶部采用斜砌立砖一皮或每隔 1.0m 用木楔打紧，用砂浆填缝。

《建筑抗震设计规范》（GB 50011—2010）（2016 年版）中规定，钢筋混凝土结构中的砌体填充墙应沿框架柱全高每隔 500 ～ 600mm 设 2ϕ6 拉筋，拉筋伸入墙内的长度，6、7 度（抗震烈度）时不应小于墙长的 1/5 且不小于 700mm，8、9 度（抗震烈度）时应全长贯通。墙长大于 5m 时，墙顶与梁宜有拉结；墙长超过 8m 或层高 2 倍时，宜设置钢筋混凝土构造柱，墙高超过 4m 时，墙体半高宜设置与柱连接且沿墙全长贯通的钢筋混凝土水平系梁。

2. 砌块隔墙

为了减轻隔墙自重和节约用砖，可采用轻质砌块来砌筑隔墙。目前应用较多的砌块有炉渣混凝土砌块、陶粒混凝土砌块、加气混凝土砌块等。炉渣混凝土砌块和陶粒混凝土砌块的厚度通常为 90mm；加气混凝土砌块多采用 100mm 厚，砌块隔墙厚由砌块尺寸决定。由于砌块墙吸水性强，一般不在潮湿环境中应用。在砌筑时应先在墙下部实砌三皮实心砖再砌砌块。砌块不够整块时宜用实心砖填补，砌块隔墙的加固措施与普通砖隔墙相同（图 3.33）。

图 3.32 砖砌隔墙

图 3.33 砌块隔墙

3.3.2 板材隔墙

AR 图：木质板墙面构造 1

AR 图：木质板墙面构造 2

板材隔墙是采用轻质大型板材直接在现场装配而成（图 3.34）。板材的高度相当于房间的净高，不需要依赖骨架。常用的板材有石膏空心条板、加气混凝土条板、碳化石灰板、水泥玻璃纤维空心条板等。这种隔墙具有质量轻、装配性好、施工速度快、工业化程度高、防火性能好等特点。条板的长度略小于房间净高，宽度常采用 600 ～ 1000mm，厚度常采用 60 ～ 100mm。

安装条板时，在楼板上采用木楔将条板楔紧，然后用砂浆将空隙堵严，条板之间的缝隙用胶黏剂或黏结砂浆进行黏结，常用的有水玻璃胶黏剂或加入 108 胶的聚合物水泥砂浆，安装完毕后可根据需要进行表面装饰。

图 3.34　板材隔墙

3.3.3　立筋隔墙

立筋隔墙由骨架和面板两部分组成，一般采用木材、铝合金或薄壁型钢等做成骨架，然后将面板通过钉结或粘贴在骨架上。常用的面板有板条抹灰、钢丝网抹灰、纸面石膏板、纤维板、吸声板等。这种隔墙质量轻、厚度薄、安装与拆卸方便，在建筑中应用较广泛。

1．板条抹灰隔墙

板条抹灰隔墙的特点是耗费木材多，防火性能差，不适用于潮湿环境中，如不适合作厨房、卫生间等的隔墙（图 3.35）。板条抹灰隔墙是由上槛、下槛、立筋（龙骨、墙筋）、斜撑等构件组成的木骨架，在立筋上沿横向钉上板条，然后抹灰。具体做法：先立边框立筋，撑稳上槛、下槛并分别固定在顶棚和楼板（或砖垄）上，每隔 500 ～ 700mm 将立筋固定在上下槛上，然后沿立筋每隔 1.5m 左右设置一道斜撑以加固立筋。立筋一般采用 50mm×70mm 或 50m×100mm 的木方。板条钉在立筋上，板条之间在垂直方向应留出 6 ～ 10mm 的缝隙，以便抹灰时灰浆能够挤入缝隙之中，与灰板条黏结。板条的接头应在立筋上，且接头处应留出 3 ～ 5mm 的缝隙，以利于伸缩，防止抹灰后灰板条膨胀而弯曲。灰板的接头连续高度应不超过 0.5m，以免出现通长裂缝。为了使抹灰层黏结牢固和防止开裂，砂浆中应掺入适量的草筋、麻刀或其他纤维材料。为了保证墙体干燥，常常在下槛下方先砌三皮砖，形成砖垄。

2．立筋面板隔墙

立筋面板隔墙的面板常用的有胶合板、纤维板、石膏板或其他轻质薄板（图 3.36）。

胶合板、纤维板是以木材为原料，多采用木骨架；石膏板多采用石膏或轻金属骨架。木骨架的做法同板条抹灰隔墙，金属骨架通常采用薄型钢板、铝合金薄板或拉伸钢板网加工而成。面板可用自攻螺钉（木骨架）或膨胀铆钉（金属骨架）等固定在骨架上，并保证板与板的接缝在立筋和横档上，缝隙间距为5mm左右以供板的伸缩，采用水条或铝压条盖缝。面板固定好后，可在面板上刮腻子后裱糊墙纸、墙布或喷涂油漆等。石膏面板隔墙是目前在建筑中使用较多的一种隔墙。石膏板是一种新型建筑材料，质量轻，防火性能好，加工方便，价格便宜，为增加其搬运时的抗弯能力，生产时在板的两面贴上面纸，所以又称纸面石膏板。但石膏板极易吸湿，不宜用于厨房、卫生间等处。钢丝（钢板）网抹灰隔墙和板条钢丝网抹灰隔墙也是立筋隔墙，前者是用薄壁型钢做骨架；后者是用木方做骨架，然后固定钢丝（板）网，再在其上抹灰形成隔墙，这两种隔墙强度高、质量轻、变形小，多用于防火、防水要求较高的房间，但隔声能力稍差。

图 3.35 板条抹灰隔墙

图 3.36 立筋面板隔墙

链 接

《绿色建筑评价标准》（2019年版）

国家工程建设标准化信息网消息，住房和城乡建设部发布公告，新修订的国家标准《绿色建筑评价标准》（GB/T 50378—2019）（以下简称《标准》）自2019年8月1日起正式实施。原《绿色建筑评价标准》（GB/T 50378—2014）同时废止。

《标准》作为规范和引领我国绿色建筑发展的根本性技术标准，自修订起就备受行业关注。

此次《标准》的修订将原来的“节地、节能、节水、节材、室内环境、施工管理、运营管理”七大指标体系，更新为“安全耐久、健康舒适、生活便利、资源节约、环境宜居”五大指标体系，以提升建筑品质，提高百姓的获得感、幸福感。另外，《标准》还在重新设定评价阶段、新增绿色建筑等级、分层设置等级要求、优化计分评价方式、扩展绿色建筑内涵等方面进行了修改完善。

《标准》秉承“以人为本，强调性能，提高质量”的技术路线，以“高水平、高定位、高质量”为修订原则，全面贯彻了绿色发展的理念，丰富了绿色建筑的内涵，重构了新时代条件下的绿色建筑评价指标体系，这将对促进我国绿色建筑乃至推动城市的高质量发展，切实满足人民美好生活需求起到重要的作用（图 3.37）。

图 3.37　绿色建筑

3.4 幕墙构造

知识导入

幕墙（图 3.38）是建筑的外墙围护，不承重，因其像幕布一样被挂上去，故又称为“帷幕墙”，是现代大型和高层建筑常用的带有装饰效果的轻质墙体，由面板和支承结构体系组成。

图 3.38　建筑幕墙

趣 闻

为什么把混凝土叫作“砼”

建筑工人们施工时，经常会用到混凝土。在建筑行业中，通常将混凝土叫作砼。砼与仝同音，均为二声，是建筑行业中混凝土的专业术语。

“砼”字中的“人”是指建筑工人，“工”是指用来搅拌混凝土的工具，“石”是指组成混凝土的成分，如小石子等。

教学内容

3.4.1 幕墙类型

由面板与支承结构体系（支承装置与支承结构）组成的、可相对主体结构有一定位移能力或自身有一定变形能力、不承担主体结构所受力作用的建筑外围护墙，称为建筑幕墙。

建筑幕墙的结构分类及特点（图文）

按照《建筑幕墙》（GB/T 21086—2007）规定，建筑幕墙按主要支承结构形式分类及标记代号为：构件式（GJ）、单元式（DY）、点支承（DZ）（图 3.39）、全玻（QB）、双层（SM）；按密闭形式分类及标记代号为：封闭式（FB）、开放式（KF）；按面板材料分类及标记代号为：玻璃幕墙（BL）、金属板幕墙、石材幕墙（SC）、人造板材幕墙、组合面板幕墙（ZH）。其中，金属板面板材料分类及标记代号主要有单层铝板（DL）、铝塑复合板（SL）（图 3.40）、蜂窝铝板（FW）、彩色涂层钢板（CG）、搪瓷涂层钢板（TG）、锌合金板（XB）、不锈钢板（BG）、铜合金板（TN）、钛合金板（TB）；其中人造板材材料分类及标记代号主要有瓷板（CB）、陶板（TB）、微晶玻璃（WJ）。

图 3.39 点支承玻璃幕墙

图 3.40 铝塑复合板幕墙

3.4.2 幕墙基本构造

1．框支承玻璃幕墙

依据《玻璃幕墙工程技术规范》（JGJ 102—2003）规定：框支承玻璃幕墙（图 3.41）单片玻璃的厚度不应小于 6mm，夹层玻璃的单片厚度不宜小于 5mm。夹层玻璃和中空玻璃的单片玻璃厚度相差不宜大于 3mm。当横梁跨度不大于 1.2m 时，铝合金型材截面主要受力部位的厚度不应小于 2.0mm；当横梁跨度大于 1.2m 时，其截面主要受力部位的厚度不应小于 2.5mm。型材孔壁与螺钉之间直接采用螺纹受力连接时，其局部截面厚度不应小于螺钉的公称直径。铝型材截面开口部位的厚度不应小于 3.0mm；闭口部位的厚度不应小于 2.5mm；型材孔壁与螺钉之间直接采用螺纹受力连接时，其局部厚度尚不应小于螺钉的公称直径。

图 3.41　框支承玻璃幕墙

玻璃幕墙通过边框把自重和风荷载传递到主体结构的方式有通过垂直方向的竖梃或通过水平方向的横档两种。采用后一种方式时，需将横档固定在主体结构立柱上，由于横档跨度不宜过大，要求框架结构立柱间距也不能太大，所以实际工程中并不多见，较多采用的是前一种方式。

2．全玻璃幕墙

全玻璃幕墙是由肋玻璃和面玻璃构成的玻璃幕墙（图 3.42）。肋玻璃垂直于面玻璃设置，以加强面玻璃的刚度。肋玻璃与面玻璃可采用结构胶黏结，也可以通过不锈钢爪件驳接。依据《玻璃幕墙工程技术规范》（JGJ 102—2003）的规定：面板玻璃的厚度不宜小于 10mm；夹层玻璃单片厚度不应小于 8mm；全玻幕墙玻璃肋的截面厚度不应小于 12mm，截面高度不应小于 100mm。

图 3.42　全玻璃幕墙

全玻幕墙的玻璃固定方式有下部支承式和上部支承式。当幕墙的高度不大时，可以用下部支撑的悬挂系统。当高度较大时，为避免面玻璃和肋玻璃在自重作用下因变形而失去稳定，需采用悬挂的支撑系统。这种系统有专门的吊挂机构在上部抓住玻璃，以保证玻璃稳定。

3．点支承玻璃幕墙

点支承玻璃幕墙是由玻璃面板、支承结构构成的玻璃幕墙。其中，支承结构可分为杆件体系和索杆体系两种。杆件体系是由刚性构件组成的结构体系；索杆体系是由拉索、拉杆和钢件构件等组成的预拉力结构体系。常见的杆件体系有钢立柱和刚桁架；索杆体系有钢拉索、钢拉杆和自平衡索桁架。

连接玻璃面板与支承结构的支承装置由爪件、连接件及转接件组成。爪件根据固定点数可分为四点式、三点式、两点式和单点式。点支承玻璃幕墙的玻璃面板必须采用钢化玻璃，玻璃面板形状通常为矩形，采用四点支承，根据情况也可采用六点支承，对于三角形玻璃面板可采用三点支承。

4．石材幕墙

板材为建筑石材的建筑幕墙，称为石材幕墙（图 3.43）。依据《金属与石材幕墙工程技术规范》（JGJ 133—2001）的规定，石材幕墙中的单块石材板面面积不宜大于 $1.5m^2$，厚度不应小于 25mm；石板连接部位应无崩坏、暗裂等缺陷；其他部位崩边不大于 5mm×20mm，或缺角不大于 20mm 时可修补后使用，但每层修补的石板块数不应大于 2%，且宜用于立面不明显部位。

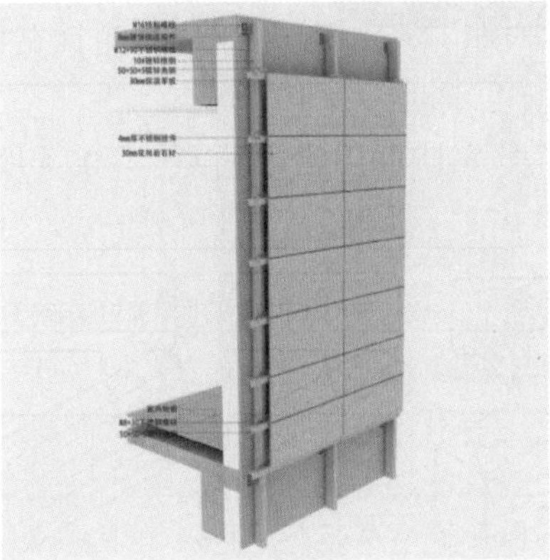

图 3.43　石材幕墙

因石材面板连接方式的不同，石材幕墙可分为钢销式、槽式和背栓式等。

1）钢销式连接需在石材的上下两边或四边开设销孔，石材通过钢销及连接板与幕墙骨架连接。这种形式受力不合理，容易出现应力集中导致石材局部破坏，使用受到限制。钢销式石材幕墙可在非抗震设计或 6 度、7 度抗震设计幕墙中应用，幕墙高度不宜大于 20m，单块石板面积不宜大于 $1.0m^2$。钢销和连接板应采用不锈钢，连接板截面尺寸不宜小于 40mm×4mm。

2）槽式连接需在石材的上下两边或四边开设槽口，与钢销式相比，这种形式的适应性更强。根据槽口的大小可分为短槽式（安装要求较高）、通槽式（主要用于单元式幕墙中）。

3）背栓式连接方式与钢销式及槽式连接不同，它将连接石材面板的部位放在面板背部，改善了面板的受力。通常先在石材背面钻孔，插入不锈钢背栓，并扩胀使之与石板紧密相连接，然后通过连接件与幕墙骨架连接。

链 接

上海中心大厦新型柔性悬挂幕墙系统

中国最高建筑——上海中心大厦的幕墙系统采用了独特的双层幕墙系统（图 3.44、图 3.45），其中内幕墙沿楼面边缘呈圆柱式布置，外幕墙平面呈圆角三角形布置，且呈现扭转收缩上升的几何形态，远离主体结构悬挂在上下两道加强层之间。由于外幕墙体量巨大、几何形态不规则，且采用柔性的支撑结构体系，给外幕墙的分析、设计、建造带来许多前所未有的技术挑战。

图 3.44　上海中心大厦外幕墙

图 3.45　上海中心大厦内幕墙

上海中心大厦具有独特的内、外双层幕墙系统。内幕墙沿着楼板边缘呈圆柱式布置，远离主体结构且扭转收缩向上的外幕墙系统是这座建筑区别于其他超高层建筑的显著特点之一。外幕墙平面形状呈一个三边鼓曲、三角倒角的等边三角形，在高度方向，绕着圆柱体楼面逐层旋转、收缩向上，由此导致内外幕墙在空间上分离。整个外幕墙系统被外伸的设备层在垂直方向上分成相对独立的 9 个区域（9 区为塔冠区），每个区在内外幕墙之间形成宽度变化并向上延伸的 12 ～ 15 层、高为 55 ～ 66m 的流线型中庭空间。

外幕墙从底到顶经过 120° 的旋转上升，创造了形态柔和、螺旋上升的锥体建筑形态，赋予了整个建筑一个非常独特标志性的造型和外部立面。整楼外幕墙总面积约为 13.5 万 m^2，共由 17000 余块板块组成。

3.5 预制墙体构造

知识导入

预制墙体（图3.46）是在预制工厂提前预制生产的用于房屋建设的钢筋混凝土墙板。其采用工厂化生产，成本低，质量可靠，安装方便，可有效提高房屋建设速度。

图3.46 预制墙体

趣 闻

凡尔赛宫简史

凡尔赛宫（图3.47）是世界上最大的单体建筑宫殿，是世界五大宫殿之一。

1624年，路易十三在巴黎郊区修建起一座行宫，这就是凡尔赛宫的雏形，它一共有26个房间，一楼为储藏室和兵器库，二楼为国王办公室、寝室、接见室等。

1688年，凡尔赛宫主体建筑全部完工。1710年，凡尔赛宫花园也全部建成。凡尔赛宫为古典主义建筑风格，气势恢宏，内部装饰以巴洛克和洛可可风格为主，极尽奢华。从那时起，凡尔赛宫就成了法国的权利中心、欧洲最豪华的宫殿、欧洲文化艺术的发源地。

1789年10月，路易十六倒台后，凡尔赛宫作为王宫的历史画上了句号。法国大革命时期，凡尔赛宫多次惨遭洗劫。1793年，宫内残余的艺术品和家具被运往卢浮宫。1833年，凡尔赛宫被改为历史博物馆。

图 3.47　凡尔赛宫

教学内容

3.5.1　预制墙体类型

预制墙体主要分为外墙、内墙和凸窗。装配式结构经常采用“内浇外挂体系”，即建筑结构主体采用现场浇筑混凝土，外墙采用预制混凝土构件的结构体系。根据深圳市《预制装配混凝土外墙技术规程》（SJG 24—2012），预制混凝土（PC）外墙应按非结构构件考虑，整体分析应计入 PC 外墙板及连接对结构整体刚度的影响。PC 外墙可采用悬挂式和侧连式的连接构造形式，并根据不同的连接形式采用相应的计算方法。

预制墙体可分为全预制墙体和半预制墙体。半预制墙体是指在墙体的背面还需要现绑钢筋并浇筑混凝土的预制墙体。墙体在预制时，可根据不同的要求增加保温层或外墙装饰层。

3.5.2　预制墙体基本构造

1．预制墙体安装时的临时支撑系统

预制混凝土外墙可采用悬挂式和侧连式的连接构造形式，墙体在安装时，预制墙板的临时支撑系统由 2 组水平连接件和 2 组斜向可调节螺杆组成。下口设置 2 组微调预埋件和可调支座。可调节螺杆外管直径为 $\phi52\times6$，中间螺杆直径为 $\phi28$mm，材质为 45# 中碳钢，抗拉强度按 HRB400 级钢材计算。根据现场施工情况，对质量过重或悬挑构件采用 2 组水平连接两头设置和 3 组可调节螺杆均布设置，确保施工安全。

2．墙体的防水构造

外墙预制墙板防水做法采用空腔构造防水，墙板边缘嵌口相互咬合形成构造空腔。无论是墙板的横缝还是竖向接缝，在板面的拼缝口处都用 PE 棒塞缝，并用高分子密封材料封闭，材料密封胶采用硅酮建筑密封胶，以防水汽进入墙体内部。墙板的上下两端分别设置配套连接的企口，将墙板横向接缝设计成内高外低的企口缝，利用水流重力作用自然垂流的原理，可有效防止水进一步渗入；竖向构造防水缝采用双直槽缝，预制外墙板与非预制外墙接缝部位的防水构造采用材料防水和构造防水相结合的做法。预制外墙板中挑出墙面的部分在其底部周边设置滴水措施。

3.5.3 预制墙体施工

1．外挂墙板施工前准备

1）外挂墙板安装前应该编制安装方案，确定外挂墙板水平运输、垂直运输的吊装方式，进行设备选型及安装调试。

2）主体结构预埋件应在主体结构施工时按设计要求埋设；外挂墙板安装前应在施工单位对主体结构和预埋件验收合格的基础上进行复测，对存在的问题应与施工、监理、设计单位进行协调解决。主体结构及预埋件施工偏差应符合《混凝土结构工程施工质量验收规范》（GB 50204—2015）的规定，垂直方向和水平方向最大施工偏差应该满足设计要求。

PC 住宅中预制墙体的不同安装方法（图文）

3）外挂墙板在进场前应进行检查验收，不合格的构件不得安装使用，安装用连接件及配套材料应进行现场报验，复试合格后方可使用。

4）外挂墙板的现场存放应按安装顺序排列并采取保护措施。

5）外挂墙板安装人员应提前进行安装技能培训工作，安装前施工管理人员要做好技术交底和安全交底。施工安装人员应充分理解安装技术要求和质量检验标准。

2．外挂墙板的安装与固定

1）外挂墙板正式安装前要根据施工方案要求进行试安装，经过试安装并验收合格后可进行正式安装。

2）外挂墙板应按顺序分层或分段吊装，吊装应采用慢起、稳升、缓放的操作方式，应系好缆风绳控制构件转动；在吊装过程中应保持稳定，不得偏斜、摇摆和扭转。应采取保证构件稳定的临时固定措施，外挂墙板的校核与偏差调整应按以下要求：

① 预制外挂墙板侧面中线及板面垂直度的校核，应以中线为主调整。

② 预制外挂墙板上下校正时，应以竖缝为主调整。

③ 墙板接缝应以满足外墙面平整为主，内墙面不平或翘曲时，可在内装饰或内保温层内调整。

④ 预制外挂墙板山墙阳角与相邻板的校正，以阳角为基准调整。

⑤ 预制外挂墙板拼缝平整的校核，应以楼地面水平线为准调整。

3）外挂墙板安装就位后应对连接节点进行检查验收，隐藏在墙内的连接节点必须在施工过程中及时做好隐检记录。

4）外挂墙板均为独立自承重构件，应保证板缝四周为弹性密封构造，安装时，严禁在板缝中放置硬质垫块，避免外挂墙板通过垫块传力造成节点连接破坏。

5）节点连接处露明铁件均应做防腐处理，对于焊接处镀锌层破坏部位必须涂刷三道防腐涂料防腐，有防火要求的铁件应采用防火涂料喷涂处理。

6）应进行外挂墙板安装质量的尺寸允许偏差检查。

预制墙体施工如图 3.48 所示。

图 3.48　预制墙体施工

链　接

《关于大力发展装配式建筑的指导意见》相关政策解读

国务院常务会议审议通过《关于大力发展装配式建筑的指导意见》（以下简称《指导意见》），并由国务院办公厅于 2016 年 9 月 27 日印发执行（国办发〔2016〕71 号）。国务院新闻办公室 9 月 30 日举行国务院政策例行吹风会，住房和城乡建设部总工程师陈宜明、住房和城乡建设部建筑节能与科技司司长苏蕴山介绍我国发展装配式建筑有关情况，回答记者提问，对发展装配式建筑的概念、必要性、优越性、主要任务、实施步骤、需要注意和研究解决的问题等相关政策进行了解读。《指导意见》规定了八项任务：健全标准规范体系、创新装配式建筑设计、优化部品部件生产、提升装配式施工水平、推进建筑全装修、推广绿色建材、推行工程总承包、确保工程质量安全。构件现场吊装及构件工厂制作如图 3.49 和图 3.50 所示。

图 3.49 构件现场吊装

图 3.50 构件工厂制作

3.6 墙面装修

知识导入

建筑装修是为保护建筑物的主体结构，完善建筑物的物理性能、使用功能和美化建筑物所采用装饰装修材料或饰物对建筑物的内外表面及空间进行的各种处理过程。建筑装饰是人们生活中不可缺少的一部分（图 3.51）。

图 3.51 墙面装修

趣 闻

华裔建筑大师贝聿铭和苏州博物馆新馆

享誉世界的华裔建筑大师贝聿铭 2019 年 5 月 16 日去世，享年 102 岁。贝聿铭祖籍苏州，1917 年 4 月 26 日出生于广州。贝聿铭的家族是苏州的望族，以行善和助人享誉苏州。

苏州博物馆新馆是贝聿铭 87 岁时的作品。他将建筑造型与所处环境自然融合，尽最大限度把自然光线引入到室内。他为博物馆选定了灰泥、石材或者瓦片，颜色则是灰白结合，这是粉墙黛瓦的苏州所常用的传统色。他通过极简线条的几何造型，勾勒出传统园林的飞檐翘角，用一池湖水描绘出远山青黛。

贝聿铭曾多次在公开场合表示，在自己的所有作品中，最爱苏州博物馆新馆。如今，苏州博物馆（图 3.52）已经成为苏州一座标志性建筑，置于院落之间，融传统园林风景于其中，和紧邻的太平天国忠王府、拙政园浑然一体。2006 年 10 月 6 日，在苏州博物馆新馆开馆仪式上，贝老亲自推开新馆大门，他动情地说，贝家在苏州有 600 年历史，我的根在苏州，今天是为最疼爱的“小女儿”送嫁。

图 3.52　苏州博物馆新馆

教学内容

3.6.1　墙面装修作用与分类

1．墙面装修的作用

（1）保护墙体

外墙是建筑物的围护结构，进行饰面可避免墙体直接受到风吹、日晒、雨淋、霜雪和冰雹的袭击，可抵御空气中腐蚀性气体和微生物的破坏作用，增强墙体的坚固性、耐久性，延长墙体的使用年限。内墙虽然没有直接受到外界环境的不利影响，但在某些相对潮湿或酸碱度高的房间中，饰面也能起到保护墙体的作用。

（2）改善墙体的物理性能

对墙面进行装饰，墙厚增加，或利用饰面层材料的特殊性能，可改善墙体的保温、隔热、隔声等性能。平整、光滑、色浅的内墙面装饰，可便于清扫，保持卫生，同时可增加光线的反射，提高室内照度和采光均匀度。某些声学要求较高的用房，可利用不同饰面材料所具有的反射声波及吸声的性能，达到控制混响时间，改善室内音质效果。

（3）美化环境，丰富建筑的艺术形象

建筑物的外观效果主要取决于建筑的体量、形式、比例、尺度、虚实对比等立面设计手法。而外墙的装饰可通过饰面材料的质感、色彩、线形等产生不同的立面装饰效果，丰富建筑的艺术形象。内墙装饰适当结合室内的家具陈设及地面和顶棚的装饰，恰当选用装饰材料和装饰手法，可在不同程度上起到美化室内环境的作用。

2．墙面装饰的分类

1）墙面装饰按其所处的部位不同，可分为外墙面装饰和内墙面装饰。外墙面装饰应选择耐光照、耐风化、耐大气污染、耐水、抗冻性强、抗腐蚀、抗老化的建筑材料，以起到保护墙体作用，并保持外观清新；内墙面装饰应根据房间的不同功能要求及装饰标准来选择饰面，一般选择易清洁、接触感好、光线反射能力强的饰面。

2）墙面装饰按材料及施工方式的不同，通常可分为抹灰类（图 3.53）、贴面类、涂刷类、裱糊类（图 3.54）、铺钉类和其他类。

图 3.53　抹灰工程

图 3.54　裱糊工程

3.6.2　墙面装修基本构造

抹灰类墙面装修（视频）

1．抹灰类墙面装修

抹灰工程主要包含一般抹灰、保温层薄抹灰、装饰抹灰和清水砌体

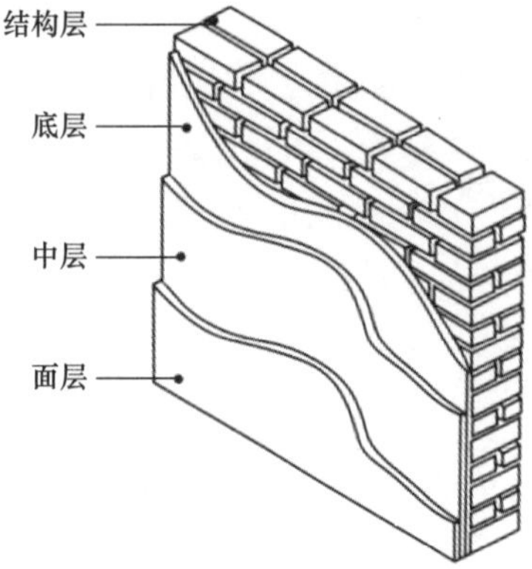

图 3.55　抹灰工程构造层

勾缝等（图 3.55）。一般抹灰工程可分为普通抹灰和高级抹灰。当设计无要求时，按普通抹灰验收。一般抹灰包括水泥砂浆、水泥混合砂浆、聚合物水泥砂浆和粉刷石膏等抹灰；保温层薄抹灰包括保温层外面聚合物砂浆薄抹灰；装饰抹灰包括水刷石、斩假石、干粘石和假面砖等装饰抹灰；清水砌体勾缝包括清水砌体砂浆勾缝和原浆勾缝。

抹灰用的各种砂浆，往往在硬化过程中随着水分的蒸发，体积会收缩。当抹灰层厚度过大时，会因体积收缩而产生裂缝。为保证抹灰牢固、平整、颜色均匀，避免出现龟裂、脱落，抹灰要分层操作。依据《建筑装饰装修工程质量验收标准》（GB 50210—2018）规定，抹灰工程应分层进行，当抹灰总厚度大于或等于 35mm 时，应采取加强措施；不同材料基体交接处表面的抹灰，应采取防止开裂的加强措施，当采用加强网时，加强网与各基体的搭接宽度不应小于 100mm。

室内抹灰砂浆的强度较差，阳角位置容易碰撞损坏，因此，通常在抹灰前先在内墙阳角、柱子四角、门洞转角等处做护角（图 3.56）。护角高度从地面起约 1.5 ～ 2.0m。设计无要求时，应采用不低于 M20 水泥砂浆做护角，其高度不应低于 2m，每侧宽度不应小于 50mm。

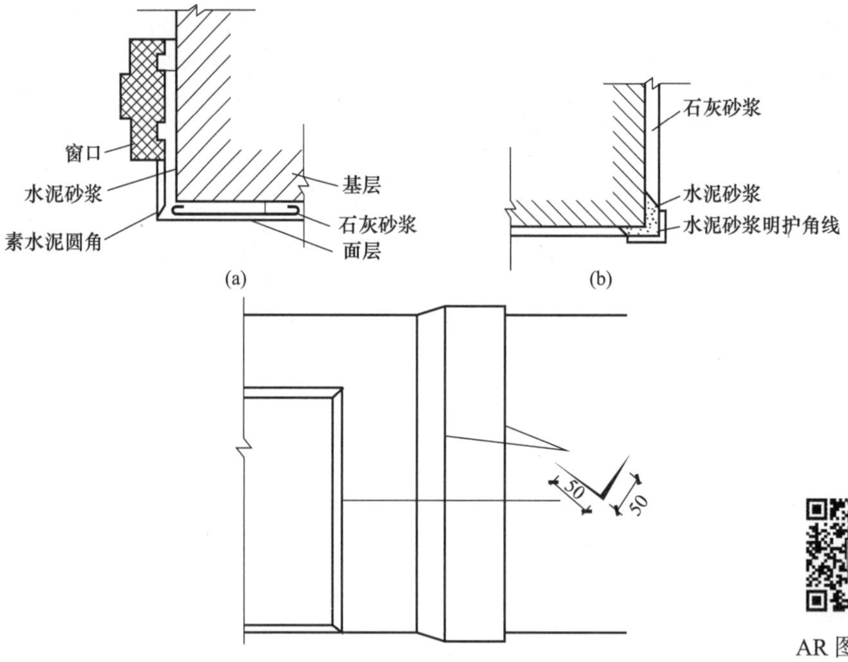

图 3.56　抹灰工程护角

AR 图：护角做法

抹灰工程的质量关键是黏结牢固，无开裂、空鼓与脱落。如果黏结不牢，出现空鼓、开裂、脱落等缺陷，会降低对墙体的保护作用，且影响装饰效果。经调研分析，抹灰层出现开裂、空鼓和脱落等质量问题，主要原因是基体表面清理不干净，如基体表面尘埃及疏松物、隔离剂和油渍等影响抹灰黏结牢固的物质未彻底清除干净；基体表面光滑，抹灰前未做毛化处理；抹灰前基体表面未浇透水，抹灰后砂浆中的水分很快被基体吸收，使砂浆中的水泥未充分水化生成水泥石，影响砂浆黏结力；砂浆质量不好，使用不当；一次抹灰过厚，干缩率较大等都会影响抹灰层与基体的黏结牢固。

2．饰面砖墙面装修

饰面砖工程（图 3.57）是将人造的、天然的砖镶贴于基层表面形成装饰层。饰面砖主要包括陶瓷砖、釉面陶瓷砖、陶瓷马赛克、玻化砖、劈开砖等。外墙饰面砖粘贴比内墙饰面砖粘贴要求更高。

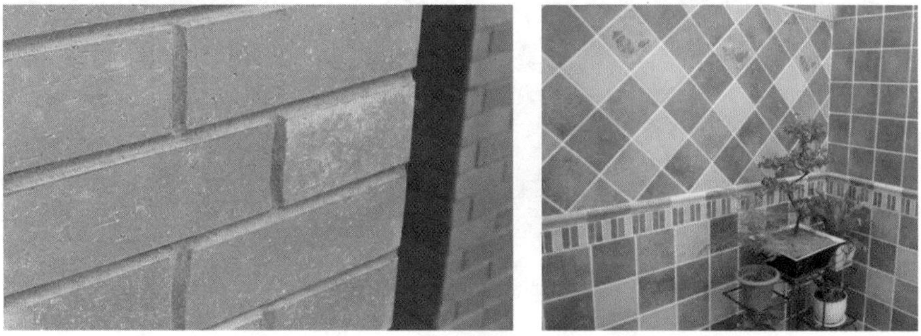

图 3.57 饰面砖工程

饰面砖施工顺序为：基层抹灰→结合层抹灰→弹线分格→做饰面砖砖灰饼→贴饰面砖→勾缝。

内墙饰面砖阳角空鼓、开裂、破损是我国常见的装饰工程质量问题。阳角处普遍存在黏结料不饱满和空鼓，饰面砖 45° 拼阳角缝形成的锐角容易破损，发达国家普遍采用内墙饰面砖阳角粘贴阳角条的方法很好地解决了这个问题，值得借鉴。其他部位的内墙饰面砖边角局部空鼓对整体牢固度影响不大，在目前没有有效解决办法的情况下只要求距边 10mm 以内的大面无空鼓。

外墙饰面砖脱落危及人身安全，应有足够的黏结强度，保证牢固可靠。现行行业标准《外墙饰面砖工程施工及验收规程》（JGJ 126—2015）对外墙饰面砖粘贴工程的找平、防水、黏结和填缝材料及施工方法都有明确的规定。

依据《建筑装饰装修工程质量验收标准》（GB 50210—2018）的规定，饰面砖工程验收时应检查下列文件和记录：

1）饰面砖工程的施工图、设计说明及其他设计文件；

2）材料的产品合格证书、性能检验报告、进场验收记录和复验报告；

3）外墙饰面砖施工前粘贴样板和外墙饰面砖粘贴工程饰面砖黏结强度检验报告；

4）隐蔽工程验收记录；

5）施工记录。

3．饰面板墙面装修

饰面板工程（图3.58）采用的石板有花岗石、大理石、板石和人造石材（实体面材）；采用的瓷板有抛光板和磨边板两种，单块面积不大于1.2m^{2}且不小于0.5m^2；陶板主要包括普通陶板、异形陶板、陶土百叶；金属饰面板有钢板、铝板等品种；塑料板主要包括塑料贴面装饰板、覆塑装饰板、有机玻璃板材等。复合板包含在相应主导材料中。

图3.58　饰面板工程

天然石材具有强度高、结构密实、装饰效果好等优点。由于它们加工复杂、价格昂贵，多用于高级墙面装饰中。

花岗石是由长石、石英和云母组成的深成岩，属于硬石材，质地密实，抗压强度高，吸水率低，抗冻和抗风化性好。花岗石的纹理多呈斑点状，有白、灰、墨、粉红等不同的色彩，其外观色泽可保持百年以上。经过加工的石材面板，主要用于重要建筑的内外墙面装饰。

大理石是由方解石和白云石组成的一种变质岩，属于中硬石材，质地密实，呈层状结构，有显著的结晶或斑纹条纹，色彩鲜艳，花纹丰富，经加工的板材有很好的装饰效果。由于大理石板材的硬度较小，化学稳定性和大气稳定性较差，其组成中的碳酸钙在大气中易受二氧化碳、二氧化硫、水汽的作用转化为石膏，从而使经精磨、抛光的表面很快失去光泽，并变得疏松多孔，因此，除白色大理石（又称汉白玉）外，一般大理石板材宜用于室内装饰。

人造石板一般由白水泥、彩色石子、颜料等配合而成，具有天然石材的花纹和质感、质量轻、厚度薄、强度高、耐酸碱、抗污染、表面光洁、色彩多样、造价低等优点。对于大理石和花岗石等石材装饰墙面，目前常采用的施工方法是干挂法，即在饰面石材上直接打孔或开槽，用各种形式的连接件（干挂构件）与结构基体上的膨胀螺栓或钢架相连接而不需要灌注水泥砂浆，使饰面石材与墙体间形成 80 ～ 150mm 宽的空气层的施工方法。其施工流程是：脚手架搭设→测量、放线→型钢骨架（角钢）制作安装→干挂件安装石材安装→清缝打胶→清洁收尾验收。

依据《建筑装饰装修工程质量验收标准》（GB 50210—2018）规定，饰面板工程验收时应检查下列文件和记录：

1）饰面板工程的施工图、设计说明及其他设计文件；

2）材料的产品合格证书、性能检验报告、进场验收记录和复验报告；

3）后置埋件的现场拉拔检验报告；

4）满粘法施工的外墙石板和外墙陶瓷板黏结强度检验报告；

5）隐蔽工程验收记录；

6）施工记录。

4．涂饰类墙面装修

涂饰类墙面装饰（图 3.59）是指将建筑涂料涂刷于墙基表面并与之很好黏结，形成完整而牢固的膜层，以对墙体起到保护与装饰的作用。其主要包括水性涂料涂饰、溶剂型涂料涂饰、美术涂饰等。水性涂料包括乳液型涂料、无机涂料、水溶性涂料等；溶剂型涂料包括丙烯酸酯涂料、聚氨酯丙烯酸涂料、有机硅丙烯酸涂料、交联型氟树脂涂料等；美术涂饰包括套色涂饰、滚花涂饰、仿花纹涂饰等。涂饰类装饰具有工效高、工期短、质量轻、造价低等优点，虽然耐久性差，但操作简单、维修方便、更新快，且涂料几乎可以配制成任何需要的颜色，因而在建筑装修上应用广泛。涂料按其主要成膜物质的不同可分为无机涂料和有机涂料两大类。

（1）无机涂料

无机涂料有普通无机涂料和无机高分子涂料。

1）普通无机涂料有石灰浆、大白浆、可赛银浆、白粉浆等水质涂料，适用于一般标准的室内刷浆装修。

2）无机高分子涂料有 JH80-1 型、JH80-2 型、JHN84-1 型、F8-32 型、LH-82 型、HT-1 型等，它具有耐水、耐酸碱、耐冻融、装饰效果好、价格较高等特点，主要用于外墙面装饰和有耐擦洗要求的内墙面装饰。

（2）有机涂料

有机涂料依其主要成膜物质与稀释剂不同，可分为溶剂型涂料、水溶性涂料和乳液涂料三大类。

溶剂型涂料有传统的油漆涂料和现代发展起来的苯乙烯内墙涂料、聚乙烯醇缩丁醛内（外）墙涂料、过氯乙烯内墙涂料等。常见的水溶性涂料有聚乙烯醇水玻璃内墙涂料（即 106 涂料）、聚合物水泥砂浆饰面涂料、改性水玻璃内墙涂料、108 内墙涂料、SJ-803 内墙涂料、JGY-821 内墙涂料、801 内墙涂料等。乳液涂料又称乳胶漆，常用的有乙丙乳胶涂料、苯丙乳胶涂料等，多用于内墙装饰。

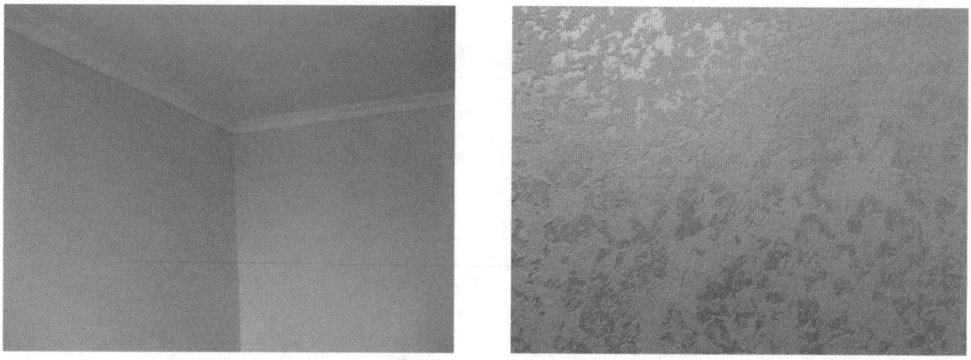

图 3.59　涂饰工程

涂料类装饰施工流程：平整基层后满刮腻子，对墙面找平，用砂纸磨光，然后再用第二遍腻子进行修整，保证坚实牢固、平整、光滑、无裂纹，潮湿房间的墙面可适当增加腻子的胶用量或选用耐水性好的腻子或加一遍底漆；待墙面干燥后便进行施涂，涂刷遍数一般为两遍（单色），如果是彩色涂料可多涂一遍，颜色要均匀一致，在同一墙面应用同一批号的涂料。每遍涂料施涂厚度应均匀，且后一遍应在前一遍干燥后进行，以保证各层结合牢固，不发生皱皮、开裂。

依据《建筑装饰装修工程质量验收标准》（GB 50210—2018）的规定，涂饰工程验收时应检查下列文件和记录：

1）涂饰工程的施工图、设计说明及其他设计文件；

2）材料的产品合格证书、性能检验报告、有害物质限量检验报告和进场验收记录；

3）施工记录。

5．裱糊类墙面装修

裱糊类墙面装修是将墙纸、墙布、织锦等各种装饰性的卷材材料裱糊在墙面上形成装饰面层。常用的饰面卷材有 PVC 塑料墙纸、墙布、玻璃纤维墙布、复合壁纸、皮革、锦缎、微薄木等，品种众多，在色彩、纹理、图案等方面丰富多样，选择性很大，可形成绚丽多彩、质感温暖、古雅精致、色泽自然逼真等多种装饰效果，且造价较经济、施工简捷高效、材料更新方便，在曲面与墙面转折等处可连续粘贴，获得连续的饰面效果，因此，经常被用于餐厅、会议室、高级宾馆客房和居住建筑中的内墙装饰。

（1）墙纸饰面

墙纸的种类较多，若按外观装饰效果分，有印花的、压花的、发泡（浮雕）的；若按施工方法分，有刷胶裱贴的和背面预涂压敏胶直接铺贴的两种；若从墙纸的基层材料分，有全塑料的、纸基的、布基的、石棉纤维基的。

塑料墙纸是目前应用最广泛的装饰卷材，是以纸基、布基和其他纤维等为底层，以聚氯乙烯或聚乙烯为面层，经复合、印花或发泡压花等工序而制成。这种墙纸图案雅致、色彩艳丽、美观大方，且在使用中耐水性好、抗油污、耐擦洗、易清洁等，是理想的室内装饰材料。塑料墙纸有普通、发泡和特种三类。其中特种有耐水墙纸、防火墙纸、抗静电墙纸、吸声墙纸、防污墙纸等，可适应不同功能需要。

（2）玻璃纤维墙布

玻璃纤维墙布是以玻璃纤维织物为基层，表面涂布树脂，经染色、印花等工艺制成的一种装饰卷材。由于纤维织物的布纹感强，经套色印花后品种丰富，色彩鲜艳，有较好的装饰效果，而且耐擦洗、遇火不燃烧、抗拉力强、不产生有毒气体、价格便宜，因此应用广泛。但其覆盖力较差，易反色，当基层颜色深浅不一时，容易在裱糊面上显现出来，而且玻璃纤维本身属碱性材料，使用时间长易变黄色。

（3）无纺贴墙布

无纺贴墙布是采用棉、麻等天然纤维或涤纶、腈纶等合成纤维，经过无纺成型，上树脂、印彩花而成的一种新型高级饰面材料。其具有挺括、弹性、色彩鲜艳、图案雅致、不褪色、耐晒、耐擦洗等优点，且有一定的吸声性和透气性。

（4）丝绒和锦缎

丝绒和锦缎是高级的墙面装饰材料，它具有绚丽多彩、质感温暖、古雅精致、色泽自然逼真等优点，适用于高级的内墙面裱糊装饰。但这种材料柔软光滑、极易变形，且不耐脏、不能擦洗，对裱糊技术工艺要求很高，以避免受潮、霉变。

裱糊类墙面装饰的构造做法是：墙纸、墙布均可直接粘贴在墙面的抹灰层上。粘贴前先清扫墙面，满刮腻子，干燥后用砂纸打磨光滑。墙纸裱糊前应先进行胀水处理，即先将墙纸在水槽中浸泡 2 ～ 3 分钟，取出后抖掉多余的水，再静置 15 分钟，然后刷胶裱糊。这样，纸基遇水充分胀开，粘贴到基层表面上后，纸基壁纸随水分的蒸发而收缩、绷紧。复合纸质壁纸耐湿性较差，不能进行胀水处理。纸基塑料壁纸刷胶时，可只刷墙基或纸基背面；裱糊顶棚或裱糊较厚重的墙纸墙布，如植物纤维壁纸、化纤贴墙布等，可在基层和饰材背面双面刷胶，以增加黏结能力。

玻璃纤维墙布和无纺贴墙布不需要胀水处理，且要将胶黏剂刷在墙基上，所用的胶黏剂与纸基不同，宜用聚醋酸乙烯浮液，可掺入一定量的淀粉糊。由于它们的盖底力稍差，基层表面颜色较深时，可满刮石膏腻子或在胶黏剂中掺入 10% 的白涂料，如白乳胶漆等。

丝绒和锦缎饰面的施工技术和工艺要求较高。为了更好地防潮、防腐，通常做法是：在墙面基层上用水泥砂浆找平，待彻底干燥后刷冷底子油，再做一毡二油防潮层，然后固定木龙骨，将胶合板钉在龙骨上，最后利用 108 胶、化学浆糊、墙纸胶等胶黏剂裱糊饰面卷材。

裱糊的原则是：先垂直面，后水平面；先细部，后大面；先保证垂直，后对花拼缝；垂直面是先上后下，先长墙面后短墙面；水平面是先高后低。粘贴时，要防止出现气泡，并对拼缝处压实。

6．清水墙墙面装修

清水墙饰面是指墙面不加其他覆盖性装饰面层，只是在原结构砖墙或混凝土墙的表面进行勾缝或模纹处理，利用墙体材料的质感和颜色以取得装饰效果的一种墙体装饰方法。这种装饰耐久性好、耐候性好、不易变色，利用墙面特有的线条质感，起到淡雅、凝重、朴实的装饰效果。清水墙饰面主要有清水砖、石墙和混凝土墙面，而在建筑中清水砖、石墙用得相对广泛。石材料有料石和毛石两种，质地坚实、防水性好，在产石地区用得较多。清水砖墙的砌筑工艺讲究，灰缝要一致，阴阳角要锯砖磨边，接模要严密，有美感。清水砖墙灰缝的面积约是清水墙面积的 1/6，适当改变灰缝的颜色能够有效地影响整个墙面的色调与明暗程度，这就要对清水砖墙进行勾缝处理。清水砖墙勾缝的处理形式主要有平缝、斜缝、凹缝、圆弧凹缝等形式。清水砖墙勾缝常用 1 ∶ 1.5 的水泥砂浆，可根据需要在勾缝砂浆中掺入一定量颜料；也可以在勾缝之前涂刷颜色或喷色，色浆由石灰浆加入颜料（氯化铁红、氯化铁黄等）、胶黏剂构成。

链　接

十三部门联合发文推动智能建造与建筑工业化协同发展

住房和城乡建设部、国家发展改革委、科技部等十三部门联合印发的《关于推动智能建造与建筑工业化协同发展的指导意见》（以下简称《指导意见》）指出，要以大力发展建筑工业化为载体，以数字化、智能化升级为动力，创新突破相关核心技术，加大智能建造（图 3.60）在工程建设各环节应用，形成涵盖科研、设计、生产加工、施工装配、运营等全产业链融合一体的智能建造产业体系。

《指导意见》明确，到 2025 年，我国智能建造与建筑工业化协同发展的政策体系和产业体系基本建立，建筑工业化、数字化、智能化水平显著提高，建筑产业互联网平台初步建立，产业基础、技术装备、科技创新能力及建筑质量安全水平全面提升，劳动生产率明显提高，能源资源消耗及污染排放大幅下降，环境保护效应显著。推动形成一批智能建造龙头企业，引领并带动广大中小企业向智能建造转型升级，打造“中国建造”升级版。到 2035 年，我国智能建造与建筑工业化协同发展取得显著进展，企业创新能力大幅提升，产业整体优势明显增强，“中国建造”核心竞争力世界领先，建筑工业化全面实现，迈入智能建造世界强国行列。

图 3.60　智能建造

本章小结

1. 在框架结构中，墙体主要起围护、分隔空间等作用。在砌体结构及剪力墙结构中，墙体还具有承重和抗侧力作用。

2. 墙体按所在位置不同可分为外墙、内墙、窗间墙、窗上墙、窗下墙等；按布置方向不同可分为横墙、纵墙；按承重状况不同分为非承重墙和承重墙；按所用材料不同分为砖墙、石墙、砌块墙、钢筋混凝土墙、板材墙等；按施工方式不同可分为块材墙、板筑墙和板材墙。

3. 砖墙砌筑方式有全顺式、一顺一丁式、两平一侧式、三顺一丁式、梅花丁式、全丁式等。

4. 砖墙细部构造主要包含散水与明沟、勒脚、墙身防潮层、窗台、门窗过梁、圈梁、构造柱等。

5. 隔墙根据其材料和施工方式不同，可以分为块材隔墙、板材隔墙和立筋隔墙。

6. 由面板与支承结构体系（支承装置与支承结构）组成的、可相对主体结构有一定位移能力或自身有一定变形能力、不承担主体结构所受作用的建筑外围护墙称为建筑幕墙。

7. 预制墙体主要分为外墙、内墙和凸窗。

8. 墙面装修的作用主要包括保护墙体，改善墙体的物理性能、美化环境，丰富建筑的艺术形象。

课后习题

1. 简述墙体的作用、分类。
2. 简述墙体的设计要求。
3. 砖墙的组砌原则是什么？组砌方式有哪些？
4. 常见勒脚的构造做法有哪些？
5. 墙体防潮层一般设置在哪个部位，常见的墙体防潮层有哪几种做法？
6. 简述散水和明沟的作用和常用的做法。
7. 过梁主要有哪几种？它们的适用范围和构造特点分别如何？
8. 圈梁的作用是什么？一般设置在什么位置？
9. 构造柱的作用是什么？有哪些构造要求？
10. 常用的隔墙有哪些？它们的构造要求如何？
11. 常用的墙面装饰有哪些类别？各自的特点和构造做法如何？

学习小结

（沿此虚线裁剪）

观后感

要求：观看大型纪录片《超级工程》，了解中国第一高楼上海中心的建造过程。

（沿此虚线裁剪）

第4章 楼地层

学习目标

1. 掌握楼地层的构造组成；
2. 掌握钢筋混凝土楼板的主要类型、特点和构造；
3. 掌握常见楼地面的构造要点；
4. 掌握直接式和悬吊式顶棚的构造组成。

学习引导
（音频）

能力目标

1. 能根据楼地层构造的设计原则为楼板构造设计打下基础；
2. 能通过对钢筋混凝土楼板的学习掌握装配式楼板的构造特点及节点处理；
3. 能通过对顶棚、阳台和雨篷的学习对建筑的一些重要组成构件构造有大体的理解。

课程思政

通过本章内容的学习，可以了解到随着材料的更新、技术的进步，我国楼地层工程的发展变化，现今楼板类型多样，不仅满足了功能性要求，还符合了审美需求。目前，楼板生产的工业化有助于实现高效益、高质量、低能耗、低排放的工程建设目标。根据“十四五”规划和2035年远景目标纲要，到2035年我国将跻身创新型国家前列，故而在学习知识的同时要努力提高创新能力，积极创新，并能时刻秉持着工匠精神，严谨实干，为行业的进一步发展做出贡献。

思维导图

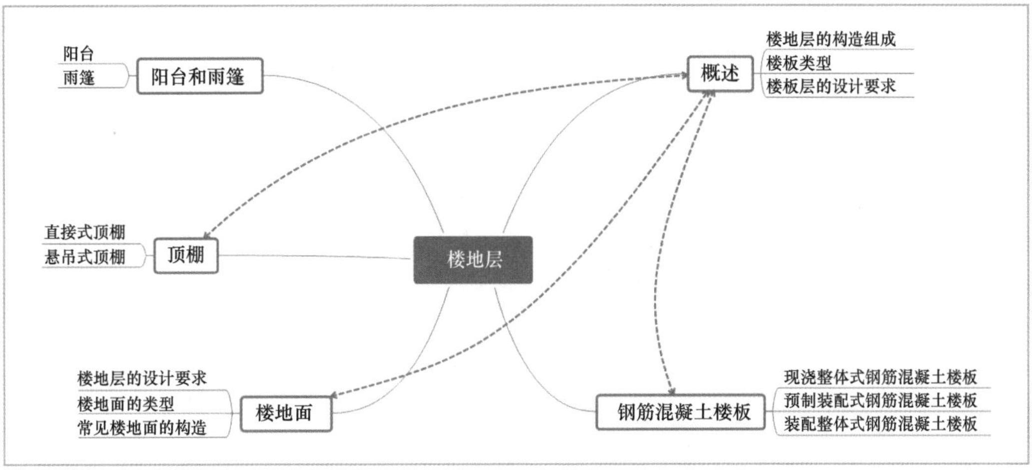

资源索引

页码	资源内容	形式
110	学习引导	音频
113	采用木楼板的代表性建筑	图文
114	预制钢筋混凝土楼板层	AR 图
	现浇钢筋混凝土楼板层	AR 图
115	地坪层	AR 图
116	钢筋混凝土的“诞生”	图文
	压型钢板组合楼板	AR 图
121	“有机”建筑案例	图文
123	肋梁楼板	视频
125	先张法预应力楼板和后张法预应力楼板	图文
127	空心板	AR 图
131	常见的叠合楼板	图文
132	叠合楼板	AR 图
134	跟着书本去旅行	视频
	智能地面	图文

续表

页码	资源内容	形式
136	楼地面构造	AR 图
138	木地面的构造做法	视频
141	智慧 5G 工地	视频
142	大兴国际机场宣传片	视频
143	抹灰顶棚	AR 图
	贴面顶棚	AR 图
144	吊顶	视频
150	国内优秀的绿色建筑案例	图文
	阳台细部构造	视频
151	凸阳台	AR 图
	凹阳台	AR 图
	半凹半凸阳台	AR 图
	预制封闭式阳台成套生产及安装技术	图文
153	混凝土栏板及扶手	AR 图
	金属栏杆	AR 图
	砌筑栏杆	AR 图
156	重庆西站鲁班奖	视频

4.1 概述

知识导入

随着经济和技术的发展、城市的扩张和人口的增加，我国多层建筑和高层建筑不仅建设量快速增加，其形式和功能也不断变化，建筑楼板的形式和结构多种多样。将建筑楼板层在高度方向分隔为若干层，为使用者提供一个居住、活动、工作和休息的平台（图 4.1）。那么楼板层是由哪几部分组成的？楼板是如何分类的？楼板层的设计要求又是什么？

图 4.1　起居室的木楼板

趣 闻

木楼板在建筑中的应用

由于木结构建筑具有取材方便、适应性强、抗震性强、施工速度快等优点，在我国古代木结构建筑一直为人们所青睐，得到了长足发展。木楼板是木结构建筑重要的组成部分。东汉时期，随着经济、文化稳定持续地发展，手工业工人生产积极性很高，建筑技术取得显著发展，同时多层建筑迅速发展。由于木楼板具有重量轻、平稳坚固、舒适、装饰性强等优点，多层木构架建筑多采用木楼板。自此，木楼板在建筑中的应用越来越广。

应县木塔（图 4.2）是非常具有代表性的木结构建筑，其采用木材作为楼板。应县木塔始建于距今约 1000 年的辽代，高达 65.84m，相当于一幢 20 多层的现代高楼，是我国现存唯一的全木构木塔，也是世界现存的最高的、年代最久远的木构建筑。应县木塔使用了 3000t 木质构件，未用一颗铁钉，木材之间采用卯榫连接。

图 4.2　应县木塔——采用木楼板的代表性建筑

采用木楼板的代表性建筑（图文）

教学内容

楼地层包括楼板层和地坪层，是水平方向分隔房屋空间的承重构件。楼板层分隔上下楼层空间，地坪层分隔底层空间并与土壤相连。

4.1.1　楼地层的构造组成

1．楼板层的构造组成

楼板层的基本构造为面层、结构层、顶棚层。当楼面的基本构造不能满足使用或构造要求时，可增设隔声层、防水层、保温层和隔热层等其他构造层，这些通常叫作附加层（图 4.3）。

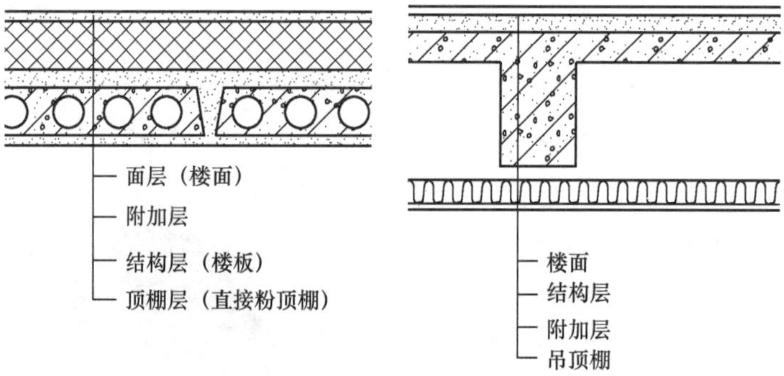

(a) 预制钢筋混凝土楼板层　　(b) 现浇钢筋混凝土楼板层

图 4.3　楼地层构造组成

AR 图：预制钢筋混凝土楼板层

AR 图：现浇钢筋混凝土楼板层

楼板层的构造组成及作用分述如下：

（1）面层

面层通常又称为楼面，是楼板层最上面的层次。面层直接与人和家具相接触。其作用主要是保护楼板结构层、传递荷载及装饰室内空间。

（2）结构层

结构层又称为楼板，是楼板层的承重构件。其作用主要是承受楼板层上的荷载，并将荷载传递给墙或柱，增强墙体的稳定性和建筑的整体刚度。

（3）附加层

附加层又称功能层，是为了满足特定的使用或构造要求而设置的构造层次。附加层通常有找平层、防水层、保温层和隔热层等类型。

（4）顶棚层

顶棚层是楼板层最下部的层次。其主要作用有保护楼板，美化室内空间，还可为管线敷设提供条件。

2. 地坪层构造组成

地坪层的基本构造层分为面层、垫层和基层；当地面或楼面的基本构造不能满足使用或构造要求时，可增设隔离层、填充层、找平层、防水层、防潮层和保温隔热层等其他构造层（图 4.4）。

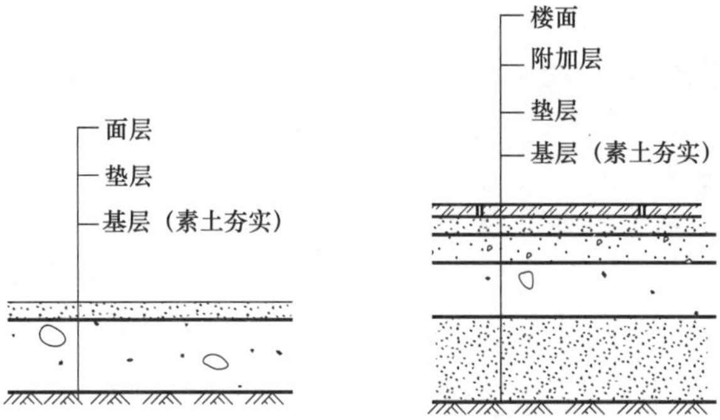

(a) 无附加层　　(b) 有附加层

AR 图：地坪层

图 4.4　地坪层构造组成

（1）面层

面层是地坪层最上面的层次，可以起到装饰室内空间的作用。

（2）垫层

垫层是面层下部的填充层，起着承受和传递荷载及初步找平的作用。

（3）基层（地基）

基层位于垫层之下，又称作地基，当基层土层不够密实时需加强处理。

4.1.2　楼板类型

根据所用材料不同，楼板可分为木楼板、钢筋混凝土楼板和压型钢板组合楼板等类型。

1. 木楼板

木楼板质量轻，保温隔热性好，有一定的弹性，舒适度高，但耐火性和耐腐蚀性较差，木材用量大（图 4.5）。目前，木楼板工程中应用较少。

2．钢筋混凝土楼板

钢筋混凝土楼板具有强度高、刚度好、整体性好、耐久性好、可模性好和抗震性强等优点，在实际中应用最为广泛，如图 4.6 所示。

钢筋混凝土的“诞生”（图文）

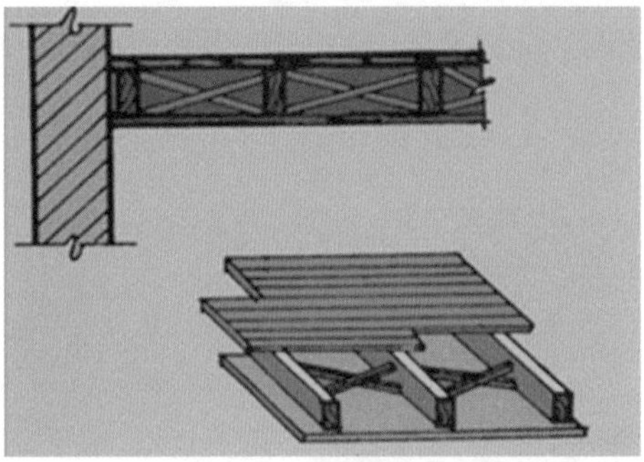

图 4.5　木楼板

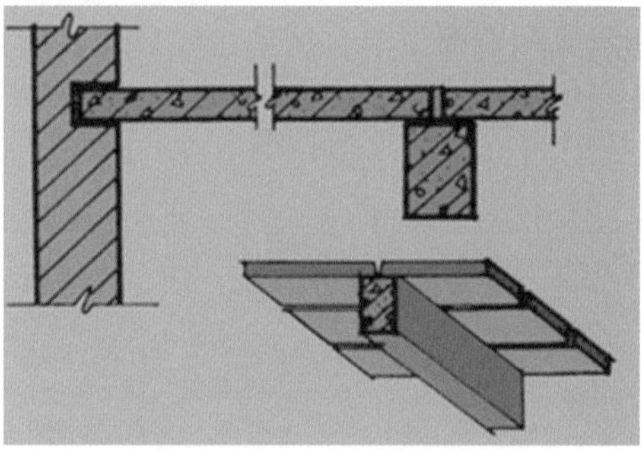

图 4.6　钢筋混凝土楼板

3．压型钢板组合楼板

压型钢板组合楼板，又称为钢衬板楼板。压型钢板组合楼板是以压型钢板作为模板，在其上现浇混凝土而形成的楼板。该类型楼板整体性、耐久性、抗弯刚度和强度好，节省了支模、拆模的复杂工序，但造价高。压型钢板是一种应用前景广泛的新型楼板，如图 4.7 所示。

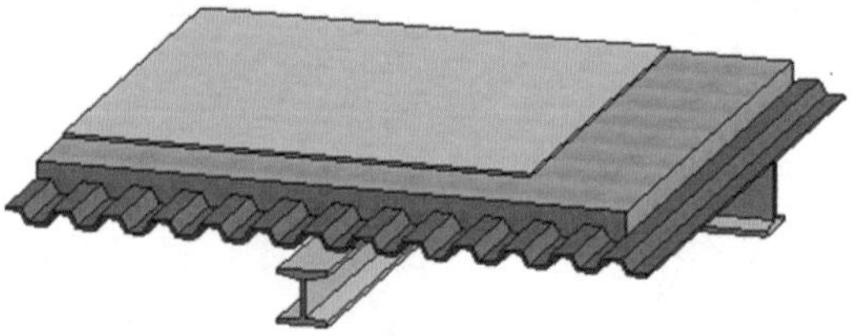

图 4.7　压型钢板组合楼板

AR 图：压型钢板组合楼板

4.1.3　楼板层的设计要求

1．具有足够的强度和刚度

楼板层应具有足够的强度，以使其在承受自重和作用在其上的各种荷载时安全可靠，不致因楼板承载力不足而引起结构的破坏。楼板层应具有足够的刚度，以保证其在一定荷载的作用下不发生裂缝和过大变形。《混凝土结构设计规范》（GB 50010—

2010）（2015 年版）中规定，当 7m ≤楼板的计算跨度（l_0）≤ 9m 时，允许挠度不大于板跨（L）的 1/250。

受较大荷载或有冲击力作用的楼地面，应根据使用性质及场所选用由板、块材料、混凝土等组成的易于修复的刚性构造，或由粒料、灰土等组成的柔性构造。

2. 具有一定的防火能力

为保证火灾发生时，在一定时间内不会因楼板失去承载能力、完整性或隔热性而产生财产损失和安全事故，楼板应具有一定的防火能力。《建筑设计防火规范》（GB 50016—2014）（2018 年版）中对不同耐火等级建筑有对应的楼板防火要求，具体见表 4.1。

表 4.1　不同耐火等级建筑楼板的燃烧性能和耐火极限　　单位：h

耐火等级	燃烧性能和耐火极限
一级	不燃性，1.50
二级	不燃性，1.00
三级	不燃性，0.50
四级	可燃性

3. 具有一定的隔声要求

噪声对人们的生活、工作产生影响，楼板作为分割竖向空间的构件，应满足一定的隔声要求。楼板的隔声能力应符合现行《民用建筑隔声设计规范》（GB 50118—2010）的规定。住宅建筑的楼板撞击声隔声标准见表 4.2 所示。

表 4.2　楼板隔声标准

楼板部位	隔声量 /dB	
	一般要求	高要求
分户层间楼板	≤ 65	≤ 75

楼板隔声主要是降低撞击声，如人的脚步声、拖动家具的声音等。楼板隔声通常有以下几种方法：可采用浮筑楼板、弹性面层、隔声吊顶、阻尼板等措施加强楼板隔声性能。

（1）对楼板表面进行处理

在楼板表面铺设弹性较好的材料，如地毯、橡胶地毡、塑料地毡等，以减弱楼板的振动和撞击时所产生的声能。这种方法构造简单，隔声效果好。

（2）浮筑楼板

“浮筑楼板”指的是在结构层和面层之间增设弹性垫层，分离结构层和面层，使面层受撞击产生的振动被减弱后传至楼板基层（网络），从而降低楼板的振动，降低噪声。弹性垫层形式主要有块状、条状或片状，如图 4.8 所示。

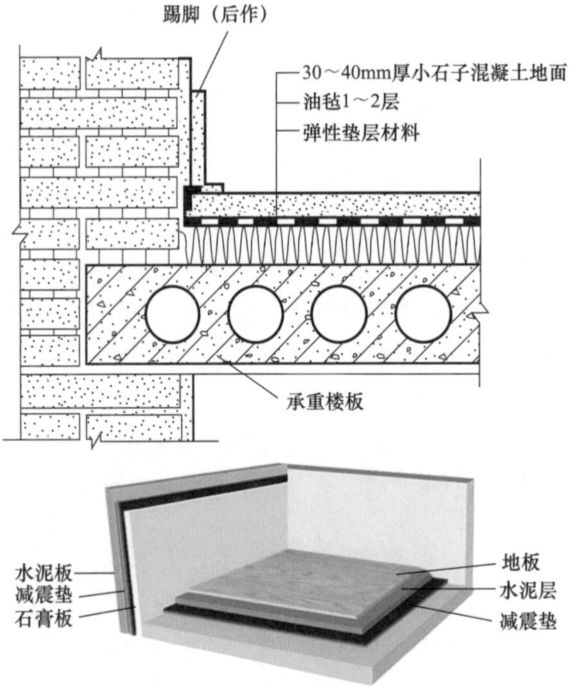

图 4.8　浮筑楼板

（3）楼板下设吊顶

在楼板下设吊顶，阻隔空气传声以起到隔声的作用。吊顶面层应密实，不留缝隙，以免降低隔声效果。为了进一步增强隔声效果，吊顶和楼板之间可以采用弹性连接，如图 4.9 所示。

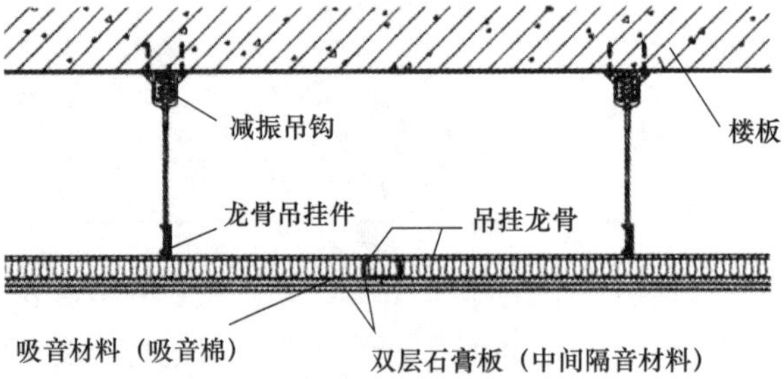

图 4.9　楼板设吊顶隔声

4. 具有一定的防潮、防水能力

对有水侵蚀的房间，如厨房、卫生间、浴室等，楼板层应采取有效的防潮、防水措施。

5．满足各种管线的敷设要求

目前很多建筑的水电管线都敷设在楼地层中，为了保证安全性和使用的舒适性，楼地层应满足其敷设要求。

链　接

压型钢板组合楼板在上海中心大厦中的应用

上海中心大厦工程与金茂大厦、上海环球金融中心组成了“品”字形建筑群，如图 4.10 所示。塔楼地上 124 层，建筑高度为 632m，沿竖向共分为 8 个区段和 1 个观光层，在每个区段的顶部均布置有设备层和避难层，裙房地上 7 层，建筑高度为 38m，地下室 5 层，整个建筑地上总面积约为 38 万 m^2，地下总面积约为 14 万 m^2。

图 4.10　效果图

综合考虑建筑室内净空要求，同时为了减少结构用钢量，上海中心大厦平面荷载体系采用了楼板钢梁与组合楼板共同作用的组合梁结构。其中，标准层采用 155mm 厚组合楼板（75mm 高压型钢板 +80mm 厚混凝土表层），混凝土强度等级为 C35，钢材采用 Q345B。对加强层楼板考虑避难层防火要求以及受力复杂性，故将楼板进行加厚处理，采用 200mm 厚组合楼板（75mm 高压型钢板 +125mm 厚混凝土表层）。

上海中心大厦塔楼标准层楼盖舒适度评估采用楼板整体振动特性与楼板局部振动特性的双控标准。前者控制楼面结构的整体振动频率高于典型的人行步频（2Hz 左右），防止出现人行激励下可能出现的共振；后者控制楼板区域的最大加速度幅值不超过限值，防止局部激励下引起的舒适度问题（图 4.11）。

图 4.11　上海中心大厦施工图

4.2 钢筋混凝土楼板

知识导入

钢筋混凝土楼板刚度好、强度高、抗震性能强，是目前应用最广泛的楼板。钢筋混凝土楼板传统的施工方式为现浇式，随着建筑工业化的发展，预制装配式和装配整体式楼板在实际中应用也越来越多。那么这几种钢筋混凝土楼板的区别是什么？其构造形式和尺寸要求又是怎样的呢？

趣　闻

流水别墅——“方山之宅”

“在山溪旁的一个峭壁的延伸，生存空间靠着几层平台而凌空在溪水之上——一位珍爱着这个地方的人就生活在这个平台上，他沉浸于瀑布的响声，享受着生活的乐趣”。这是著名建筑师赖特对其作品流水别墅的描述。

流水别墅建在深山之中，和瀑布森林融为一体，在这里可以听到流水潺潺，虫鸣鸟叫。别墅的室内空间自由延伸，相互穿插；内外空间相互交融，浑然一体。楼板锚固在后面的自然山石中。流水别墅采用粗犷的岩石作为支柱，所有混凝土的水平构件有如贯穿空间，赋予了建筑最高的动感与张力，例外的是地坪使用的岩石，似乎出奇的沉重，尤以悬挑的阳台更为明显。

流水别墅（图 4.12）是赖特为卡夫曼家族设计的，是“有机建筑”的代表作，在瀑布之上，赖特实现了“方山之宅”（house on the mesa）的梦想。

图 4.12 流水别墅

“有机”建筑案例（图文）

教学内容

4.2.1 现浇整体式钢筋混凝土楼板

现浇整体式钢筋混凝土楼板（图 4.13）是在施工现场支模板、绑扎钢筋和浇筑混凝土，经养护达到一定强度后拆除模板而成的楼板。这种楼板的优点是整体性、耐久性、抗震性好，刚度大；但其施工工序多，劳动强度大，湿作业量大，施工周期较长，且受季节影响较大。现浇整体式钢筋混凝土楼板适用于有较多管道穿过楼板的房间、平面形状不规整的房间、尺度不符合模数要求的房间、防水要求较高的房间。

图 4.13 现浇整体式钢筋混凝土楼板

现浇钢筋混凝土楼板按受力方式不同可分为板式楼板、梁板式楼板和无梁楼板等。

1. 板式楼板

在墙体承重建筑中，当房间较小时，楼面荷载可直接通过楼板传递给墙体，而不需要另设梁，这种厚度一致的楼板称为板式楼板。板式楼板板底平整、美观，施工方便，适用小跨度房间，如走廊、储藏间、卫生间、厨房。

根据受力特点和支承情况，板式楼板可分为单向板和双向板（图 4.14）。《混凝土结构设计规范》（GB 50010—2010）（2015 年版）规定：两对边支承的板应按单向板计算。板的长边尺寸 l_2 与短边尺寸 l_1 的比值大小，与板的荷载传递方向有很大关系。对于四边支承的板，当 $l_2/l_1 > 2$ 时，应按单向板计算，板主要沿 l_1 方向传递荷载；当 $l_2/l_1 \leqslant 2$ 时，应按双向板计算，板沿双向传递荷载。单向板的跨厚比不大于 30，双向板的跨厚比不大于 40。

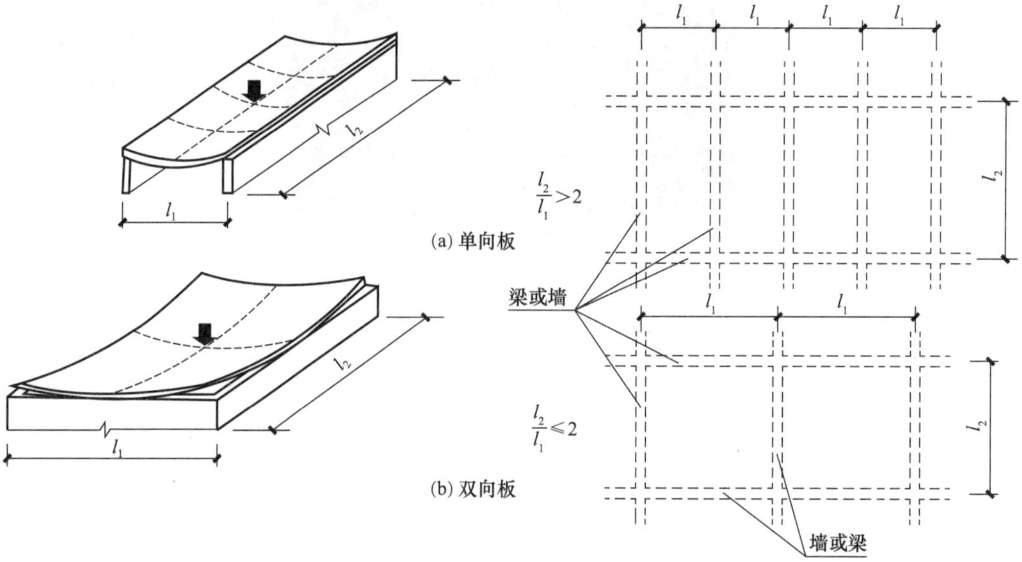

图 4.14　单向板和双向板

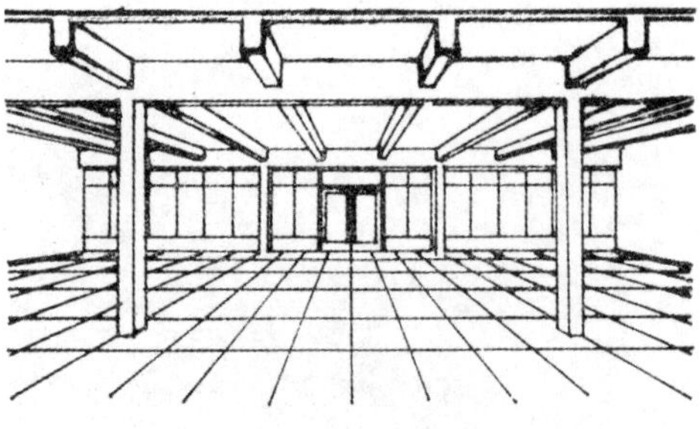

图 4.15　梁板式楼板

2. 梁板式楼板

当房间的平面尺寸较大时，楼面荷载如果直接通过楼板传递给墙体，则板的跨度会很大，故应采用梁板共同支撑的楼板，称为梁板式楼板，又称为肋梁楼板（图 4.15、图 4.16）。梁板式楼板可分为单向板肋梁楼板和双向板肋梁楼板。

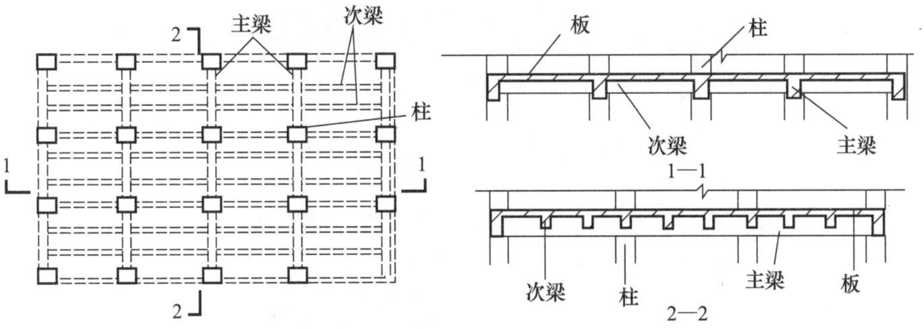

(a)梁板式楼板平面图　　(b)梁板式楼板剖面图

图 4.16　梁板式楼板平面图和剖面图

肋梁楼板（视频）

1）单向板肋梁楼板主要由板、主梁、次梁组成。荷载的传递路线为板→次梁→主梁→墙或柱。板置于次梁上，次梁置于主梁上，主梁置于墙或柱上。主梁通常沿建筑的短跨方向布置，其经济跨度为 5 ～ 8m，次梁经济跨度一般为 4 ～ 6m。板的跨度一般为 1.7 ～ 2.5m。

2）双向板肋梁楼板无主次梁之分，由板和梁组成，荷载传递的路线为板→梁→柱（或墙）。双向板肋梁楼板一般用于小柱网的住宅、旅馆等。其板跨一般为 4 ～ 6m。现浇钢筋混凝土板的最小厚度见表 4.3。

表 4.3　现浇钢筋混凝土板的最小厚度　　单位：mm

板的类别		最小厚度
单向板	屋面板	60
	民用建筑楼板	60
	工业建筑楼板	70
	行车道下的楼板	80
双向板		80
密肋楼盖	面板	50
	肋高	250
悬臂板（根部）	悬臂长度不大于 500mm	60
	悬臂长度 1200mm	100
无梁楼板		150
现浇空心楼盖		200

井字楼板是肋梁式楼板的一种特殊形式。当双向板肋梁楼板的板跨相同，即 $l_1/l_2=1$，且两个方向的梁截面尺寸也相同时，就形成了井字式楼板。井字式楼板的布置方式有正交正放、正交斜放和斜交斜放（图 4.17）。

图 4.17　井字楼板现场图

井字楼板底部的井格整齐划一、韵律感强，稍加处理就可以形成艺术效果很好的顶棚。井字楼板适用于较大的无柱空间，如门厅、会议室、餐厅、小型礼堂、歌舞厅等处。也可以将井式楼板中的板去掉，并将井格设置在中庭的顶棚上（图 4.18）。

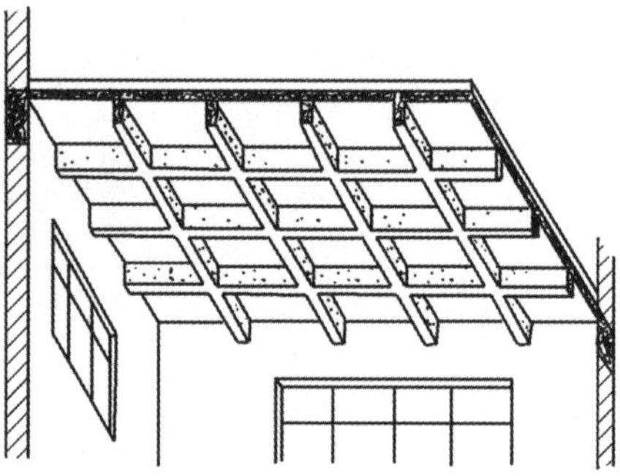

(a) 正井式

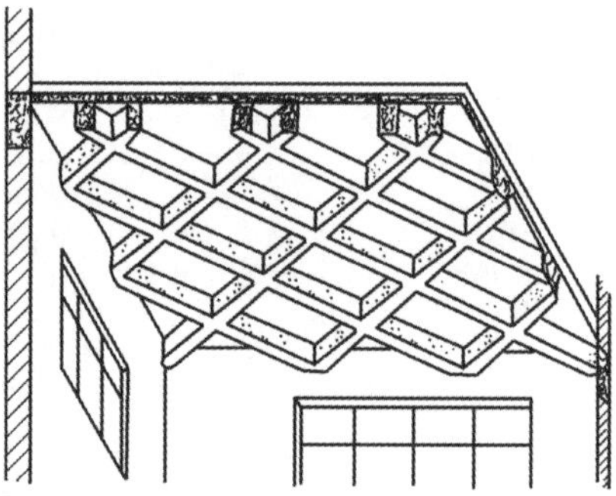

(b) 斜井式

图 4.18　井字楼板两种布置形式

3. 无梁楼板

楼板不设梁，直接将等厚的楼板支承在柱子上，就形成无梁楼板。柱网通常布置为正方形或矩形，柱距以 6m 为经济；板厚一般不小于 120mm。无梁楼板的顶棚平整，净空高度较大，有利于采光通风，卫生条件好，且施工简便，一般适用于商店、书库、仓库等建筑。无梁楼板可分为有柱帽和无柱帽两种。当楼板荷载较大时，为增加柱子支承面积，在柱顶设柱帽或托板，即采用有柱帽的无梁楼板。有柱帽的无梁楼板的跨厚比不大于 35；无柱帽的无梁楼板板的跨厚比不大于 30。

4．压型钢板组合楼板

压型钢板组合楼板（图 4.19）是在型钢梁上铺设表面凹凸相间的压型钢板，再在压型钢板上整浇钢筋混凝土而构成的楼板结构，由现浇混凝土层、钢衬板和钢梁三部分组成。

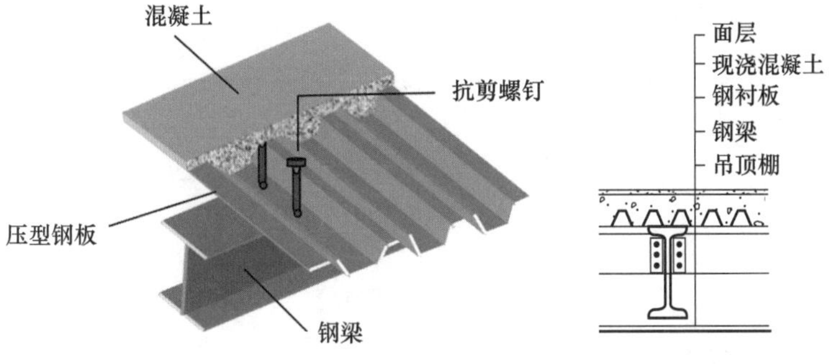

(a) 立体图　　(b) 构造图

图 4.19　压型钢板组合楼板

压型钢板一方面以衬板的形式作为混凝土楼板的永久性模板，省去了拆模程序，加快了施工进度，压型钢板板肋间的空隙还可以用来敷设管线，钢衬板的底部可以焊接架设悬吊管道、通风管、吊顶棚的支托；另一方面承受着楼板下部的弯拉应力。楼板的整体性、耐久性、强度和刚度都很好，但耐火性耐腐蚀性不如钢筋混凝土楼板。其适用于大空间建筑和高层建筑。

压型钢板组合楼板根据钢衬板形式的不同，可以分为有单层钢衬板组合楼板和双层孔格钢衬板组合楼板。钢衬板之间及钢衬板和钢梁之间的连接方式一般有焊接、螺栓连接、膨胀铆钉连接或压边咬接等。

4.2.2　预制装配式钢筋混凝土楼板

预制装配式钢筋混凝土楼板是指构件在工厂预制后运送到现场进行装配的楼板。预制装配式钢筋混凝土楼板可以节约模板用量，加快施工进度，同时，施工受季节的影响较小，便于实现建筑工业化，但楼板整体性较差，在抗震设防要求较高的地区和建筑中不宜采用。

先张法预应力楼板和后张法预应力楼板（图文）

1．类型

（1）按施工方式

按照施工方式不同，预制板可分为预应力板和非预应力板两种。预应力预制板可以节省钢材和混凝土，刚度大，重量轻，造价低，应用广泛。

（2）按构造形式和受力特点

按照构造形式和受力特点不同，预制板可分为实心板、槽形板和空心板三种。

1）实心板：实心板板面平整，但隔声效果较差，一般跨度在 2.40m 以内，板厚常为 60 ～ 80mm，宽度为 600 ～ 900mm。其常用于走廊、卫生间等小跨度的房间，也可用作阳台板、雨篷板等。实心板的两端支承在墙或梁上（图 4.20）。

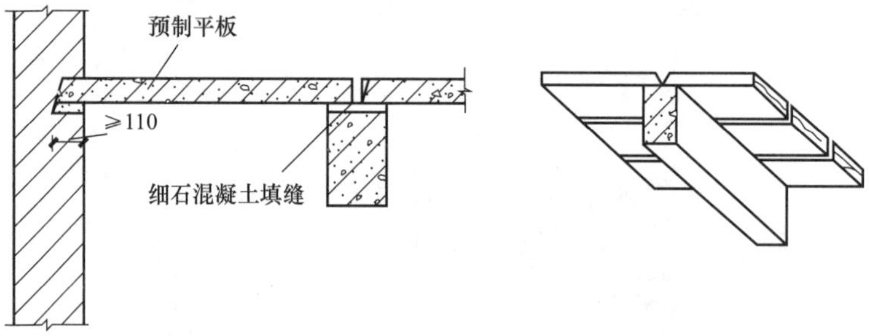

(a) 剖面图　　(b) 立体图

图 4.20　实心板

2）槽形板：槽形板由板和肋组成，是一种梁板结合的构件。常在实心板的两侧设置纵肋，相当于小梁，来承受板的荷载；在板的端部设端肋封闭，以便于搁置和提高板的刚度。当板的跨度大于 6m 时，为提高刚度，应每 1000 ～ 1500mm 设置一道横肋。槽形板厚度一般为 30 ～ 50mm，宽度为 600 ～ 1200mm，预应力槽形板的跨度可以达到 6m 以上，非预应力板通常在 4m 以内。槽形板用料少、质量轻、便于临时开洞，但隔声效果不如空心板（图 4.21）。

(a) 立体图　　(b) 实物图

图 4.21　槽形板

槽形板有正置和倒置两种搁置方式。正置的槽形板，肋向下搁置，板受力合理，但板底不平整，可以用于对美观性要求不高的房间，或设置吊顶解决美观问题和增强隔声效果。倒置的槽形板板底平整，但受力不合理，且需要另做面层。为提高板的隔声能力，可以在槽内填充隔声材料。

3）空心板：空心板是将平板沿纵向抽孔而成，目前常用的是圆孔空心板。对于采用先张法工艺生产的预应力混凝土空心板（以下简称空心板），用作一般房屋建筑的楼板和屋面板，推荐的规格尺寸：高度宜为 120mm、180mm、240mm、300mm、360mm，宽度宜为 900mm、1200mm，长度不宜大于高度的 40 倍。空心板在安装时，两端常用混凝土块或碎砖块填塞，以免浇灌端缝时灌缝材料进入孔中，同时，能提高板端的承压能力，避免板端被压坏（图 4.22）。

(a) 立体图

AR 图：空心板

(b) 安装图

图 4.22 空心板

空心板刚度好，制作方便，节约材料，隔声隔热效果好，应用广泛；但板面不能任意开洞。

2．预制楼板的结构布置与细部构造

板的布置按照支承方式的不同，分板式结构布置和梁板式结构布置两种。板的布置方式选择与房间开间和进深有关。板式布置指的是板直接支承在墙上，形成板式结构，适用于横墙较密的宿舍、住宅等进深不大的建筑中。梁板式布置指的是板支承在梁上，梁支承在墙或柱上，适用于教学楼等进深较大的建筑中（图 4.23）。

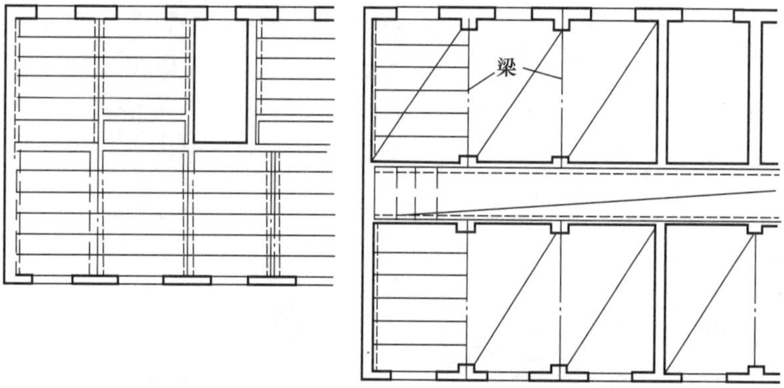

(a) 板式的结构布置　　(b) 梁板式的结构布置

图 4.23　预制楼板结构布置

当房屋层数不大于 3 层时，楼面可采用预制楼板，并应符合下列规定：一是预制板在墙上的搁置长度不应小于 60mm，当墙厚不能满足搁置长度要求时可设置挑耳，板端后浇混凝土接缝宽度不宜小于 50mm，接缝内应配置连续的通长钢筋，钢筋直径不应小于 8mm；二是当板端伸出锚固钢筋时，两侧伸出的锚固钢筋应互相可靠连接，并应与支承墙伸出的钢筋、板端接缝内设置的通长钢筋拉结；三是当板端不伸出锚固钢筋时，应沿板跨方向布置连系钢筋，连系钢筋直径不应小于 10mm，间距不应大于 600mm，连系钢筋应与两侧预制板可靠连接，并应与支承墙伸出的钢筋、板端接缝内设置的通长钢筋拉结（图 4.24）。

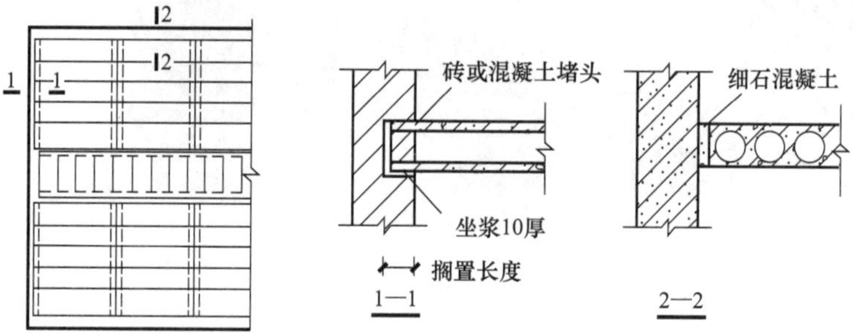

(a)平面图　　(b)剖面图

图 4.24　预制楼板和墙体连接处布置图

板的纵向长边应靠墙布置而不能搁置在墙体上，避免空心板三边支承，板边与墙之间的缝隙用细石混凝土灌实（图 4.25）。

板搁置在砖墙、梁上，支承长度一般不小于 80mm、60mm。在地震区域，板端伸进外墙的长度不应小于 120mm；板端伸进内墙的长度不应小于 100mm；板支承于钢筋混凝土梁的长度不应小于 80mm。空心板靠墙的纵向长边不能搁置在墙体上，与墙体之间的缝隙用细石混凝土灌实。同时，尽量减少板的类型、规格。安装时，为使楼板和墙体之间连接良好，支承面上应采用 10 ～ 20mm 厚且不低于 M5 的水泥砂浆找平（图 4.26）。

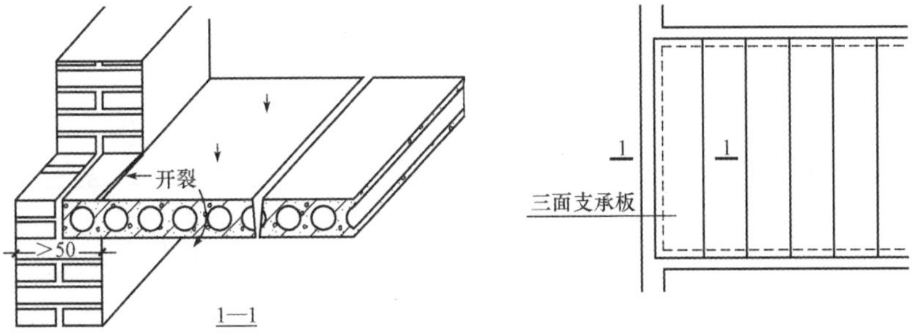

(a) 立体图　　(b) 平面图

图 4.25　空心板三面支承

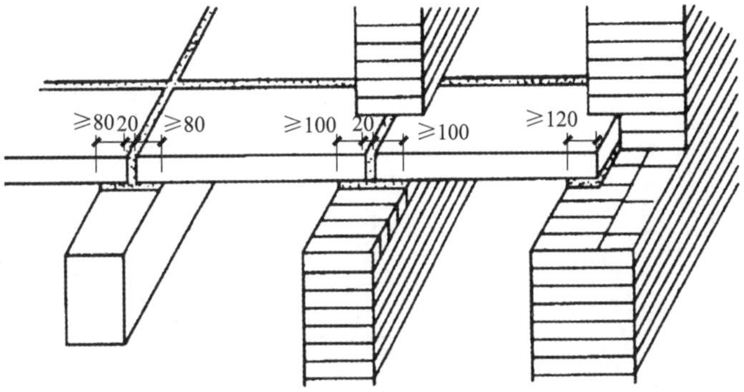

(a) 梁上搁置　　(b) 内墙上搁置　　(c) 外墙上搁置

图 4.26　预制板在梁、内墙、外墙上搁置构造

采用梁板式结构布置时，板的支承长度一般不小于 80mm。板在梁上的搁置方式有两种，一种是搁置在矩形梁的顶面；另一种是搁置在花篮梁或十字梁的翼缘上。后者可以有效增加房间净高。板搁置在梁上，支承面坐浆厚度为 20mm 左右（图 4.27）。

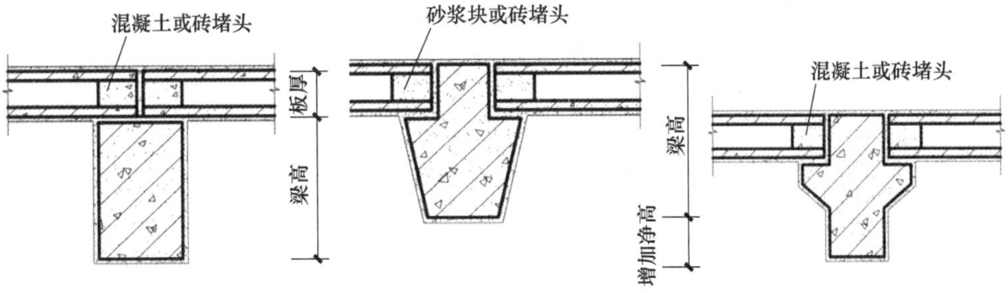

(a) 搁置在矩形梁上　　(b) 搁置在花篮梁上　　(c) 搁置在十字梁上

图 4.27　楼板在梁上的搁置

可以将楼板与墙体之间、楼板与楼板之间用锚固筋即拉结筋拉结起来，以增强建

筑的整体刚度，锚固筋示意如图 4.28 所示。

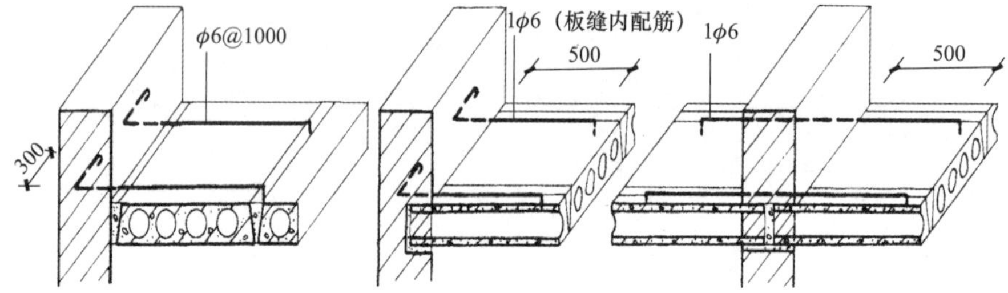

图 4.28　锚固筋示意图

3．楼板与隔墙

当楼板上设置重质隔墙时，尽量避免隔墙直接搁置在墙上。采用的结构处理方法有：隔墙支承在梁上；隔墙支承在槽形板的纵肋上；空心板时，板缝内配钢筋支承隔墙（图 4.29）。

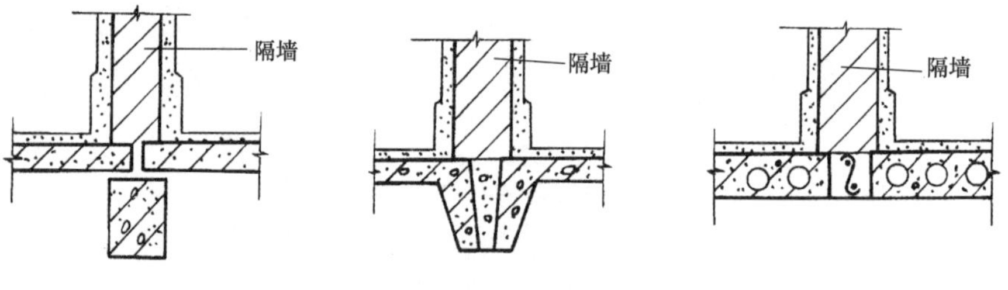

图 4.29　隔墙在楼板上的搁置

4.2.3　装配整体式钢筋混凝土楼板

装配整体式钢筋混凝土楼板是将楼板的部分构件预制后，通过可靠的方式进行连接并与现场后浇混凝土、水泥基灌浆料形成整体的装配式混凝土楼板。装配整体式钢筋混凝土楼板兼有现浇整体式楼板和预制装配式楼板的优点。装配整体式楼板主要分为密肋填充块楼板和叠合楼板两种类型。

1．密肋填充块楼板

密肋填充块楼板的密肋有现浇和预制两种。现浇的密肋填充块楼板是在预制空心砌块间现浇密肋小梁和面板而成的楼板结构；预制的密肋填充块楼板是在预制空心砌块和密肋小梁或带骨架芯板上现浇混凝土面层而成的楼板结构（图 4.30）。

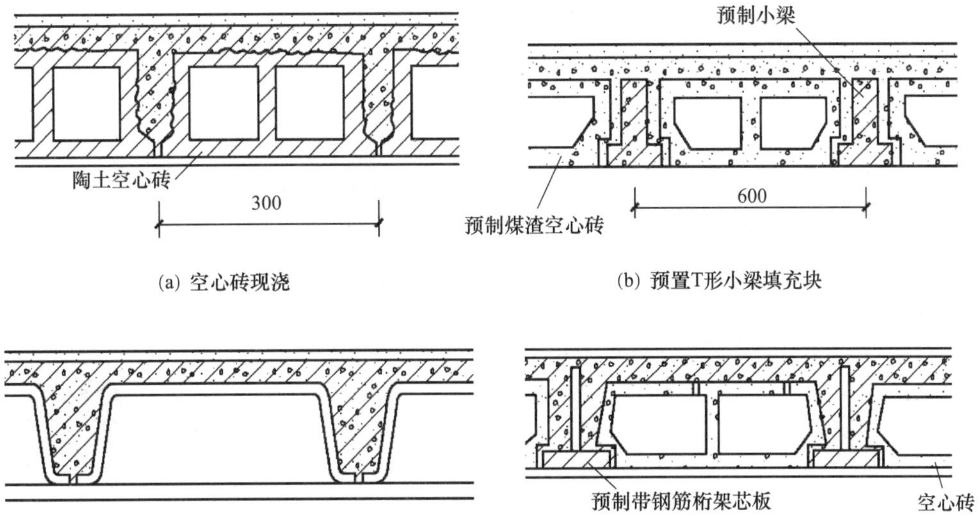

(a) 空心砖现浇　(b) 预置T形小梁填充块

(c) 玻璃钢壳现浇　(d) 带骨架芯板填充块

图 4.30　密肋填充块楼板

密肋填充块楼板充分利用不同材料的性能，能适应不同跨度，并有利于节约模板，但结构厚度（或称高度）偏大。

2．叠合楼板

叠合楼板是在预制薄板上现浇钢筋混凝土层而成的装配整体式楼板。叠合楼板强度和刚度好，施工速度快，节约模板。各种设备管线可敷设在叠合层内，现浇层内只需配置少量的支座负筋。

常见的叠合楼板（图文）

叠合板应按现行国家标准《混凝土结构设计规范》（GB 50010—2010）（2015 年版）进行设计，并应符合下列规定：叠合板的预制板厚度不宜小于 60mm，后浇混凝土叠合层厚度不应小于 60mm；当叠合板的预制板采用空心板时，板端空腔应封堵；跨度大于 3m 的叠合板，宜采用桁架钢筋混凝土叠合板；跨度大于 6m 的叠合板，宜采用预应力混凝土预制板；板厚大于 180mm 的叠合板，宜采用混凝土空心板。

预制板表面应做成凹凸差不小于 4mm 的粗糙面。板面处理的方法主要有：板面进行刻槽处理；板面露出三角形结合钢筋（图 4.31）。

叠合板可根据预制板接缝构造、支座构造、长宽比按单向或双向板设计。当预制板之间采用分离式接缝［图 4.32（a）］时，宜按单向板设计。对长宽比不大于 3 的四边支承叠合板，当其预制板之间采用整体式接缝［图 4.32（b）］或无接缝［图 4.32（c）］时，可按双向板设计。

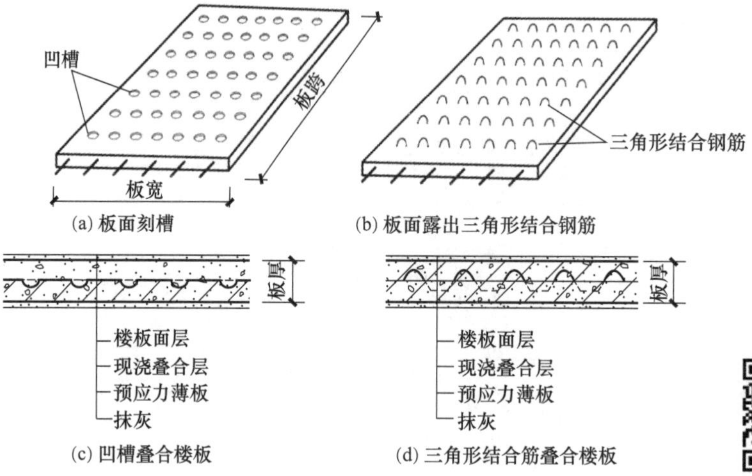

图 4.31　叠合楼板

AR 图：叠合楼板

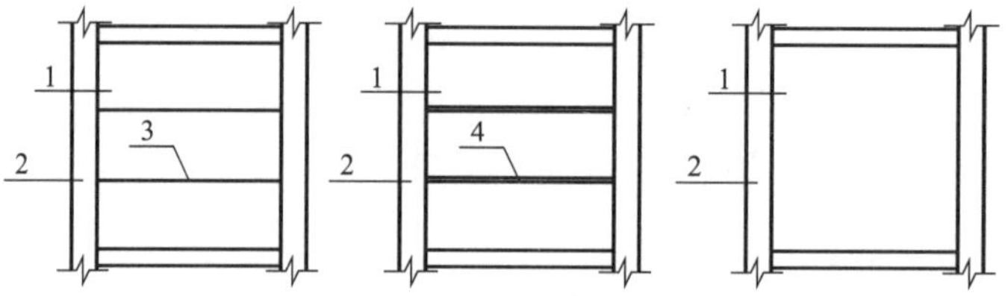

(a) 单向叠合板　(b) 带接缝的双向叠合板　(c) 无接缝双向叠合板

1—预制板；2—梁或墙；3—板侧分离式接缝；4—板侧整体式接缝。

图 4.32　叠合楼板的预制板布置形式示意

链　接

基于 BIM 的装配化装修

装配化装修是指将工厂生产的标准化部品、部件，在现场按照干法施工标准进行安装的装修方式，主要包括干式工法楼（地）面、集成厨房、集成卫生间、管线与结构分离等。BIM 技术的应用可以建立基础设计模型，形成项目整体材料部品清单，对进度计划进行诊断等。装配化装修的优点主要是施工更加便捷与环保，工期短，部品易更换，设计专业、科学、实用，品质工艺和精细化程度高等。但是，装配式装修也存在着不足，例如，这种装修方式在我国的发展时间比较短，技术不够成熟，风格、材质等选择较少，而且对于复杂户型和较小户型适应性较差。

目前，已有实际工程项目采用装配化装修方式。根据装配式装修的特点和建筑业的发展趋势，基于 BIM 的装配式装修可能有良好的发展前景（图 4.33）。

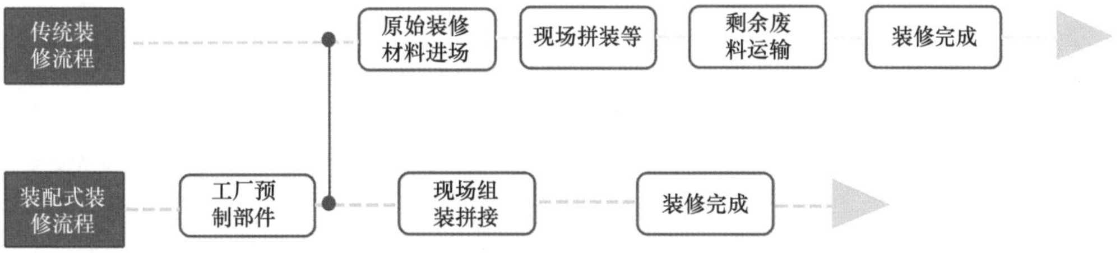

图 4.33 传统装修流程与装配化装修示意

4.3 楼地面

知识导入

如图 4.34 所示，卧室、酒店大堂、客厅、体育馆分别采用了木地面、石材地面、地毯地面和橡胶地面，为什么这些场所采用了不同的地面呢？在日常生活中，你经常见到的地面有哪些呢？

（a）卧室木地面 （b）酒店大堂石材地面

（c）客厅地毯地面 （d）体育馆橡胶地面

图 4.34 常见地面

趣　闻

苏州园林地面上的匠心

设计者和匠师们一致追求的是：一切都要为构成完美的图画而存在，绝不容许有欠美伤美的败笔。

——叶圣陶《苏州园林》

苏州园林设计精妙，移步换景，漫步其中，如置身于美妙画卷之中，就连脚下的地面也是这幅完美画面的一部分。苏州园林的地面由各色石子铺装成不同的形状，有花、鹿、鹤等，如图 4.35 所示，寓意平安喜乐，幸福吉祥。而园林地面的铺装如此讲究，这很大程度上得益于工匠们对完美的追求。根据铺地的石匠所说，地面铺装的具体流程是平整地坪，整体铺一定厚度的砂和水泥，做平，定好排水方向，之后放上砖和瓦，固定好造型，砌筑小石子，保养：水泥撒上去以后会干结，每天要加水保湿。为了维护园林的完整性和统一性，直到现在，铺地工人铺地时还在沿袭着最传统的方法，用手镶嵌石块来形成地面上的图案。

跟着书本去旅行（视频）

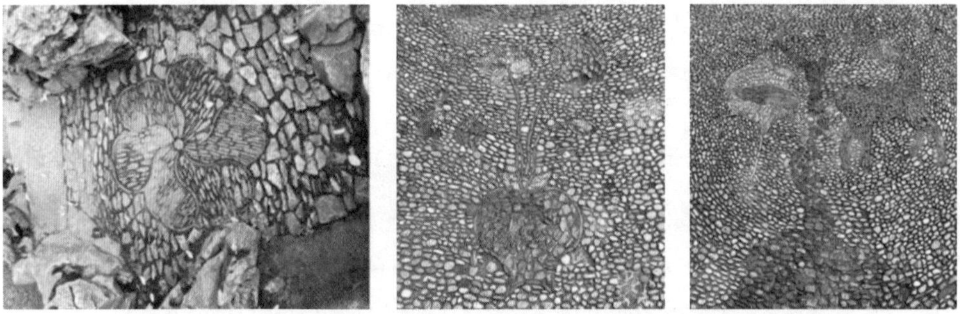

图 4.35　苏州园林地面

教学内容

4.3.1　楼地层的设计要求

1．具有足够的坚固性

除有特殊使用要求外，楼地面应满足平整、耐磨、不起尘、环保、防污染、隔声、易于清洁等要求，且应具有防滑性能。

智能地面（图文）

2．具有一定的弹性和保温性能

为了能够降低噪声和保证人行走时的舒适度，楼地面应具有一定的弹性和保温性能，故地面需使用一些弹性好和导热系数小的材料。

3．满足某些特殊要求

对于某些有特定使用要求的房间，楼地面要满足其不同需求。例如，厕所、浴室、盥洗室等受水或非腐蚀性液体经常浸湿的楼地面应采取防水、防滑的构造措施，并设排水坡坡向地漏。经常有水流淌的楼地面应采用不吸水、易冲洗、防滑的面层材料，并应设置防水隔离层。存放食品、食料、种子或药物等的房间，其楼地面应采用符合现行国家相关卫生环保标准的面层材料。

对厨房等有火源的房间，楼地面应满足防火要求，对实验室等有腐蚀性介质的房间，楼地面应具有相应的防腐蚀能力。

4.3.2 楼地面的类型

根据面层材料和施工方法的不同，楼地面可以分为整体面层楼地面、块材面层楼地面、木材面层楼地面等。

1．整体面层楼地面

整体楼地面种类多、使用广，按档次、施工难易程度造价则大不相同。按其材质构成可以分为 5 大类，即水泥砂浆、混凝土及水磨石面层；水泥基自流平面层；各种树脂涂层面层；各种卷材面层；各种树脂胶泥、砂浆面层。

2．块材面层楼地面

块材面层楼地面具有耐磨、耐久、不怕水、价格低、品种繁多、施工简易灵活、装饰效果较好等突出优点，因而被广泛采用。块材面层楼地面主要有预制水磨石板、水泥花砖面层、釉面砖面层、磨光通体砖面层、磨光微晶玻璃板面层、磨光花岗石或磨光大理石面层。

3．木材面层楼地面

木材面层楼地面因具有舒适感、亲近感、有弹性、安装方便等优点而被广泛采用，尤其是居住建筑、商业建筑等多有采用。木材面层主要有长条硬木楼地面、强化复合木地板楼地面、硬木企口席纹拼花楼地面等。

4.3.3 常见楼地面的构造

1. 水泥砂浆面层

水泥砂浆面层施工简单，造价低，档次相对较低，为防止地面“起砂”，施工时应撒干水泥粉抹压，增加其表面强度。水泥砂浆面层做法为：先刷水泥浆一道（内掺建筑胶），再用20mm厚1 ：2.5水泥砂浆压实抹光，表面撒适量水泥粉抹压平整(图4.36)。

图4.36　水泥砂浆地面

AR图：楼地面构造

2. 现制水磨石面层

先做水泥浆一道（内掺建筑胶），再用20mm厚1 ：3水泥砂浆打厚找平，10mm厚1 ：2.5水泥石渣浆抹面，表面磨光打蜡。彩色水磨石应采用白水泥。

现浇水磨石面层的分格条可用玻璃条、铜板条或铝格条，铝板条表面需经氧化或用涂料防腐处理（图4.37、图4.38）。

图4.37　水磨石地面

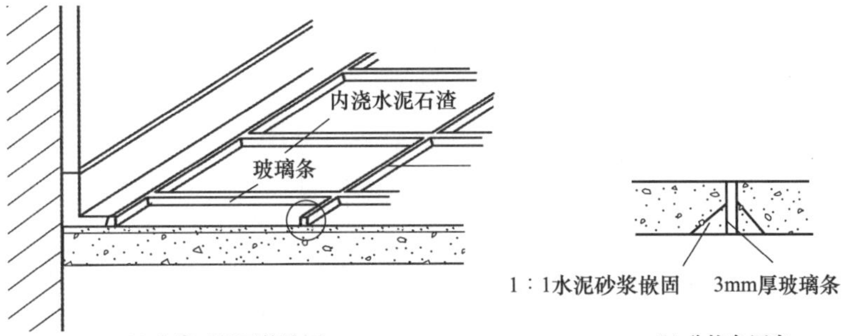

(a) 水磨石地面构造图　　(b) 分格条固定

图 4.38　水磨石地面构造图

3．陶瓷马赛克面层

陶瓷马赛克面层（图 4.39）适用于各类有防滑要求的场所。构造做法为：水泥浆一道（内掺建筑胶），再用 20mm 厚 1 ∶ 3 水泥砂浆铺平拍实，表面撒水泥粉，5mm 厚陶瓷马赛克铺实拍平，干水泥擦缝。

图 4.39　陶瓷马赛克地面

4．石板面层薄型楼地面

薄型楼地面，即结合层和找平层厚度较薄，其对施工平整度等要求较高，用以实现轻质高强的楼地面构造。

构造做法是：聚合物水泥浆一道，在用 20mm 厚 1 ∶ 3 水泥砂浆找平层，5mm 厚聚合物水泥砂浆铺贴石板，20mm 厚石板用聚合物水泥砂浆铺砌。其中，聚合物有氯丁胶乳液、聚丙烯酸酯乳液、环氧乳液等。

5．木材面层楼地面

木材面层楼地面因具有舒适感、亲近感、有弹性、安装方便等优点而被广泛采用。尤其是居住建筑、商业建筑等多有采用。木材用于楼地面要注意防腐、防潮和防虫。木材表面施以涂料并注意通风，这是中国的传统方法。

木地面的构造做法（视频）

木材面层楼地面一般由木板粘贴或铺钉而成，木板有松木地板、硬木地板、复合木地板、软木地板等。木地板按照构造方法可分为有龙骨和无龙骨两种。

（1）有龙骨

有龙骨的木地板构造做法是在结构层找平的基础上，固定木龙骨，然后将木、竹面层地板铺钉在龙骨上。基层与龙骨的固定方式有三种，如在基层上预埋U形铁件嵌固木龙骨，或在基层上预埋钢筋，通过镀锌钢丝将钢筋与木龙骨连接固定及通过钢角码固定木龙骨（图4.40）。

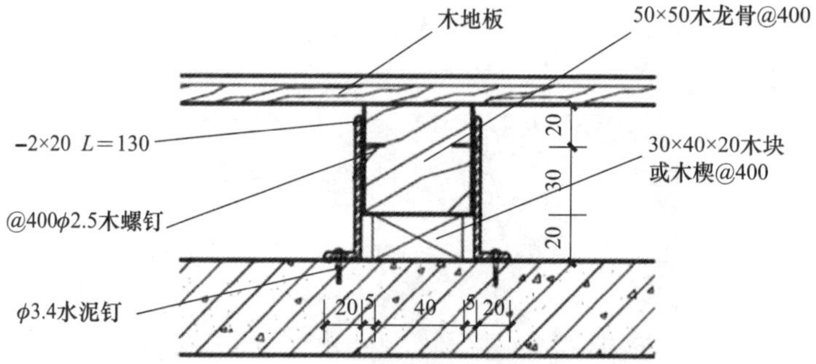

木龙骨构造（一）

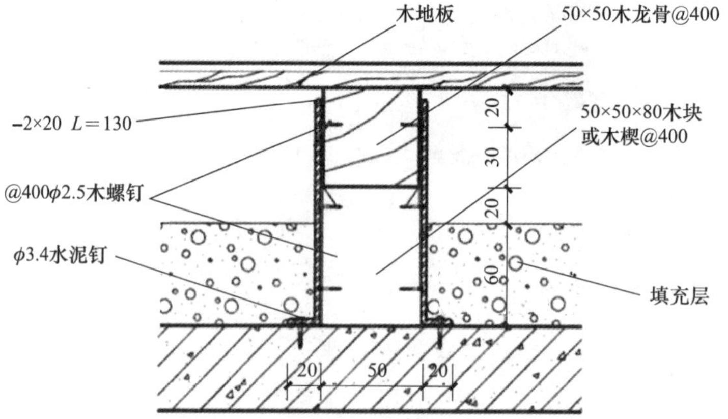

木龙骨构造（二）

图4.40　木地面的木龙骨构造

木龙骨的断面尺寸一般为50mm×50mm，中距一般为400mm，架空高度为20mm。通常采用木企口地板，以增强地板的整体性。木地板有单层和双层两种铺钉方式。以长条硬木地板为例，单层铺钉的构造做法为：断面尺寸为50mm×50mm的木龙骨以中距400mm、架空高度20mm来固定，表面刷防腐剂，再在其上铺100mm×18mm长条硬木企口地板（背面刷满氟化钠防腐剂）。双层铺钉的构造做法为：断面尺寸为50mm×50mm的木龙骨以中距400mm、架空高度20mm来固定，表面刷防腐剂，18mm厚松木毛底板45°斜铺（稀铺），上铺防潮卷材一层，再在其上铺100mm×18mm长条硬木企口地板（背面刷满氟化钠防腐剂）。为了防止木板受潮，除在木龙骨上做防潮处理外，需考虑地板下通风（图4.41、图4.42）。

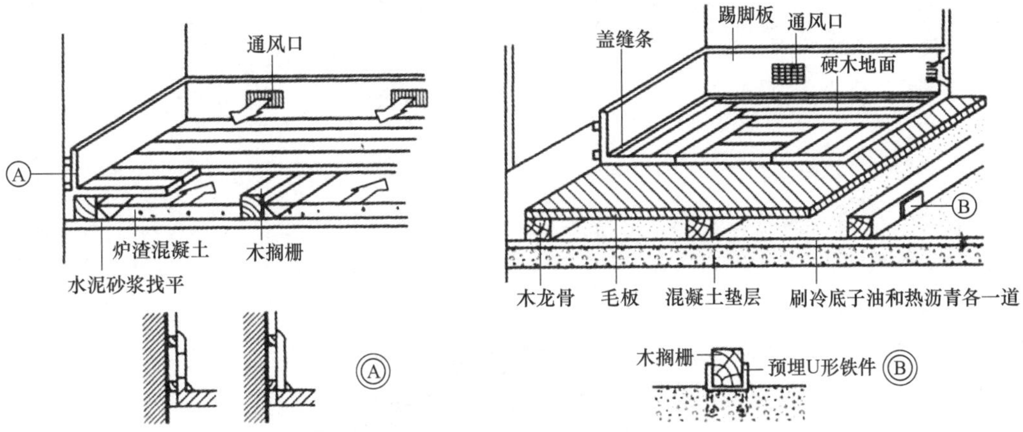

(a) 铺钉式单层做法　　(b) 铺钉式双层做法

图4.41　木材楼地面铺钉式做法

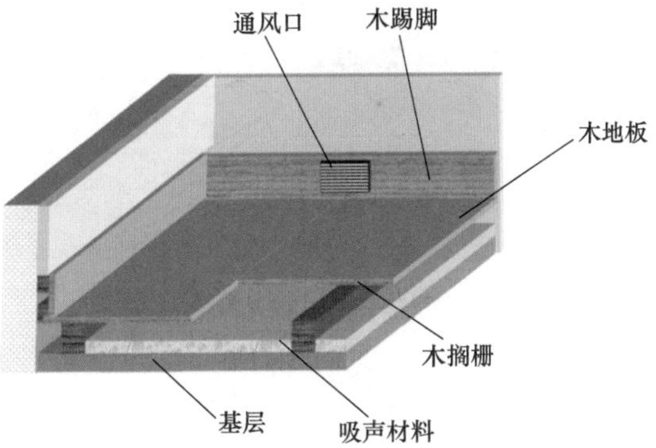

图4.42　实铺木地板

（2）无龙骨

无龙骨的木地板构造做法为：水泥浆一道（内掺建筑胶），20mm厚1∶2.5水泥砂浆，用 XY401 胶粘贴 10 ～ 14mm 厚硬木企口席纹拼花地板。无龙骨木地板节省材料，施工方便，造价低，应用较多，但木地板受潮会脱壳，翘裂不平。

图 4.43　卷材地面

6．卷材面层

各种卷材面层使用广泛、效果好。树脂类或橡胶类卷材品种很多，厚度不一。有的品种是多层复合，含纤维层，弹性好、抗拉强度高、耐磨、造价也高；有的品种较薄，含矿物颗粒、耐磨但不抗折。卷材均采用专用胶粘贴。卷材面层对基层的平整度要求高，否则效果不佳（图 4.43）。

7．涂料地面

常见的涂料地面主要有丙烯酸涂料楼地面、环氧涂料楼地面、无溶剂环氧涂料楼地面、聚氨酯彩色楼地面。各种树脂涂料面层装修效果较好、造价适中，但其基层强度及平整度要求较高（图 4.44）。

图 4.44　涂料地面

（1）环氧涂料楼地面

环氧涂料楼地面适用于公共场所，如商场、医疗建筑等楼地面。环氧涂料楼地面构造做法为：水泥浆一道（内掺建筑胶），20mm 厚 1 ： 2.5 水泥砂浆找平，压实抹光，涂 300μm 环氧涂层或聚氯乙烯荧丹涂层（底漆一道，面涂 3 ～ 4 道）。

（2）聚氨酯彩色楼地面

聚氨酯彩色楼地面适用于公共场所，如商场、医疗建筑等楼地面。聚氨酯楼地面构造做法为：素水泥浆一道（内掺建筑胶），20mm 厚 1 ∶ 2.5 水泥砂浆找平，压实抹光，1.2mm 厚聚氨酯涂层（底漆一道，面漆 3 ～ 4 道）。

链 接

《推动智能建造与建筑工业化协同发展的指导意见》

《推动智能建造与建筑工业化协同发展的指导意见》提出：“要提高信息化水平，积极应用自主可控的建筑信息建模（BIM）技术，加快构建数字设计基础平台和集成系统，实现设计、工艺、制造协同。加快部品部件生产数字化、智能化升级，推广应用数字化技术、系统集成技术，智能化装备和建筑机器人，实现少人甚至无人工厂。”

北京亦庄京东总部二期项目是中建集团建成的全国首个 5G 智慧工地，其中控室大屏上，5G 实名制双防监控系统、5G 可移动建筑职业健康分析系统、5G 双 360° 空间立体实时监控系统等十大应用场景十分清晰。

该 5G 智慧工地的架构充分发挥 5G 技术大带宽的低时延、广连接的优势，搭载 AI、大视频、BIM、区块链、物联网等多种先进技术能力，将质量、安全、进度、成本作为四大核心驱动引擎，实现了“一通、多能、四驱动”理念。中建集团自主开发的土木工程安全测控平台，成为智慧施工的核心产品之一，集成应用了先进的分布计算机技术和物联网、云计算、大数据等，实现了数据自动采集、智能分析、超限报警等功能，已在中国尊等几十个大型工程中成功应用。

智慧 5G 工地（视频）

4.4 顶棚

知识导入

在现代建筑中，顶棚装修已经成为建筑装修中不可缺少的部分。顶棚装修可以起到美化室内空间、保温隔热、隔声的作用。图 4.45 是常见的顶棚，其在构造上有什么特点？本节将就这些问题进行介绍。

图 4.45 顶棚

趣 闻

北京大兴国际机场顶棚玻璃

北京大兴国际机场顶棚玻璃已入藏中国国家博物馆。就顶棚玻璃来说，在综合分析太阳辐射数据和天球采光模型后，北京大兴国际机场采用了国内首创、世界领先的顶棚铝网玻璃，这种玻璃能将60%的自然直射光线转化为漫反射光线，使室内的人可以享受柔和的光线，而不是直射的灼热感。

北京大兴国际机场航站楼是目前全球最大规模的单体航站楼，其造型设计独特、施工工艺精湛、交通组织便捷，并应用了先进的科学技术，已然成为世界机场建设的标杆（图4.46）。中国国家博物馆相关负责人表示将以此捐赠为契机，进一步在我国重大工程建设中开展多元合作，为记录新时代中国发展的伟大历程，阐释和弘扬“新时代”精神作出新的贡献。

图4.46 北京大兴国际机场

大兴国际机场宣传片（视频）

教学内容

顶棚又称天棚或天花板，是楼板层或屋顶下面的装修层。顶棚应能满足管线敷设的需要，具有一定的装饰效果，与结构层连接可靠，满足房间保温隔热、隔声的要求。按照构造的不同，顶棚可分为直接式顶棚和悬吊式顶棚。

4.4.1 直接式顶棚

1. 喷刷涂料类顶棚

当楼板底面平整、室内装修要求不高时，可在楼板底面直接或稍加修补刮平后在喷刷大白浆或涂料等。

2．抹灰类顶棚

当楼板底面不够平整或室内装修要求较高时，可在板底先抹灰再喷刷各种涂料，即采用抹灰类顶棚。抹灰类顶棚包括水泥砂浆抹灰和纸筋灰抹灰。水泥砂浆抹灰顶棚的做法如图 4.47 所示。水泥砂浆抹灰顶棚的构造做法为先在板底刷素水泥浆一道，再用 5mm 厚 1 ∶ 3 水泥砂浆打底，5mm 厚 1 ∶ 2.5 水泥砂浆罩面，最后喷刷涂料。纸筋灰抹灰顶棚的构造做法为先在板底用 6mm 厚混合砂浆打底，再用 3mm 纸筋灰抹面，最后喷刷涂料。

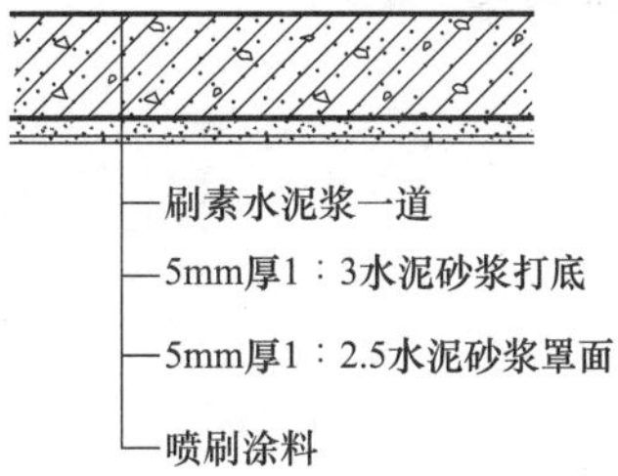

AR 图：抹灰顶棚

图 4.47　水泥砂浆抹灰顶棚

3．贴面类顶棚

对一些装修要求较高或有保温隔热、吸声等要求的房间，可在板底粘贴壁纸、壁布及装饰吸声板材，如石膏板、矿棉板等，即采用贴面类顶棚。贴面类顶棚的构造做法如图 4.48 所示。

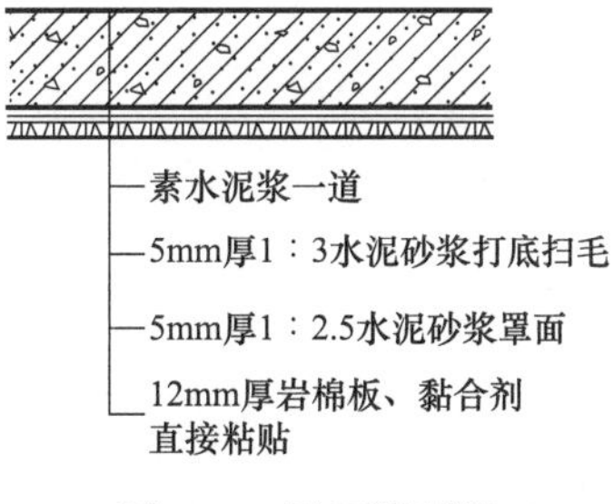

AR 图：贴面顶棚

图 4.48　贴面类顶棚

4．结构式顶棚

结构式顶棚是将屋盖或楼盖暴露在外，利用结构本身的构造形式作装饰的顶棚（图 4.49）。结构顶棚具有造型韵律美、通透感强等特点。结构顶棚的装饰重点是将照明、通风、防火、吸声等设备有机地组合在一起，形成统一、优美的空间景观。其广泛应用于体育馆、展览大厅等大型公共建筑。

图 4.49 结构式顶棚

4.4.2 悬吊式顶棚

悬吊式顶棚简称“吊顶”，是悬吊在房屋屋顶或楼板结构下的顶棚。室内吊顶应根据使用空间功能特点、高度、环境等条件合理选择吊顶的材料及形式。吊顶构造应满足安全、防火、抗震、防潮、防腐蚀、吸声等相关标准的要求。

吊顶一般由吊筋、龙骨和面层组成。

吊筋是连接骨架（吊顶基层）与承重结构层（屋面板、楼板、大梁等）的承重传力构件。按照材料可分为木吊筋和金属吊筋两种。吊筋一般采用不小于 ϕ6mm 的圆钢制作，或者采用断面尺寸不小于 40mm×40mm 的方木制作，具体采用什么材料和形式要依据吊顶质量及荷载、龙骨材料和形式、结构层材料等而确定。

吊顶（视频）

龙骨承受顶棚荷载，并将荷载由吊筋传递给屋顶或楼板结构层。龙骨按施工工艺可分为主龙骨和次龙骨，主龙骨通过吊筋或吊件固定在屋顶（或楼板）结构上；次龙骨用同样的方法固定在主龙骨上，面层通过一定的方式固定于次龙骨上。主龙骨间距通常为 1m 左右。悬吊主龙骨的吊筋为 ϕ6 ～ ϕ12 钢筋，间距也是 1m 左右。次龙骨间距视面层材料而定，一般为 300 ～ 500mm。龙骨按材质可分为木龙骨和金属龙骨（如轻钢龙骨、铝合金龙骨）两种，其断面尺寸大小和龙骨材料、顶棚荷载、面层做法等有很大关系。

面层的作用主要是装饰室内空间，同时可以吸声、反射光等。面层主要有抹灰类（板条抹灰、板条钢板网抹灰、钢板网抹灰等）、板材类（植物板材、矿物板材和金属板材等）和金属类。

1．抹灰类顶棚

板条抹灰顶棚一般采用木龙骨（图 4.50）。该类型顶棚构造简单，造价低，但抹灰层易脱落，耐火性差，故适用于防火要求和装修要求不高的建筑。

相比较板条抹灰顶棚，板条钢板网抹灰顶棚在板条上加钉一层钢板网。这种类型顶棚防火能力较强，抹灰层与基层的连接较牢固，适用于防火要求和装修要求较高的建筑。

钢板网抹灰顶棚的主龙骨一般为槽钢，次龙骨一般为角钢（图 4.51）。次龙骨下设 ϕ6mm 中距为 200mm 的钢筋网。钢板网抹灰顶棚的耐火性、耐久性、抗裂性较强，在防火要求和装修要求高的建筑中应用较多。

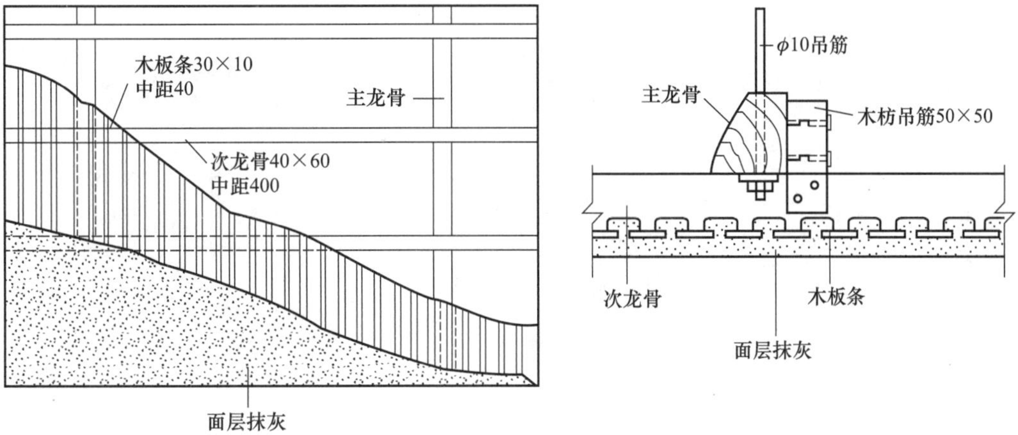

图 4.50 板条抹灰顶棚

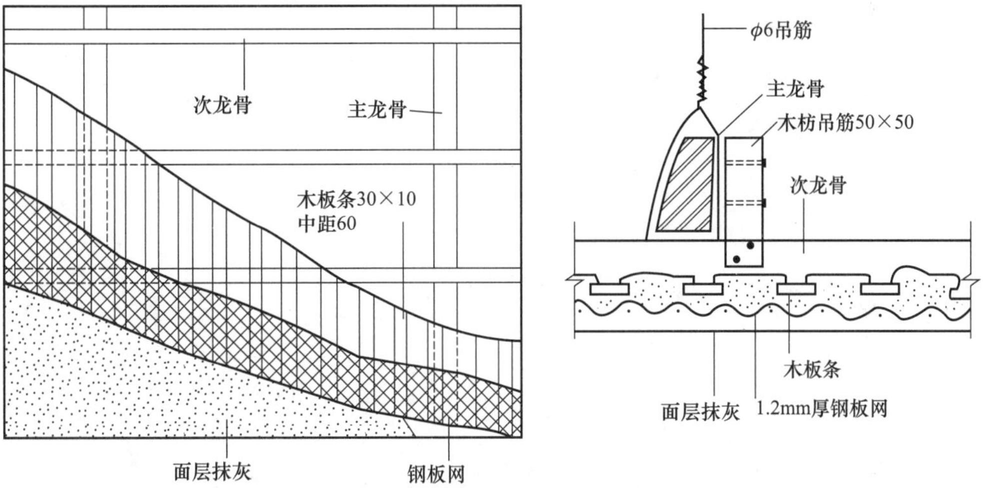

图 4.51 板条钢板网抹灰顶棚

2. 矿物板材顶棚

矿物板材顶棚防火性能好、质量轻、不会产生吸湿变形、安装方便，故应用较广泛。矿物板材顶棚常用石膏板、石棉水泥板、矿棉板等板材作面层，轻钢或铝合金型材作龙骨。矿物板材顶棚通常将板材固定在龙骨上，龙骨通过吊筋与结构层相连接。而吊杆与吊点之间的连接方式有吊钩式、预埋式和钉入式（图 4.52），金属骨架的吊顶构造有面板用自攻螺丝固定和面板搁置于 T 形龙骨上两种形式（图 4.53）。龙骨的布置方式有龙骨外露（图 4.54）和龙骨不外露（图 4.55）两种。

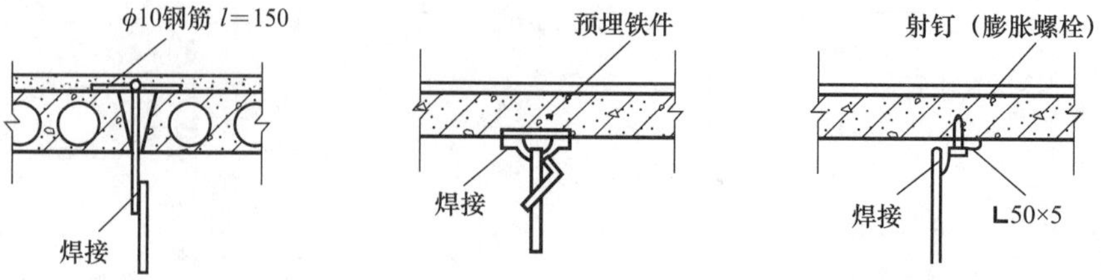

(a) 吊钩式　　(b) 预埋式　　(c) 钉入式

图 4.52　吊顶的固定

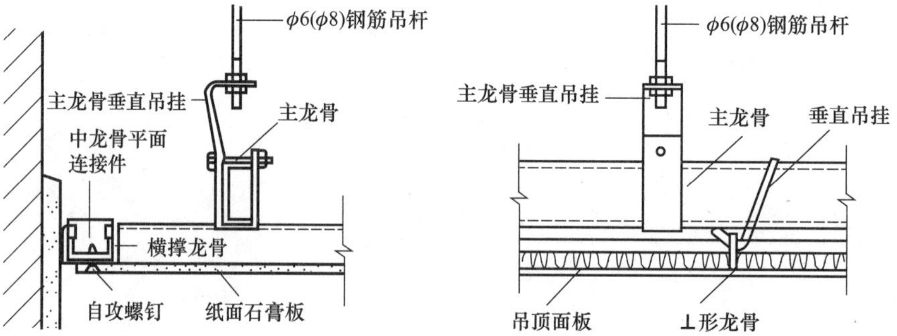

(a) 面板用自攻螺丝固定　　(b) 面板搁置于T形龙骨上

图 4.53　金属骨架吊顶构造

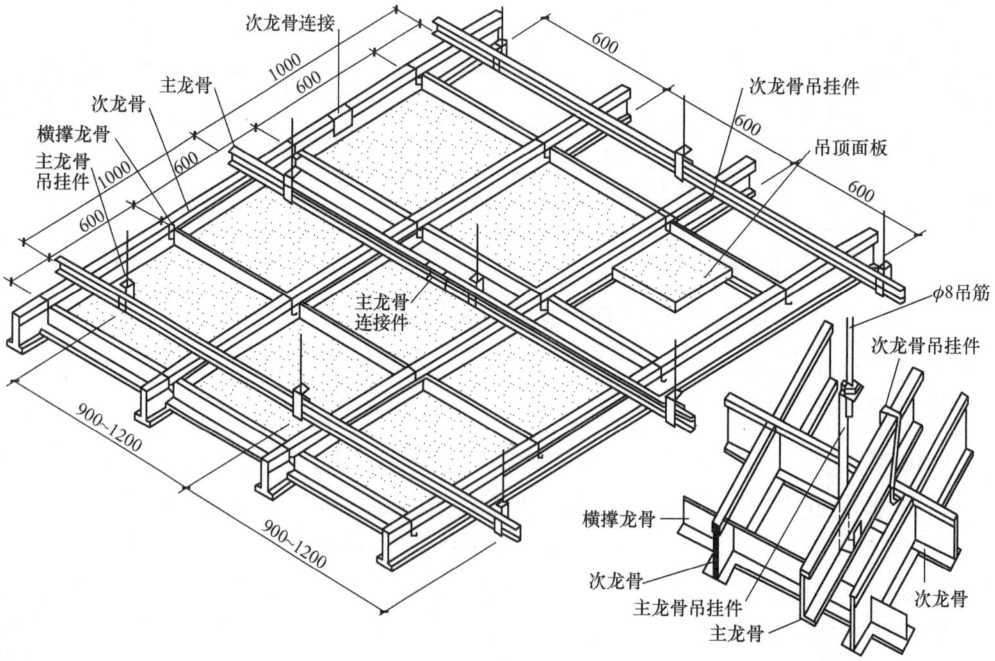

(a) 构造图

图 4.54　龙骨外露的布置方式

(b) 实物图

图 4.54（续）

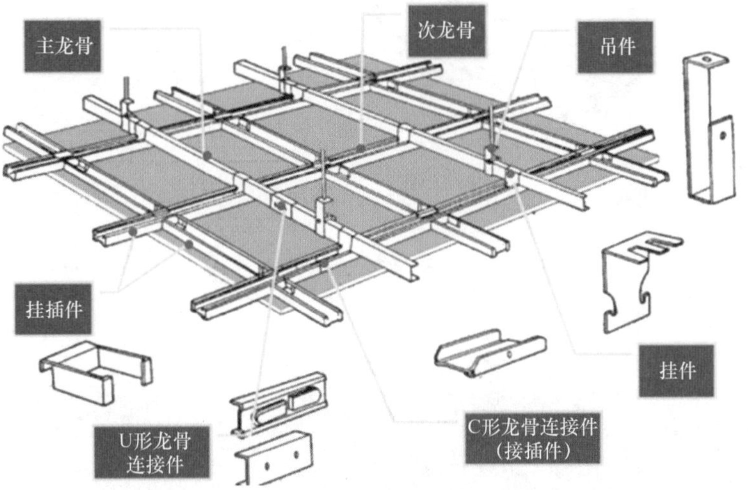

(a) 构造图

(b) 实物图

图 4.55　不露龙骨的布置方式

3．金属板材顶棚

金属板材吊顶常以铝合金板、铝板、彩色涂抹薄钢板等作面层，采用轻钢型材作龙骨，为便于调节顶棚和楼板底部的距离，吊筋采用螺纹钢丝套接。吊顶没有吸声要求时，采用密铺方式，即板和板之间不留设缝隙。若吊顶有吸声要求，板上需铺一层吸声材料，板和板之间留出缝隙，以便声音能被吸声材料所吸收（图 4.56）。

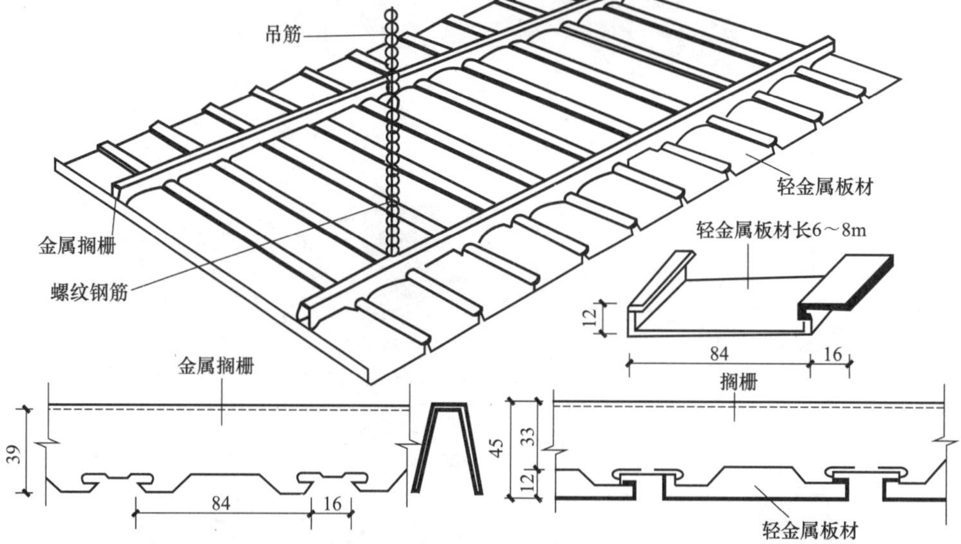

(a) 构造图

(b) 实物图

图 4.56　金属板材吊顶棚

链　接

藻　井

天花是遮蔽建筑内顶部的构件，而建筑内呈穹窿状的天花则称作“藻井”，这种天花的每一方格为一井，又饰以花纹、雕刻、彩画，故名藻井（图4.57）。“藻井”一词，最早见于汉赋。清代时的藻井较多以龙为顶心装饰，所以藻井又称为“龙井”。藻井构造复杂，有四方、八方、圆形等形式。大部分藻井如一把撑开的雨伞。有的藻井各层之间设有斗拱，雕刻精致、华美，装饰性很强；有的藻井各层之间不设斗拱，而是将木板层层叠落，简洁而不失美观。在传统的观念上藻井是神圣的，所以，藻井多用在宫殿、寺庙中的宝座、佛坛上方最重要部位。一架架古代藻井，一处处美丽天花，承载的是中国人的思维方式和建筑观，蕴含了中国古人最深厚的宇宙观。

（a）故宫太和殿藻井

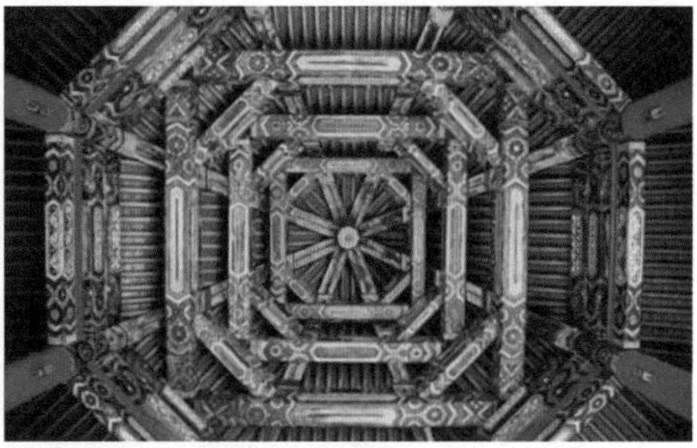

（b）颐和园十七孔桥东侧廓如亭藻井

图4.57　藻井

如今，木构建筑渐渐淡出了人们的生活，但还是有少数人仍然在传承着藻井的制作技艺。

4.5 阳台和雨篷

知识导入

阳台是现代建筑重要的组成部分之一，是居住者晾晒衣物、休息的场所。阳台空间错落有致地摆放各种各样的盆栽和鲜花，既美观又清新了空气。若在阳台上放置休闲椅、小桌椅等，阳台又成为放松静思的角落。设计时要考虑阳台的实用性和美观性。本节主要介绍阳台的构造组成。

趣 闻

瞄准第五空间，见缝插针“添绿”

什么是立体绿化？上海市绿化部门有关负责人表示，立体绿化主要包括屋顶绿化、垂直绿化、沿口绿化和棚架绿化等类型。不与自然土层相连且高出地面1.5m以上的花园、植物组合、草坪等都是立体绿化。

上海市生态环境局有关负责人表示，大量的立体绿化不但有助于进一步增加城市绿植量，减少热岛效应，还能吸尘、降噪和减少有害气体，有效改善城市生态环境。立体绿化主要面临的问题是如何防止漏水、较高的建设成本及养护成本。因此，在设计时要充分考虑养护成本，根据建筑功能选择最恰当的植物和养护方案，这样才有利于改造立体绿化（图4.58）。

图4.58 虹桥绿谷

国内优秀的绿色建筑案例(图文)

教学内容

4.5.1 阳台

阳台是多层或高层建筑中供人们活动的平台。

1．类型

阳台细部构造（视频）

按照使用功能的不同，阳台可分为生活阳台和服务阳台。生活阳台设主立面，主要供人们休息、活动、晾晒衣物等；服务阳台与厨房相连，主要供人们从事家庭服务操作与存放杂物。按照阳台与建筑物外墙的关系的不同，阳台可以分为凸阳台、凹阳台和半凹半凸阳台（图 4.59）。按照施工方法的不同，阳台可分为现浇阳台和预制阳台。

AR 图：凸阳台

(a) 凸阳台

AR 图：凹阳台

(b) 凹阳台

AR 图：半凹半凸阳台

(c) 半凹半凸阳台

图 4.59 阳台分类

2．设计要求

预制封闭式阳台成套生产及安装技术（图文）

（1）安全适用

1）悬挑阳台的挑出长度以 1.2 ～ 1.8m 为宜。

2）低层、多层住宅阳台栏杆净高不低于 1.05m，中高层住宅阳台栏杆净高不低于 1.1m，但也不大于 1.2m。

3）垂直栏杆间净距不应大于 110mm，不设水平栏杆。

（2）坚固耐久

1）承重结构宜采用钢筋混凝土；

2）金属构件应做防锈处理；

3）表面装修应注意色彩的耐久性和抗污染性。

（3）排水顺畅

1）阳台地面标高低于室内地面标高 50mm 左右；

2）将地面抹出 5% 的排水坡。

（4）其他要求

1）南方地区宜采用空透式栏杆；

2）北方寒冷地区和中高层住宅应采用实体栏杆；

3）满足立面美观的要求。

3. 阳台的结构布置方式

（1）挑板式

将楼板直接悬挑出外墙形成挑板式阳台，挑板式阳台板底平整美观，构造简单。阳台板可以为弧形、梯形、半圆形等形状，挑板式阳台悬挑长度一般不超过 1.2m［图 4.60（a）］。

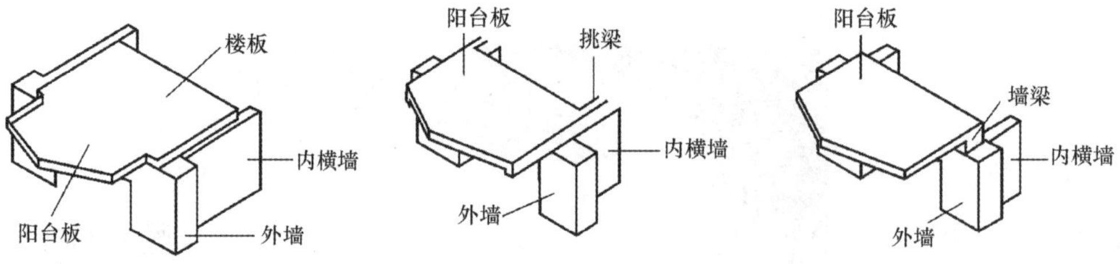

(a) 挑板式阳台　(b) 挑梁式阳台　(c) 压梁式阳台

图 4.60　现浇钢筋混凝土凸阳台

（2）挑梁式

挑梁式一般由横墙伸出挑梁搁置阳台板形成挑梁式阳台［图 4.60（b）］。挑梁式阳台布置简单，受力明确。挑梁根部截面高度 H 为（1/5 ～ 1/6）L（L 为悬挑净长），截面宽度为（1/2 ～ 1/3）H，为了保证阳台的稳定，悬挑长度不宜过大，一般为 1.2m 左右，挑梁压入墙内的长度不小于悬挑长度的 1.5 倍。

可以在挑梁的端头设置面梁，面梁的作用主要为遮挡挑梁头，承受阳台栏杆重量和加强阳台整体性。

（3）压梁式

压梁式阳台是将阳台板与墙梁现浇在一起［图 4.60（c）］，墙梁由它上部的墙体获得压重来防止阳台发生倾覆，阳台悬挑长度不宜超过 1.2m。

4．细部构造

（1）栏杆和扶手形式

栏杆按形式可分为实体栏板、空花栏杆和混合式栏杆三种；栏杆按材料可分为钢筋混凝土栏杆、金属栏杆和砖砌栏板（图 4.61）。栏杆的作用是保护人员安全和装饰建筑物。阳台栏杆设计应防止儿童攀登，栏杆的垂直杆件净距不应大于 0.11m，放置花盆处必须采取防坠落措施。低层、多层住宅的阳台栏杆净高不应低于 1.05m，中高层、高层住宅的阳台栏杆净高不应低于 1.10m。中高层、高层及寒冷、严寒地区住宅的阳台宜采用实体栏板。

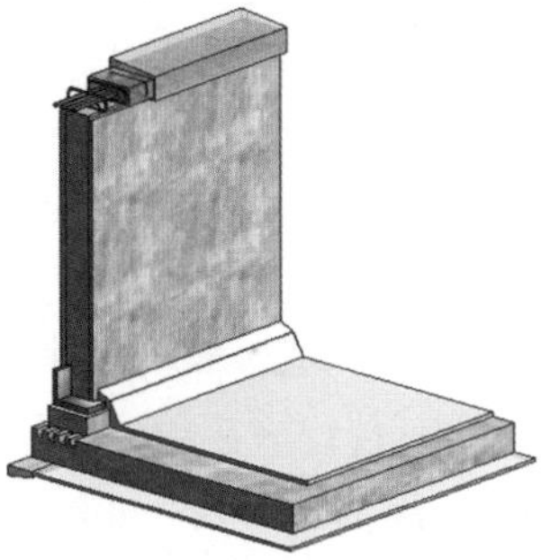

（a）混凝土栏板及扶手

AR 图：混凝土栏板及扶手

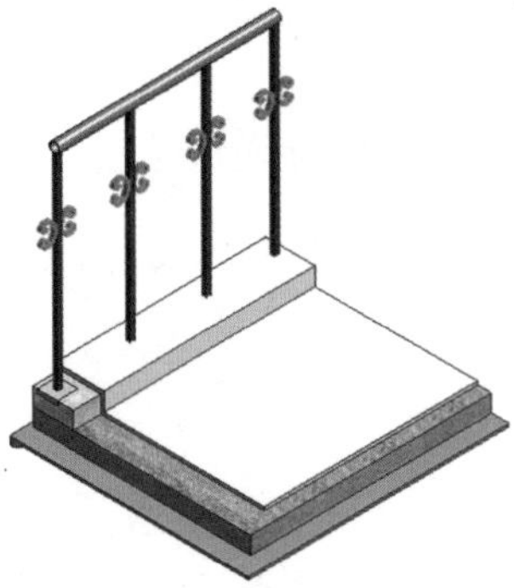

（b）金属栏杆

AR 图：金属栏杆

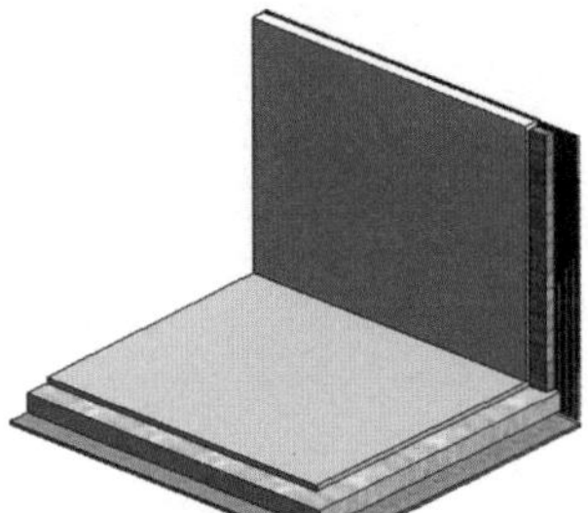

（c）砖砌栏板

AR 图：砌筑栏杆

图 4.61　不同类型的阳台栏杆

（2）连接

细部连接构造包括栏杆与扶手的连接、栏板与面梁（或阳台板）的连接、扶手与墙体的连接。栏杆与扶手之间主要通过焊接和现浇等方式连接。在扶手和栏杆上预埋铁件，安装时进行焊接的方式为焊接连接。当栏杆和扶手都采用钢筋混凝土时，从栏杆或栏板内伸出钢筋与扶手内钢筋相连，再支模现浇扶手，这种做法整体性好，但施工较复杂。栏板与面梁（或阳台板）之间主要通过焊接、榫接坐浆和现浇等方式连接。扶手与墙体的连接要注意无论何种连接方式扶手都要伸入墙体内。

图 4.62　阳台排水

（3）排水构造

顶层阳台应设雨罩，各套住宅之间毗连的阳台应设分户隔板。阳台、雨罩均应采取有组织排水措施，雨罩及开敞阳台均应采取防水措施（图 4.62）。

阳台的排水措施主要有：阳台地面比房间地面低 30 ～ 50mm，阳台的排水坡度为 1% ～ 2%，坡向排水孔。阳台排水方式可分为内排水和外排水两种。外排水方式适用于低层建筑和多层建筑；内排水方式适用于高层建筑和高标准建筑（图 4.63）。

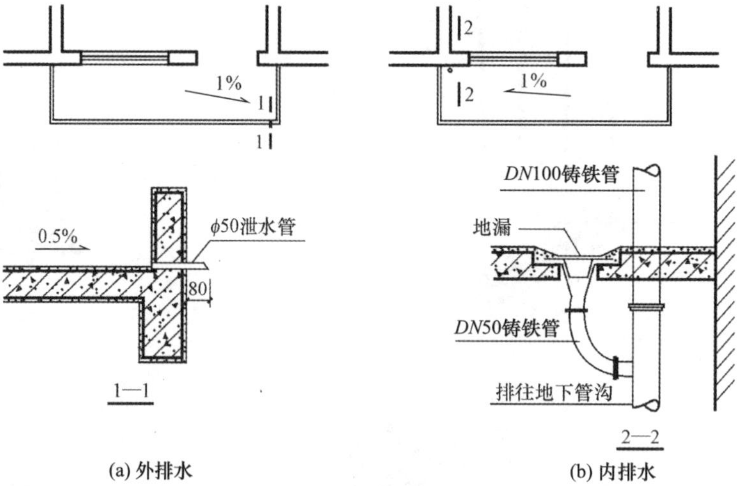

图 4.63　阳台排水

4.5.2　雨篷

雨篷是指建筑物出入口上方、凸出墙面、为遮挡雨水而单独设立的建筑部件。公共建筑出入口的上方应设置雨篷，雨篷的出挑长度宜超过台阶首级踏步 0.50m 以上。

雨篷要反映建筑物的性质、特征，与建筑物的整体和周围环境相协调；满足挡雨、照明等功能要求，既有适宜的尺度，又配备相应的照明设施；保证雨篷结构和构造的安全性。

雨篷按构造可分为有柱雨篷（包括独立柱雨篷、多柱雨篷、柱墙混合支撑雨篷、墙支撑雨篷）和无柱雨篷（悬挑雨篷）。

按材料的不同，雨篷可以分为钢筋混凝土雨篷、玻璃雨篷、钢结构雨篷和轻金属折叠支架雨篷等（图 4.64）。

(a) 钢筋混凝土雨篷

(b) 玻璃雨篷

(c) 钢结构雨篷

(d) 轻金属折叠支架雨篷

图 4.64　雨篷

1．钢筋混凝土雨篷的构造

钢筋混凝土雨篷有悬板式和梁板式两种。

建筑宽度不大的入口和次要入口一般采用悬板式雨篷，板通常设置为变截面形状，表面用防水砂浆抹出 1% 的坡度，防水砂浆沿墙上翻至少 250mm，形成泛水。建筑宽度较大的出入口和出挑长度较大的出入口常采用梁板式雨篷，为了美观和方便四周滴水，梁板式雨篷常做成反梁式。

2．钢结构玻璃采光雨篷

钢结构玻璃雨篷，是以钢结构框架为主要结构，顶部采用优质的钢化玻璃，一般采用的钢化玻璃为夹胶安全玻璃，其透光性好，造型美观，结构轻巧，应用广泛。雨篷与建筑主体之间的连接包括悬挂式和悬挑式两种，悬挂构件为铰节点，悬挑构件为刚节点（图 4.65）。

(a) 铰节点钢结构玻璃采光雨篷

(b) 节点钢结构玻璃采光雨篷

图 4.65　钢结构玻璃采光雨篷

链　接

重庆西站

重庆西站（重庆至贵阳铁路扩能改造工程重庆西站站房及相关工程）获得 2018—2019 年度第一批中国建设工程鲁班奖、第十七届中国土木工程詹天佑奖（图 4.66）。重庆西站是国内首例纯清水混凝土雨篷高铁站。一般的高铁站通常会采用钢结构雨篷，但传统的钢结构雨篷质量轻，极易被风掀揭吹落，甚至对旅客的安全造成威胁，不仅如此，当雨季来临或长时间的室外暴露，钢结构雨篷表面涂层极易锈蚀起鼓剥落，从而影响车站的正常使用和结构安全。为解决以上问题，重庆西站特首次采用无站台柱清水混凝土雨篷。连绵的雨篷落成，精巧而简约的结构形式，细腻而利落的建筑风格合二为一、一气呵成，没有多余和造作，一改想象中混凝土的粗糙和笨拙，不仅坚固、耐久而且减少维护，充分保障了列车的安全营运。

这座创下多项国内之最的高铁枢纽交通站造型独特，从远处看好像明亮的眼睛，是重庆通往世界的新窗口、新视野，被重庆市民亲切地称为“重庆之眼”。

重庆西站鲁班奖
（视频）

图 4.66　重庆西站

本章小结

1．楼板层主要由面层、结构层、附加层和顶棚层等组成。

2．地坪层主要由面层、垫层和基层等组成。

3．钢筋混凝土楼板根据施工方式不同，可分为现浇钢筋混凝土楼板、预制装配式钢筋混凝土楼板和装配整体式钢筋混凝土楼板。

4．根据面层材料和施工方法的不同，地面可分为整体面层楼地面、块材面层楼地面、木材面层楼地面。

5．按照构造方式不同，顶棚可分为直接式顶棚和悬吊式顶棚。

6．吊顶一般由吊筋、龙骨和面层组成。

7．阳台的结构布置方式有挑板式、挑梁式、压梁式。

课后习题

1．楼板层和地坪层的构造组成分别是什么？

2．叠合楼板有何特点？

3．楼地面的设计要求是什么？

4．悬吊式顶棚的构造组成及特点是什么？

学习小结

（沿此虚线裁剪）

观后感

要求：观看北京大兴国际机场的宣传视频，了解其在构造上的创新点，写出你的观后感。

（沿此虚线裁剪）

第5章 楼梯及其他垂直交通设施

学习目标

1．掌握楼梯的组成、类型、尺度设计要求，楼梯的细部构造；

2．熟悉钢筋混凝土楼梯的结构形式，熟悉台阶及坡道的设计要求和构造要求，熟悉无障碍设计要求；

3．了解预制装配式钢筋混凝土楼梯的结构形式，钢结构楼梯、电梯及自动扶梯的组成与要求。

学习引导（音频）

能力目标

1．能根据楼梯的设计要求和尺度为建筑中的楼梯设计制定基本思路；

2．能通过学习楼梯的构造组成在构造设计时进行细节上的把握考量；

3．能通过了解其他垂直交通设施对建筑整体的垂直交通建立空间概念。

课程思政

《民用建筑设计统一标准》（GB 50352—2019）规定：

1）住宅、托儿所、幼儿园、中小学及其他少年儿童专用活动场所的栏杆必须采取防止攀爬的构造。当采用垂直杆件做栏杆时，其杆件净间距不应大于0.11m。

2）托儿所、幼儿园、中小学校及其他少年儿童专用活动场所，当楼梯井净宽大于0.2m时，必须采取防止少年儿童坠落的措施。

以上两条是作为强制性条文要求在设计与施工中严格遵守的。

近年来，在全国发生的中小学生拥挤踩踏事故中，83%发生在楼梯间。事故多是由楼梯间内学生拥挤导致栏杆倒塌引起的，同时，也有因楼梯井设计过大，没有做防坠落设施，栏杆间距大于0.11m，踏步未设防滑条等原因导致事故的发生。

由上可知，看似毫不起眼的防滑条、栏杆间距却关乎生命安全。这需要在设计时以人为本，从小事做起，落在细处，工作态度严谨负责。从施工到验收交付业主使用，不偷工减料，严格遵守国家的相关规范规定。

思维导图

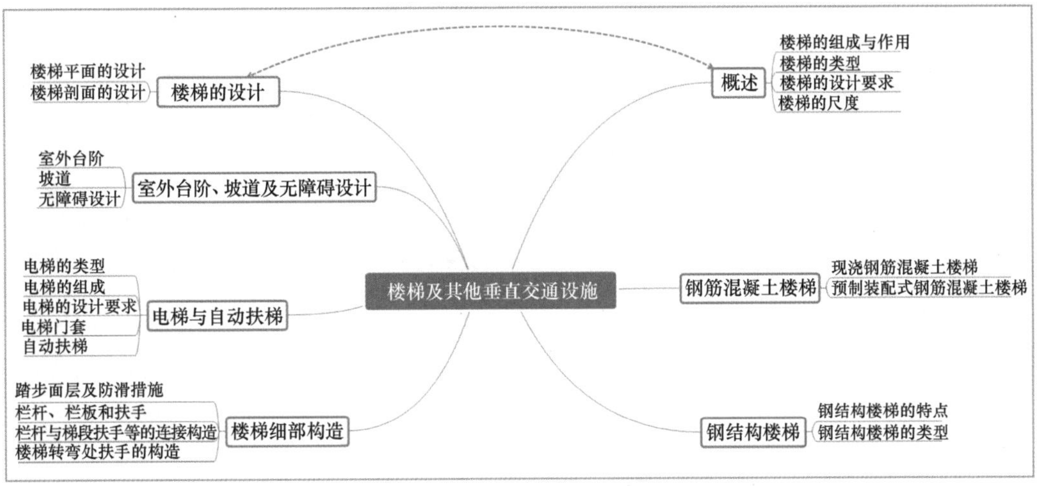

资源索引

页码	资源内容	形式
160	学习引导	音频
163	楼梯的组成	视频
164	楼梯的类型	图文
165	楼梯的形式	图文
166	防火规范对疏散距离的相关规定	图文
	楼梯的尺度	视频
176	现浇钢筋混凝土楼梯	图文
179	小型构件装配式钢筋混凝土楼梯	图文
190	防滑条的类型以及运用	图文
191	楼梯栏杆示例	图文
192	楼梯栏板示例	图文
	栏杆、梯段、扶手以及墙之间的连接	视频
205	混凝土台阶	AR 图
	预制钢筋混凝土架空台阶	AR 图
	石台阶	AR 图
	换土地基台阶	AR 图
206	典型的室外台阶示例	图文
207	台阶与坡道结合式	AR 图

5.1 概述

知识导入

建筑物不同楼层之间，室内外之间的联系，依托于楼梯、电梯、自动扶梯、台阶及坡道等。其中，楼梯作为竖向交通和人员紧急疏散的主要交通设施，主要由哪几部分组成？楼梯是如何分类的？楼梯的设计需要满足哪些要求？本节将一一进行介绍。

趣　闻

彭罗斯阶梯是什么

一条楼梯，没有最高点也没有最低点。走在这条楼梯上面，无论你怎么走、走多远都走不到尽头，这就是彭罗斯阶梯。

这是数学界著名的几何悖论之一，在1958年被英国数学家罗杰·彭罗斯与他的父亲里昂李德·彭罗斯提出。彭罗斯阶梯是由四角（夹角互成直角拐角）相连的四条楼梯组成的，其中的每条楼梯都是向上（下）的，因此（理论上）可以无限延伸发展。这在三维世界里需要一定的角度才能看到。在彭罗斯阶梯上，你永远走不到尽头、永远找不出最高的点，行走的人其实一直在平地上打转（图5.1）。

图5.1　彭罗斯阶梯示例

这种情况现实中是不存在的，之所以是悖论，是因为无法实现，只是看似行得通。

教学内容

无论楼梯采用怎样的结构形式，一般都由梯段、平台、栏杆（栏板）扶手组成。根据所在位置的不同它们要满足的设计要求和尺度感是一致的。

5.1.1 楼梯的组成与作用

楼梯一般由楼梯段、楼梯平台、栏杆扶手三个部分组成（图 5.2）。

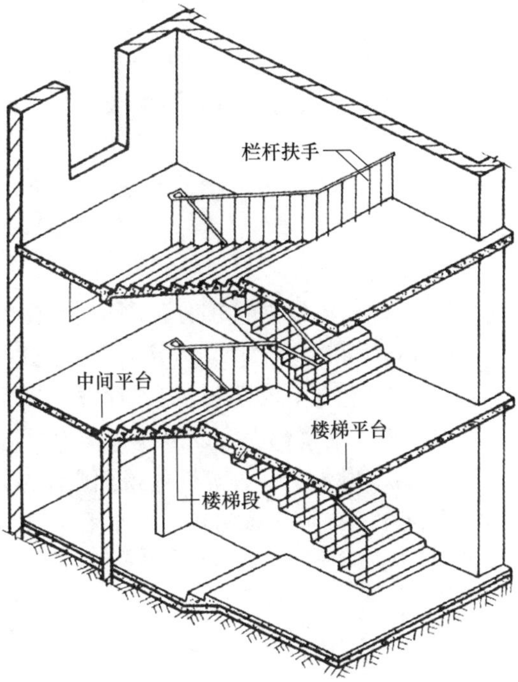

图 5.2 楼梯组成

楼梯的组成
（视频）

作为建筑中联系上下层的垂直交通设施，其主要作用是满足人们日常上下交通通行、搬运家具和设备之用；满足紧急情况下的安全疏散要求；对建筑室内空间起到一定的装饰作用。

1．楼梯段

楼梯段（简称梯段）是联系两个不同标高平台的倾斜构件，由若干踏步组成。一个梯段称为一跑。踏步由踏面（供行走时踏脚的水平面）和踢面（形成踏步高度的垂直面）组成，踏面的宽度称为踏步宽，踢面的高度称为踏步高，梯段的坡度由踏面与踢面之间的尺寸关系决定。为保证人流通行的安全与舒适，满足人行走的习惯性，同时，避免梯段过长导致的疲劳感，《民用建筑设计统一标准》（GB 50352—2019）规定：每个梯段的踏步级数不应少于 3 级，且不应超过 18 级。

2．楼梯平台

楼梯平台是连接两个梯段之间的水平构件，按照所处位置的不同可分为楼层平台和中间平台。与楼层标高一致的平台称为楼层平台；位于两个楼层之间的平台称为中间平台，又称休息平台。楼梯平台的主要作用是为了解决梯段的连接与转折，同时，也供人们在上下楼休息之用。

3．栏杆扶手

栏杆扶手是设在梯段及平台边缘的安全保护构件，并供人们上下楼梯时手扶。楼梯应至少一侧设扶手，梯段净宽达三股人流时应两侧设扶手，达四股人流时宜加设中间扶手。

5.1.2　楼梯的类型

根据建筑及其使用功能的不同，可以将楼梯分为多种类型。

1）按照位置划分，有室外楼梯和室内楼梯。

2）按照使用性质划分，有主要楼梯、辅助楼梯、疏散楼梯和消防楼梯。

3）按照材料划分，有木楼梯、钢楼梯、钢筋混凝土楼梯及组合楼梯。其中，钢筋混凝土楼梯因其坚固、耐久、耐火等性能得到广泛使用。

楼梯的类型（图文）

4）按照楼梯间消防要求划分，有敞开楼梯间、封闭楼梯间、防烟楼梯间，如图 5.3 所示。

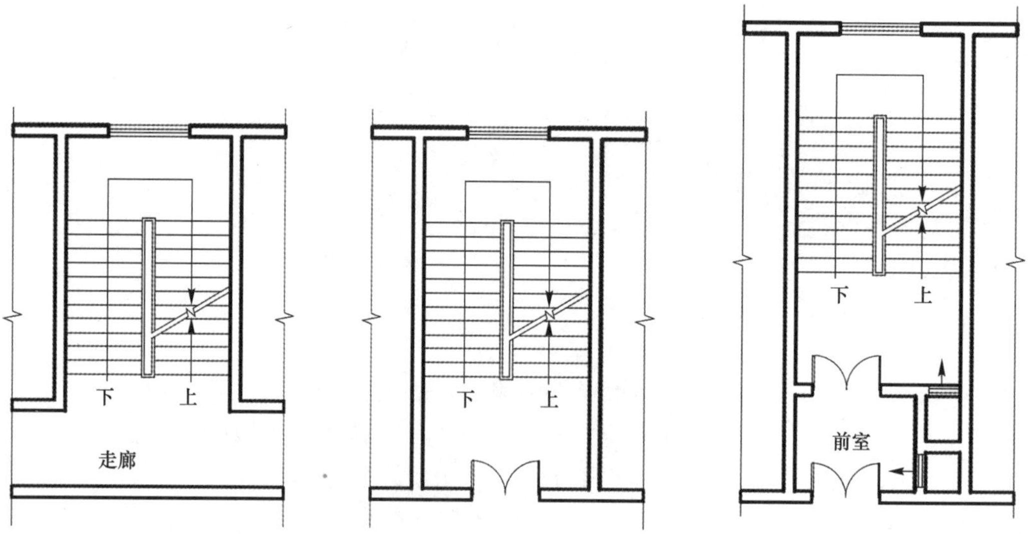

(a) 敞开楼梯间　(b) 封闭楼梯间　(c) 防烟楼梯间

图 5.3　消防疏散楼梯的形式

5）按照平面形式的不同划分，有如图 5.4 所示的多种类型。其中最简单的是直跑楼梯，直跑楼梯又可以分为单跑和多跑。最常见的是平行双跑楼梯。另外，还有剪刀式楼梯、弧形楼梯及螺旋楼梯等类型，通常结合建筑的平面与设计要求进行选择。

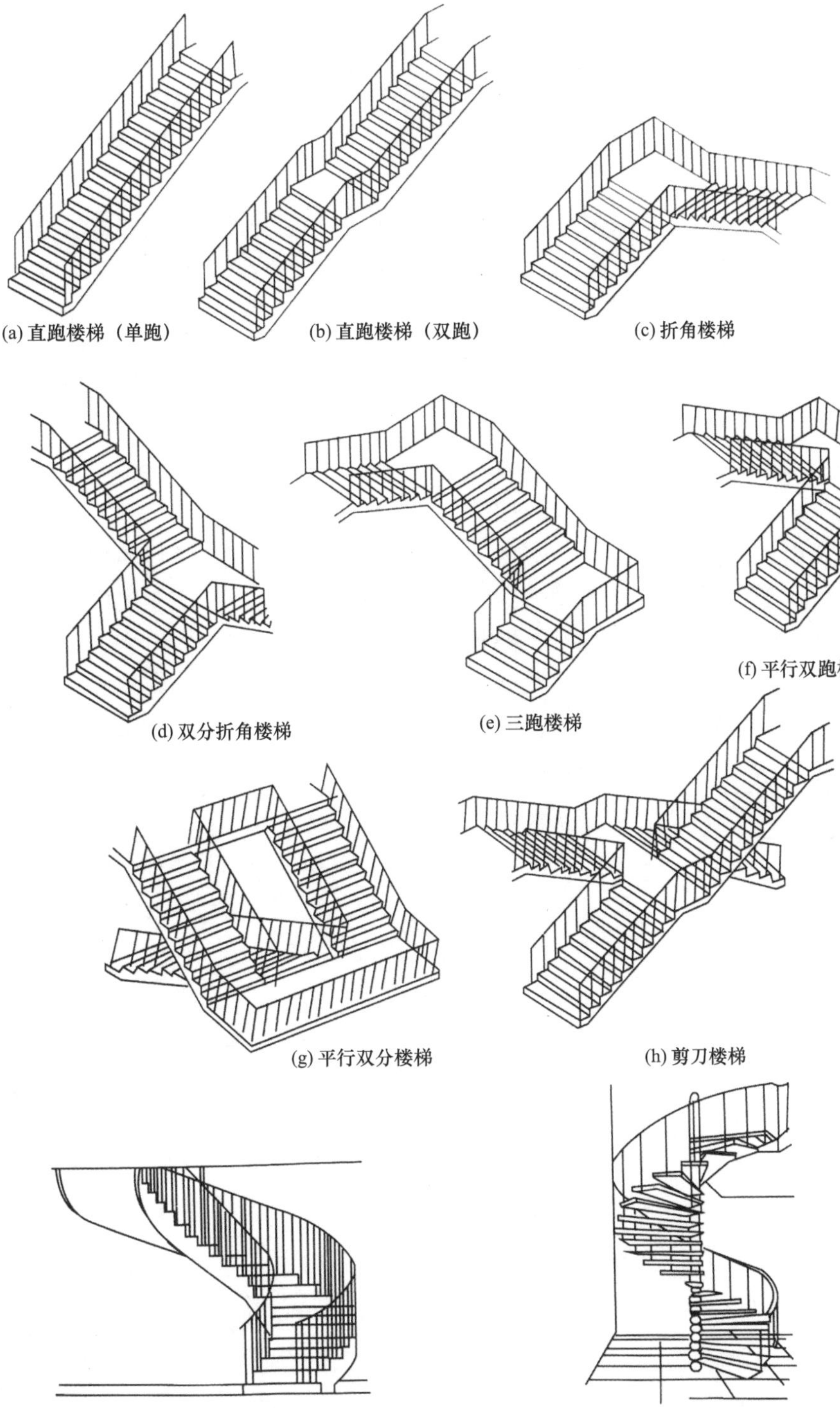

(a) 直跑楼梯（单跑）　(b) 直跑楼梯（双跑）　(c) 折角楼梯

(d) 双分折角楼梯　(e) 三跑楼梯　(f) 平行双跑楼梯

(g) 平行双分楼梯　(h) 剪刀楼梯

(i) 弧形楼梯　(j) 螺旋楼梯

图 5.4　楼梯的类型

楼梯的形式
（图文）

5.1.3 楼梯的设计要求

设有电梯或自动扶梯的建筑，必须同时设置楼梯。楼梯的位置应醒目好找，不宜放在建筑物的角部和边部，以便于传递荷载；应有直接的采光和通风。楼梯间的设计应满足以下要求：

1）功能方面的要求：主要指楼梯数量、宽度尺寸、平面式样、细部做法等均应满足功能要求。

2）结构、构造方面的要求：楼梯应有足够的承载能力（多层住宅取值按 2.0kN/m^2，其他疏散楼梯取值按 3.5kN/m^2）、较小的变形，一定的采光要求等。

3）施工、经济的要求：在选择预制装配式楼梯时，应使构件质量及尺度适当，避免过大过重。

4）防火、安全方面的要求：楼梯的数量、间距均应符合《建筑设计防火规范》（GB 50016—2014）（2018 年版）的要求。

公共建筑内每个防火分区或一个防火分区的每个楼层，其安全出口的数量应经计算确定，且不应小于 2 个。符合下列条件之一的公共建筑，可设 1 个安全出口或 1 部疏散楼梯：①除托儿所、幼儿园外，建筑面积不大于 200m^2 且人数不超过 50 人的单层公共建筑或多层公共建筑的首层；②除医疗建筑，老人建筑，托儿所、幼儿园的儿童用房，儿童游乐厅等儿童活动场所和歌舞娱乐放映游艺场所等，以及符合表 5.1 规定的公共建筑。

表 5.1 可设置 1 部疏散楼梯的公共建筑

耐火等级	最多层数	每层最大建筑面积 /m^2	人数
一级、二级	3 层	200	第二、第三层的人数之和不超过 50 人
三级	3 层	200	第二、第三层的人数之和不超过 25 人
四级	2 层	200	第二层的人数之和不超过 15 人

公共建筑的安全疏散距离及住宅建筑的直通疏散走道的户门至最近的安全出口的直线距离应符合《建筑设计防火规范》（GB 50016—2014）（2018 年版）的要求。

防火规范对疏散距离的相关规定（图文）

5.1.4 楼梯的尺度

1. 楼梯的坡度

楼梯的坡度即楼梯段的坡度，可以用梯段中各级踏步前缘的假定连线与水平面形成的夹角表示（图 5.5），也可以用踏面与踢面的投影长度之比表示，在实际工程中常采用后者。

楼梯的尺度（视频）

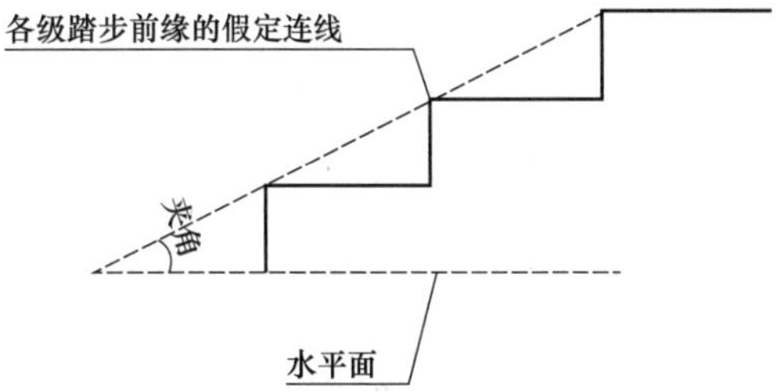

图 5.5　楼梯的坡度示意

楼梯的坡度大小应适中，坡度过大，行走易疲劳；坡度过小，楼梯占用的建筑面积增加，不经济。一般楼梯的坡度范围为 20°～45°，合适的坡度一般为 30° 左右，最佳的坡度是 26°34′，即踏步高与踏步宽之比为 1 ∶ 2。当坡度小于 20° 时，采用坡道；当坡度大于 45° 时，采用爬梯。坡道由于占地面积比较大，建筑内部基本不用，室外应用较多，坡度常为（1 ∶ 10）～（1 ∶ 12）。爬梯一般只在通往屋顶、电梯机房等非公共区域采用，某些专用场合如工作梯、消防梯也经常用到。坡道、楼梯、爬梯坡度的范围如图 5.6 所示。

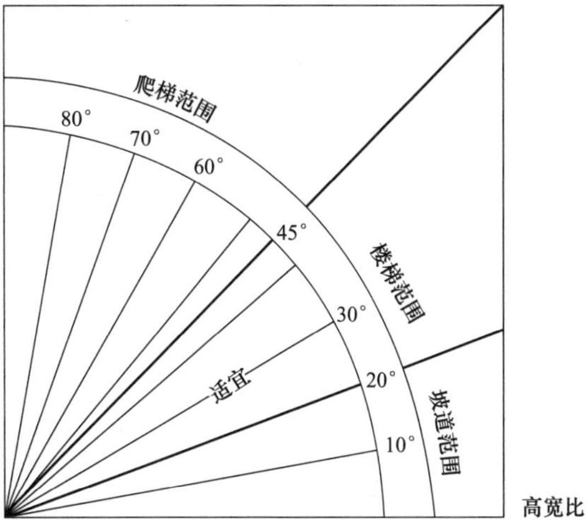

图 5.6　坡道、楼梯、爬梯坡度的范围示意

楼梯的坡度应根据建筑物的使用性质和层高来决定。对人流集中、交通量大（如铁路客站、商场、影剧院）的建筑以及使用对象体力较弱（如医院、幼儿园、小学）的建筑，坡度应小些；对于人数较少的居住建筑或某些辅助性楼梯，其坡度可适当大一些。

2．踏步尺寸

楼梯踏步由踢面和踏面做成，踏步尺寸包括踏步宽度（b）和踏步高度（h），如图 5.7 所示。踏步高度与宽度之比决定了楼梯的坡度。

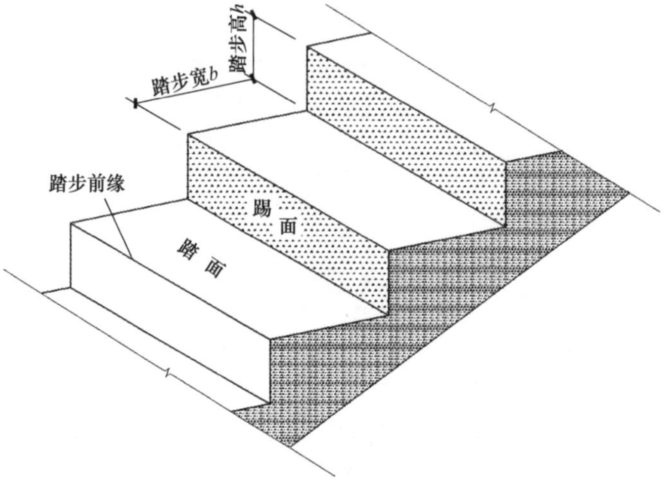

图 5.7　踢面和踏面的关系

计算踏步宽度与踏步高度可以利用以下的经验公式：

$$2h+b=600 \sim 620\text{mm}$$

式中，600 ～ 620mm 为一般人的平均步距。

实验表明，当踏面 b 为 300mm，踏面高 h 为 150mm 时，人在行走时最舒适。

在民用建筑中，楼梯踏步的最小宽度与最大高度的限制见表 5.2。

表 5.2　楼梯踏步最小宽度与最大高度　　单位：m

楼梯类别		最小宽度	最大高度
住宅楼梯	住宅公共楼梯	0.260	0.175
	住宅套内楼梯	0.220	0.200
宿舍楼梯	小学宿舍楼梯	0.260	0.150
	其他宿舍楼梯	0.270	0.150
老年人建筑楼梯	住宅建筑楼梯	0.300	0.150
	公共建筑楼梯	0.320	0.130
托儿所、幼儿园楼梯		0.260	0.130
小学校楼梯		0.260	0.150
人员密集且竖向交通繁忙的建筑和大、中学校楼梯		0.280	0.165
其他建筑楼梯		0.260	0.175
超高层建筑核心筒内楼梯		0.250	0.180
检修及内部服务楼梯		0.220	0.200

注：螺旋楼梯和扇形踏步离内侧扶手中心线 0.250m 处的踏步宽度不应小于 0.22m。

在设计踏步宽度时，若楼梯间深度受到限制，为保证行走舒适度，可采用加做踏口或使踢面倾斜的方式来加宽踏面。通常，踏口的出挑尺寸为20mm，尺寸过大会导致行走不方便，老年人使用的建筑中不宜使用这种设计，如图5.8所示。

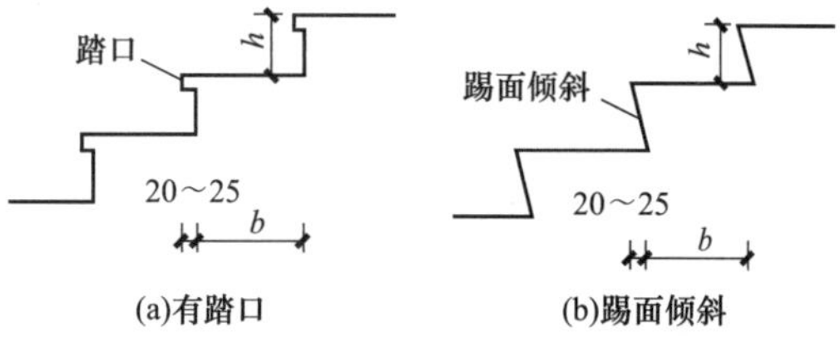

图5.8　踏步细部尺寸

3．楼梯的各部位名称及尺度

楼梯各部位的名称在楼梯间的位置如图5.9所示。

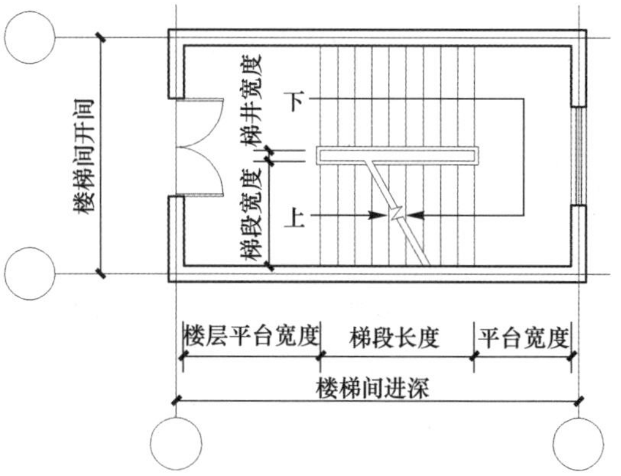

图5.9　楼梯间各部位名称

（1）梯段宽度及平台宽度

梯段是楼梯的基本组成部分，梯段净宽是指完成墙面到扶手中心线之间的水平距离或两个扶手中心线之间的水平距离。梯段宽度必须满足上下人流及物品搬运的需要。通常，梯段净宽除应符合《建筑设计防火规范》（GB 50016—2014）（2018年版）的规定外，供日常主要交通用的楼梯的梯段净宽应根据建筑物的使用特征，按每股人流净宽为0.55m+（0～0.15）m的人流股数确定，且不少于两股人流。这里的0～0.15m是人流在行进中的人体的摆幅，人流较多的公共建筑应取上限值。

《住宅设计规范》（GB 50096—2017）规定：楼梯梯段的净宽不应小于1.10m。不超过六层的住宅，一边设有栏杆的梯段净宽不应小于1.00m。

为确保通过的梯段的人流和货物能顺利在楼梯平台上通过，楼梯平台的净宽度不得小于梯段的净宽，且不得小于1.2m。剪刀梯的平台净宽不得小于1.3m。对于医院类的主楼梯，梯段宽度不得小于1.65m，平台深度不得小于2.0m。图5.10所示为梯段净宽与平台净宽的关系示意。

敞开楼梯间的楼层平台与走廊连接在一起，此时平台宽度可以小于上述规定，但楼梯起步至走廊边线内退距离不得小于500mm，如图5.11所示。

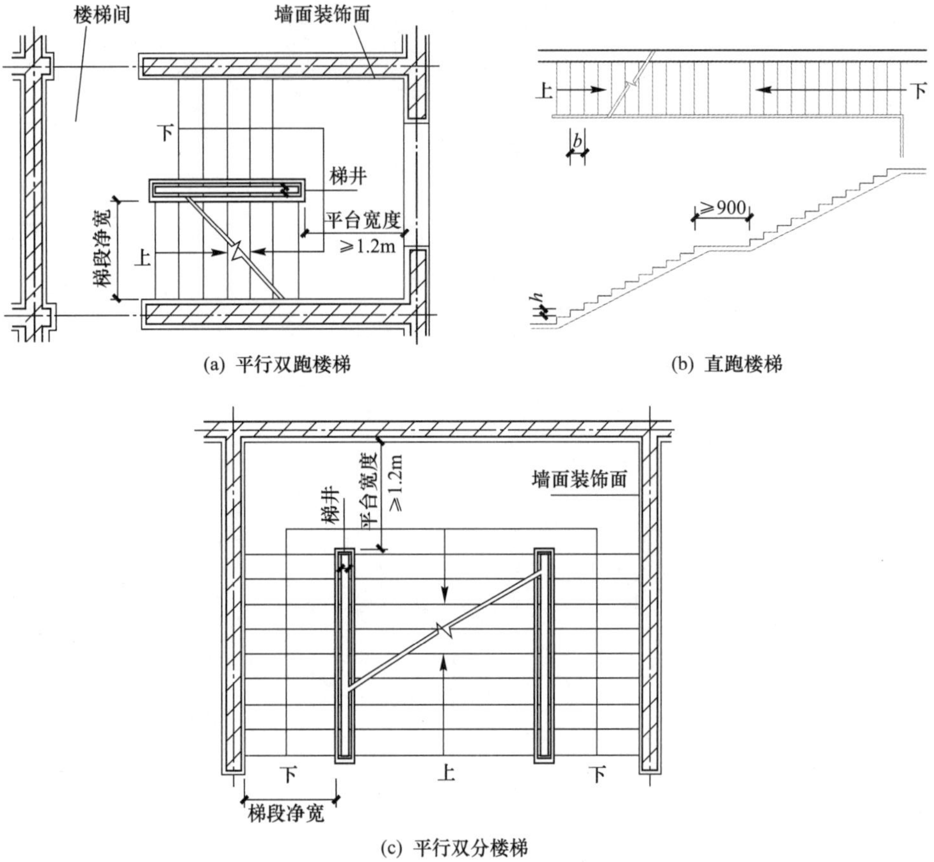

(a) 平行双跑楼梯　　(b) 直跑楼梯

(c) 平行双分楼梯

图 5.10　梯段净宽与平台净宽的关系

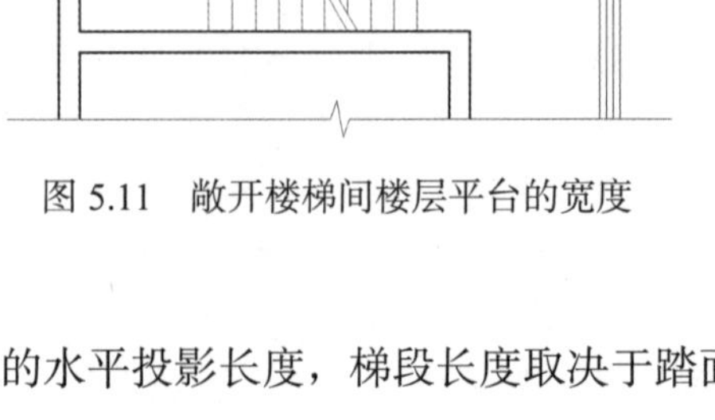

图 5.11　敞开楼梯间楼层平台的宽度

（2）梯段长度

梯段长度是楼梯梯段的水平投影长度，梯段长度取决于踏面宽度（b）和梯段踏步数（n）。

（3）梯井宽度

上下两个梯段之间形成的空隙称为梯井，此空隙从底层到顶层贯通。公共建筑梯井宽度以不小于150mm为宜。住宅、中小学校等梯井宽度不宜大于200mm，若不能满足要求则必须采取防止儿童攀滑的安全措施。

（4）楼梯的净空高度

楼梯的净空高度包括梯段间的净高和平台过道处的净高，对楼梯的正常使用影响很大，各部位要求如图5.12所示。

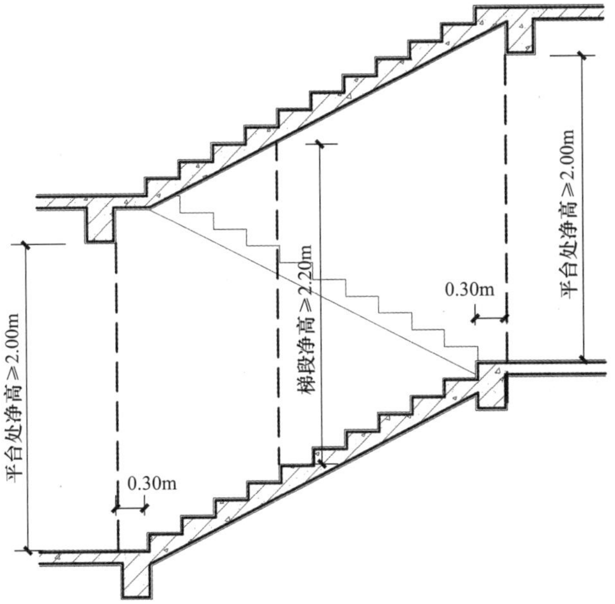

图5.12　梯段及平台下净高要求

梯段的净高即梯段踏步前缘（包括每个梯段最低和最高一级踏步前缘线以外300mm范围内）至正上方凸出物下缘间的垂直高度。净空高度是保证人或家具搬运通过时所需的竖向高度，该高度应保证人的上肢向上伸直时不致触及上部结构，其高度不得小于2.2mm。

平台处的净高即平台过道地面至上部结构最低点（通常为平台梁）的垂直距离，其高度不应小于2.0m。

在大多数居住建筑中，常利用楼梯间作为出入口，加之居住建筑层高较低，因此，应特别注意底层作为通道的楼梯净空高度的设计问题。当底层中间平台下作为通道时，为保证净空高度不小于2m，常采用以下几种处理方式（图5.13）。

1）增加底层第一梯段的踏步数，设计成长短跑的形式，使第一个休息平台位置上移。设计时要注意：此时第一个梯段是整个楼梯中最长的一段，仍要保证梯段宽度与平台宽度的关系；当层高较小时，应检验第一、第三梯段之间的净高是否满足不小于

2.2m 的要求。

2）利用室内外地面高差，降低底层平台的地面标高。这里要注意：降低后的室内地面标高至少应比室外标高高出约 150mm。这种方法要求室内外地面有足够的高差。

3）结合方法 1）和 2），即降低室内地坪标高的同时采取长短跑梯段。

4）采用直跑楼梯。这种方法多用于住宅建筑，设计时应注意：入口处雨篷底面标高的位置，保证净空高度；如采用直行单跑楼梯应注意踏步数不超过 18 个，以及梯段处净高不小于 2.2m 的要求。

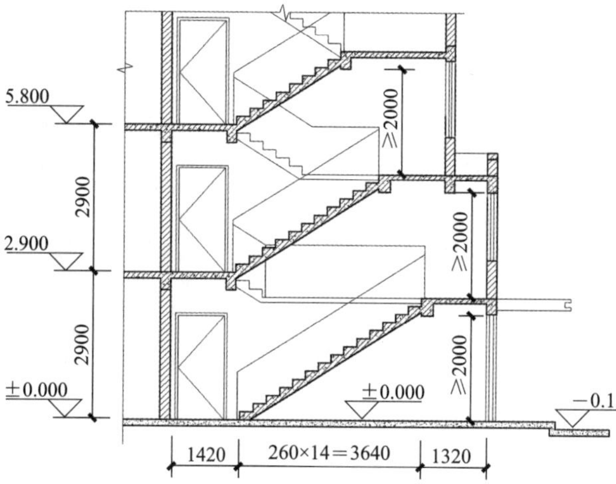

(a) 增加第一跑梯级数

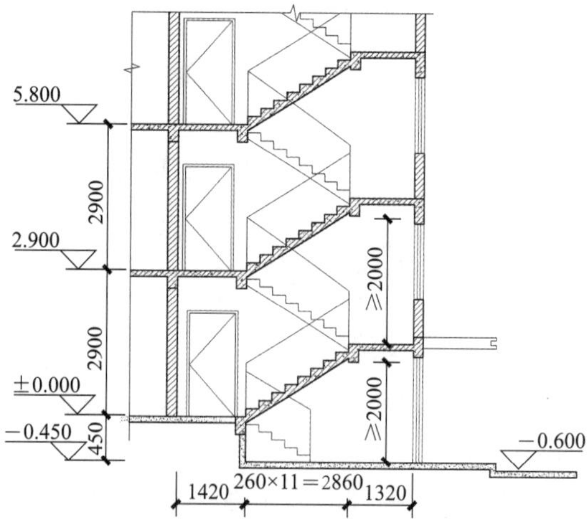

(b) 降低底层平台地面标高

图 5.13 楼梯首层平台入口尺寸调整示意

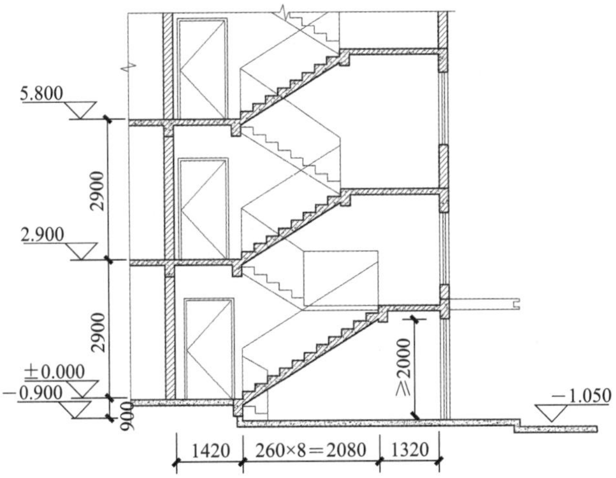

(c) 综合(a)和(b)

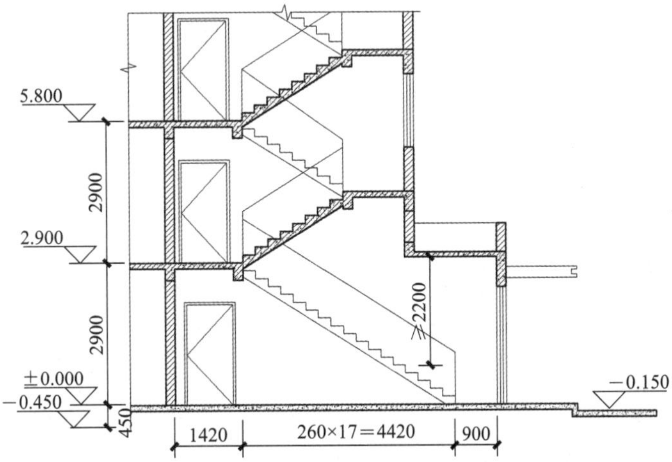

(d) 底层采用直行单跑楼梯

图 5.13（续）

（5）栏杆和扶手的高度

楼梯的栏杆是梯段的安全设施，其扶手高度是指自踏步前缘至扶手顶面的垂直距离（图 5.14）。《民用建筑统一设计标准》（GB 50352—2019）规定：室内楼梯扶手的高度不应小于 0.9m；楼梯水平栏杆或栏板长度大于 0.5m 时，其扶手高度不应小于 1.05m；设置双层扶手时下层扶手高度宜为 0.60m，疏散用室外楼梯栏杆扶手高度不应小于 1.1m。室外楼梯临空处应设置防护栏杆，栏杆离楼面 0.1m 高度内不宜留空。

楼梯栏杆净距有幼儿活动场所栏杆净距不应大于 0.11m。

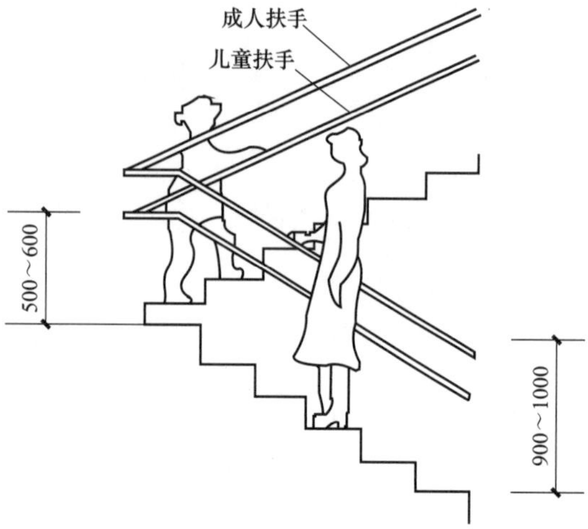

图 5.14　扶手高度示意

链　接

楼梯书架设计，安全实用两不误

楼梯作为沟通房屋上下层的“桥梁”，在家居中也扮演着重要的角色，而楼梯上扶手也是至关重要的一环，能够起到安全防护的作用。但在近年来很多人在装修房子的时候不再选择安装扶手，而是选择用书架替代。

图 5.15 所示纯白色的全墙的定制书架和原木色的楼梯台阶形成了鲜明的对比。楼梯的扶手书架上可以任意摆放书籍和一些小的装饰物品，给整个屋子收纳整理提供了更多的空间。

图 5.16 所示书架充当楼梯和走廊之间的安全屏障，一直延续到过道的走廊上。工字形的书架设计简约实用，不遮挡过道的光线射入室内。

图 5.15　楼梯书架 1

图 5.16　楼梯书架 2

——内容源自《环球装修小当家》

5.2 钢筋混凝土楼梯

知识导入

我们每天上下各楼层之间的楼梯是怎样建成的呢？按不同的分类标准可分为不同类型，它们在构造上有什么不同呢？本节我们将带着这些问题一起来学习。

趣　闻

悬臂的瞭望塔

该景观塔位于比利时佛兰德斯山区，由比利时本地事务所设计建造。无论从什么角度看，这个高达11.5m的建筑物仿佛飘浮在一片优美的景观中。当初建造这个景观塔是为了取代之前被烧毁的木质瞭望塔，也为解决火灾的隐患（图5.17、图5.18），所用材料为暗红色的耐候钢，除预防火灾外，这个颜色也暗示着当地盛产红棕色铁矿石。

图5.17　曾经的瞭望塔

图5.18　瞭望塔现状

教学内容

钢筋混凝土楼梯具有耐久、耐火、节约木材、可塑性强等优点，因此，在建筑中应用最为广泛。钢筋混凝土楼梯按照施工方法的不同，可分为现浇钢筋混凝土楼梯和预制装配式钢筋混凝土楼梯两大类。

5.2.1　现浇钢筋混凝土楼梯

现浇钢筋混凝土楼梯（图文）

现浇钢筋混凝土楼梯是在配筋、支模后将楼梯段、楼梯平台等整浇在一起的楼梯。其特点是整体性好、刚度大，由于混凝土的可塑性，适用于各种形式的楼梯，对抗震较为有利。但是耗费模板多，施工速度慢。

现浇钢筋混凝土楼梯按照梯段的传力特点和结构形式的不同，可分为板式楼梯和梁板式楼梯。

1．板式楼梯

板式楼梯通常由梯段板、平台梁和平台板组成。梯段板是一块带踏步的斜板，它承受着梯段的全部荷载，并通过平台梁将荷载传递给墙体或柱子。平台梁之间的距离就是板的跨度。必要时也可以取消梯段一端或两端的平台梁，将平台板和梯段连为一体。虽然平台下净高变大了，但是会加大楼梯的计算跨度，增加了板厚，如图 5.19 所示。

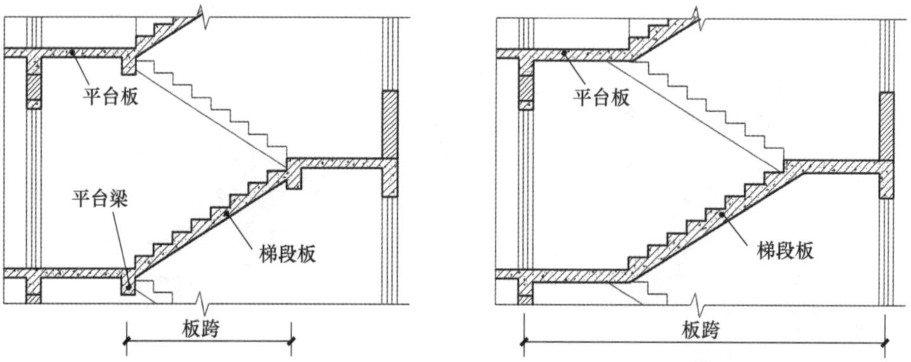

图 5.19　板式楼梯

板式楼梯荷载的传递过程为：荷载→梯段板→平台梁→楼梯间的墙（柱）。

在公共建筑和庭院建筑中外部楼梯有时会采用悬臂板式楼梯。其特点是：梯段和平台均无支撑，完全靠上、下梯段与平台组成的空间板式结构与上、下楼板结构共同受力，造型新颖，空间感好，如图 5.20 所示。

2．梁板式楼梯

梁板式楼梯是由踏步板、楼梯斜梁、平台梁和平台板组成的，如图 5.21 所示。踏步板支承在斜梁上；斜梁和平台板支承在平台梁上；平台梁支承在承重墙或其他承重结构上。梁板式楼梯荷载的传递过程为：踏步板→梯段斜梁→平台梁→楼梯间的墙（柱）。梁板式楼梯在结构布置上有双梁布置和单梁布置两种。

图 5.20　悬臂板式楼梯

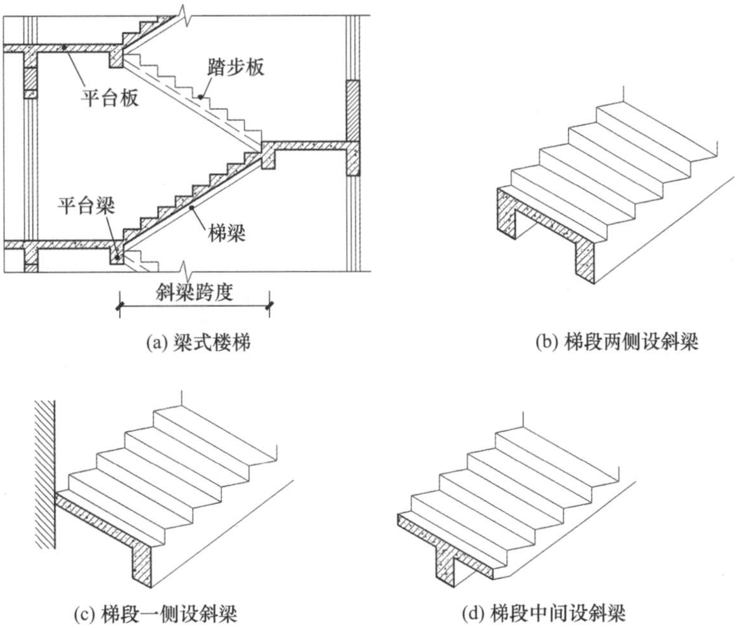

图 5.21　梁板式楼梯

（1）双梁式楼梯

这种类型楼梯的斜梁有两根，布置在踏步板的两侧，斜梁的布置有两种形式：一是斜梁在踏步板下，踏步明露，称为明步楼梯；二是梁在踏步板上面，踏步下面平整，包在梁内，称为暗步楼梯，如图 5.22 所示。

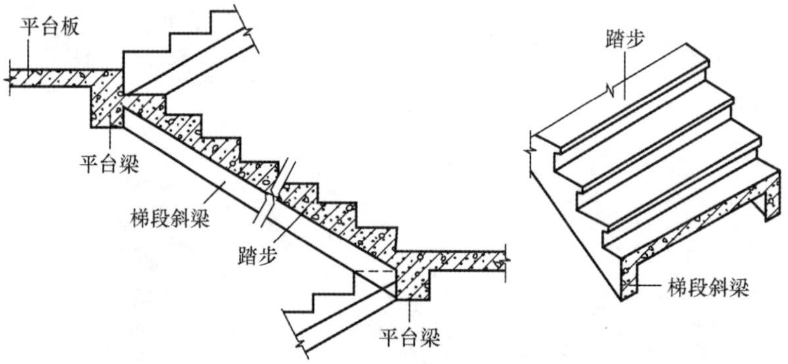

(a)明步楼梯

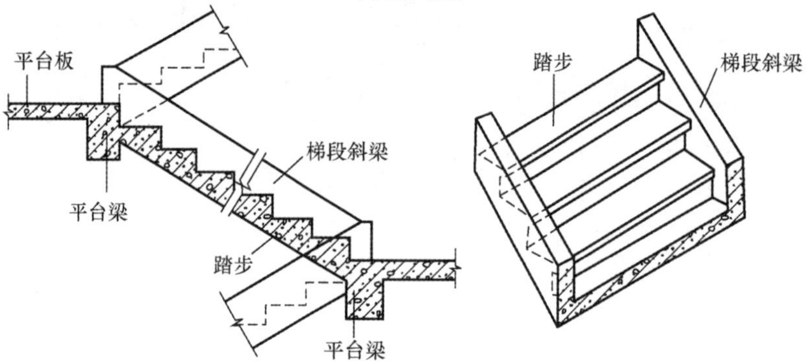

(b)暗步楼梯

图 5.22　明步楼梯和暗步楼梯

（2）单梁式楼梯

在梁式结构中，单梁式楼梯是近年公共建筑采用较多的一种结构形式，如图 5.23 所示。这种类型楼梯的每个梯段由一根斜梁支撑。斜梁的布置方式有两种：一是单梁悬臂式楼梯，是将斜梁布置在踏步的一端，而将踏步的另一端向外悬臂挑出；二是单梁挑板式楼梯，将斜梁布置在踏步的中间，让踏步从梁的两侧挑出。

单梁式楼梯受力复杂，梯梁不仅受弯，而且受扭，但这种楼梯外形轻巧、美观，多用于公共建筑的外部楼梯。

5.2.2　预制装配式钢筋混凝土楼梯

预制装配式钢筋混凝土楼梯是指将梯段和斜梁等构件在工厂预制，在现场将这些构件进行安装拼合后而形成的楼梯。采用预制装配式混凝土楼梯较现浇钢筋混凝土楼梯可提高工业化施工水平，节约模板，简化操作程序，较大幅度地缩短工期。但预制装配式钢筋混凝土楼梯的整体性、抗震性、灵活性等不及现浇钢筋混凝土楼梯。

预制装配式钢筋混凝土楼梯按构件的大小可分为小型、中型和大型三类。

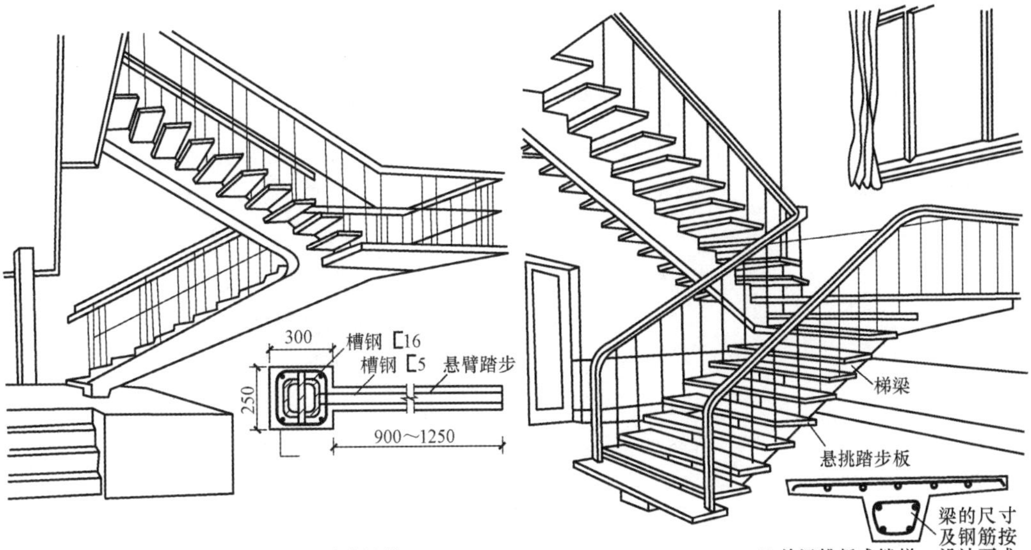

(a)单梁悬臂式楼梯 (b)单梁挑板式楼梯

图 5.23 单梁式楼梯

1．小型构件装配式钢筋混凝土楼梯

小型构件装配式钢筋混凝土楼梯的主要特点是构件小而轻，易制作，但施工繁而慢，需要较多的人力和湿作业，适用于施工条件较差的地区。

小型构件装配式钢筋混凝土楼梯的预制构件主要有踏步板、平台板（与预制楼板相同，可采用空心板或槽形板）、支撑结构（斜梁和平台梁）。

小型构件装配式钢筋混凝土楼梯（图文）

小型构件装配式钢筋混凝土楼梯由于不适应现代化建设高效的原则，使用已越来越少，本书中不再赘述。

2．中型、大型构件装配式钢筋混凝土楼梯

构件从小型改为大、中型可以减少预制件的品种和数量，利用吊装工具进行安装，从而简化施工，加快速度，减轻劳动强度，适用于在成片建设的大规模建筑中使用。

（1）中型构件预制装配式混凝土楼梯

中型构件预制装配式混凝土楼梯（图 5.24）一般是以楼梯段和楼梯平台两部分构件装配而成的。

梯段按照结构形式的不同，可分为板式和梁板式两种。板式是将踏步板预制成梯段板一个构件，将两端搁置在平台梁挑出的翼缘上；梁板式是将踏步板和斜梁预制成一个构件，一般做成暗步。

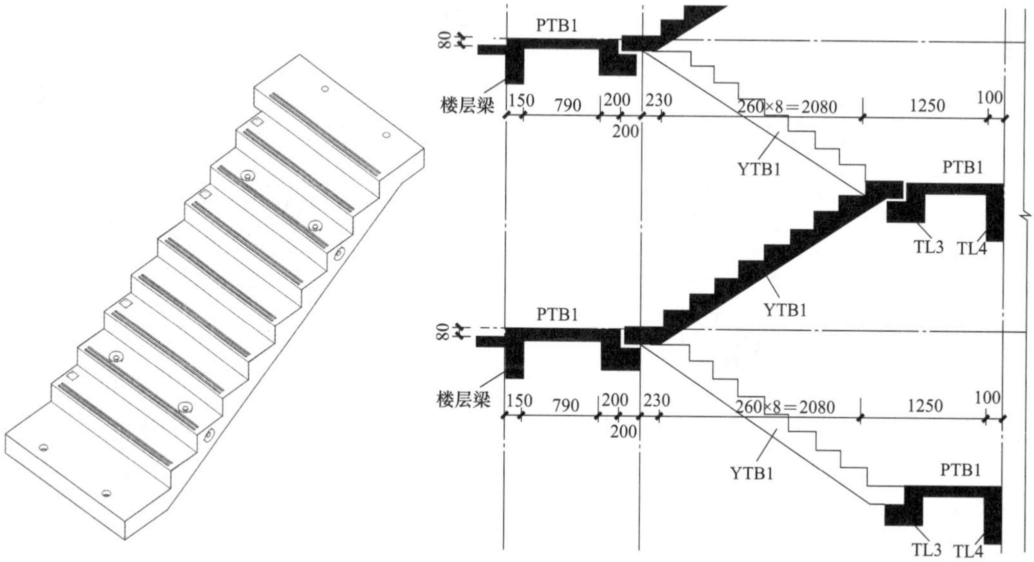

(a) 梯段轴测图示例　　(b) 楼梯剖面图示例

图 5.24　中型构件预制装配式混凝土楼梯剖面及轴测示意

楼梯平台通常将平台板和平台梁组合在一起预制成一个构件，形成带梁的平台板，这种平台板一般采用槽形板，将与梯段连接一侧的板肋做成 L 形梁即可。当生产吊装能力不够时，梁板可以分开预制，平台梁采用 L 形断面，平台板采用普通的预制钢筋混凝土楼板（图 5.25）。

图 5.25　中型构件预制装配式混凝土楼梯

（2）大型构件预制装配式混凝土楼梯

大型构件预制装配式混凝土楼梯是将梯段与平台连接在一起组成一个构件。梯段按照结构形式的不同，可分为板式和梁板式两种，如图 5.26（a）、（b）所示，其中梯段可以连接一个平台，也可以连接两个平台。断面可做成板式或空心板式、双梁槽板式或单梁式，如图 5.26（c）、（d）、（e）所示。

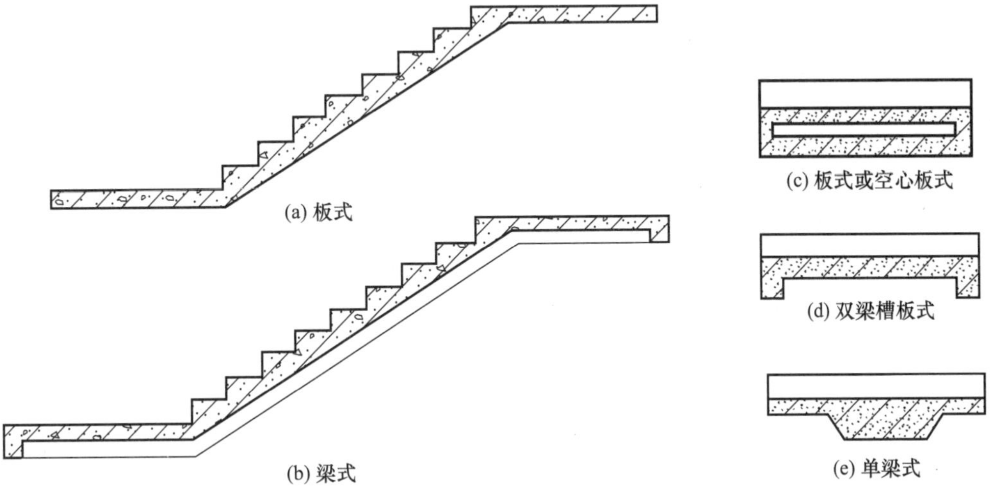

图 5.26　大型构件预制装配式混凝土楼梯

这种形式的楼梯装配化程度高，施工速度快，对于运输和吊装有一定的要求。其主要用于工业化程度高的专用体系的大型装配式建筑中，或用于建筑平面设计和结构布置有特别需要的场所。

（3）楼梯的连接

构件在工厂或施工现场进行预制，施工时将预制构件进行装配、焊接。通常，梯梁与休息平台为现浇。梯段和平台梁的连接可采用固定铰支座连接或滑动铰支座连接。图 5.27 所示为装配式混凝土楼梯的平面图、剖面图及节点详图，高端支撑连接采用固定铰支座，低端支撑采用滑动铰支座。

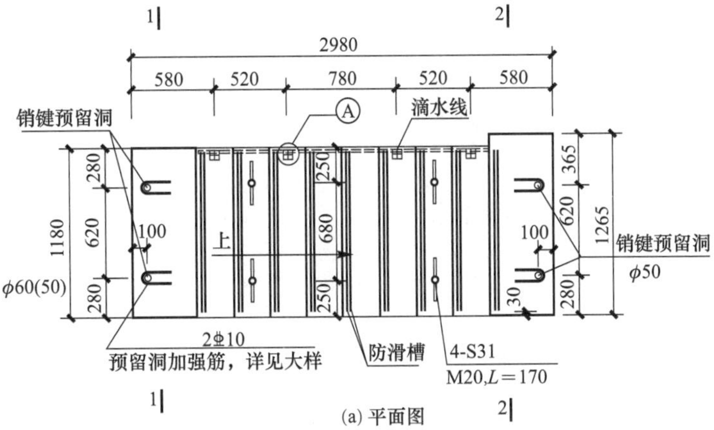

图 5.27　装配式混凝土楼梯的平面图、剖面图及节点详图

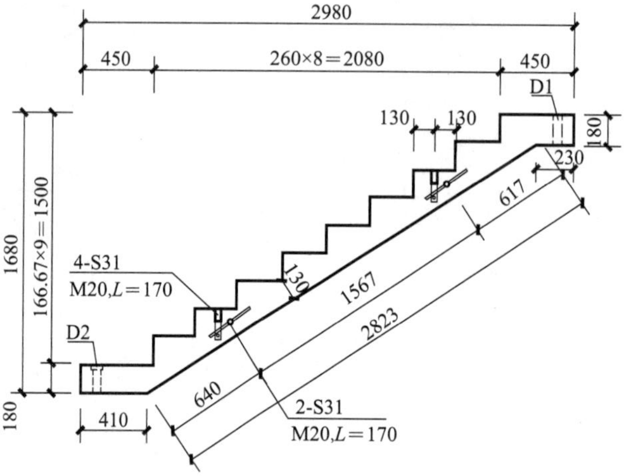

(b) 剖面图

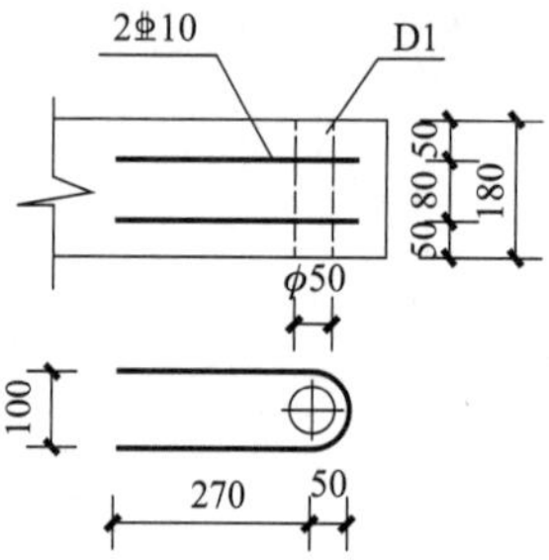

(c) 销键预留洞D1加强筋大样图

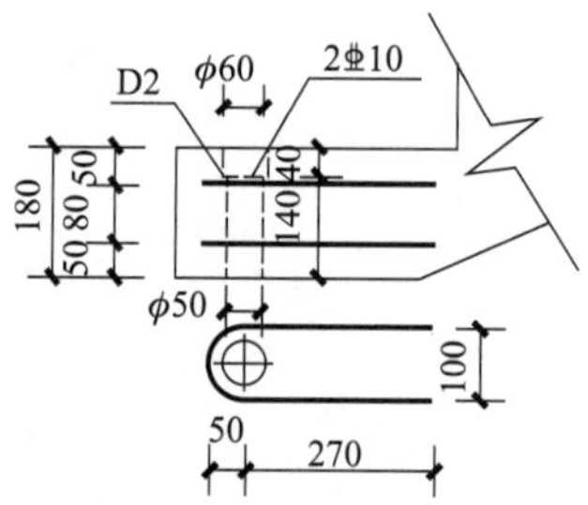

(d) 销键预留洞D2加强筋大样图

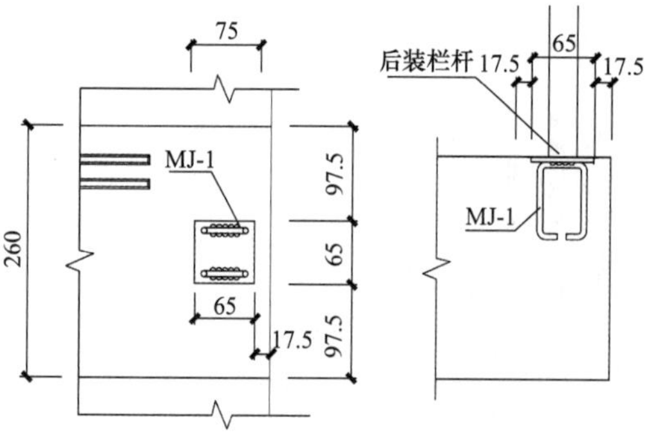

(e) 栏杆预埋大样图

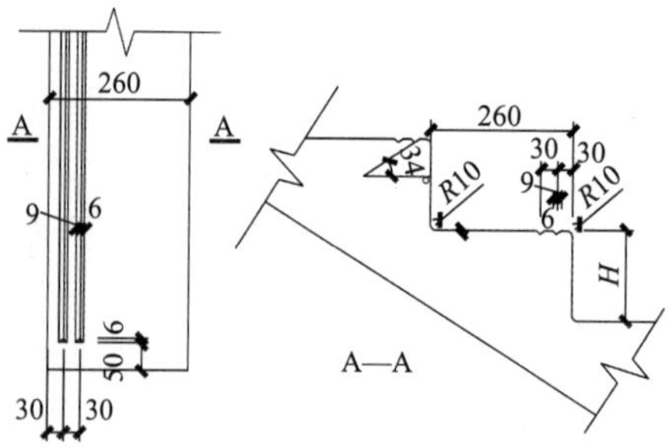

(f) 防滑条大样图

图 5.27（续）

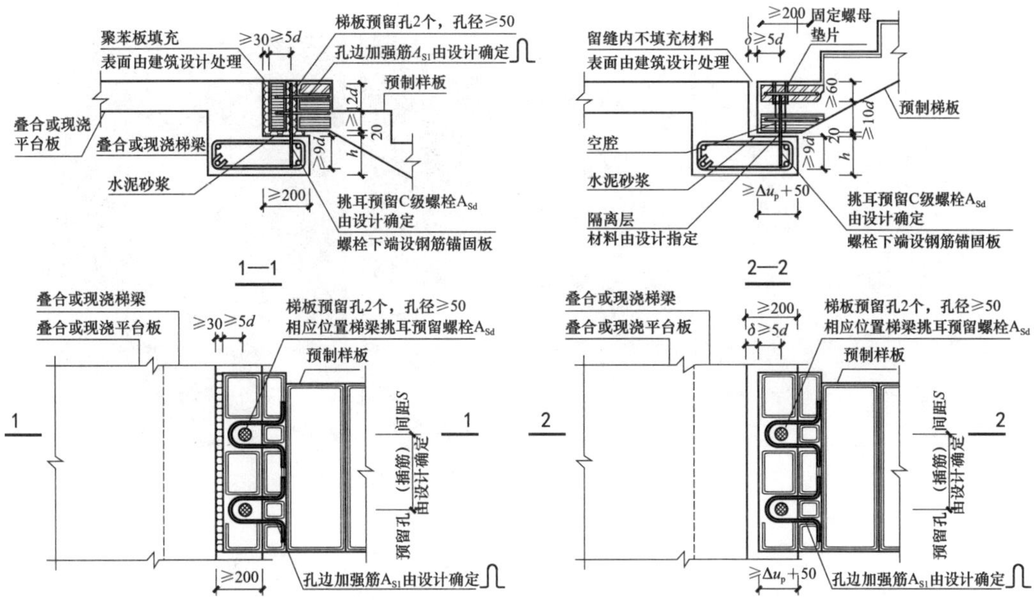

(g) 高端支承固定铰支座　　(h) 低端支承滑动铰支座

d—钢筋直径；Δu_p—结构弹塑性层间位移；δ—预制梯板与梯梁之间的留缝宽度。

图 5.27（续）

链　接

深圳地铁完成首个装配式混凝土楼梯试点工程

深圳地铁首个装配式混凝土楼梯试点工程项目位于深圳市盐田区五亩地，建设内容主要是为施工竖井内安装楼梯，承包单位负责设计、生产管理、施工指导、全过程咨询工作，同时协助现场施工人员做好监督和检查。

该项目预制混凝土楼梯施工方法为：先将预制混凝土楼梯由地面吊入地铁站点；再将预制混凝土楼梯稳定放于特制安装箱，采用叉车在地铁车站内将其水平运输至安装地点；接着安装吊具于预制混凝土楼梯，采用手拉葫芦将预制混凝土楼梯在地铁车站内吊至安装位置并精确调整就位；最后将精确就位的预制混凝土楼梯进行拼装作业及预埋件连接（图 5.28）。

预制混凝土楼梯可减少现浇楼梯质量通病，降低施工难度；楼梯成型效果好，可将防滑条、栏杆预埋件固定点、滴水线等一次成型，能达到清水交付效果，并且预制楼梯吊装速度快，人工需求量较传统工艺减少。

——中建科工（id: zjkg weixin）

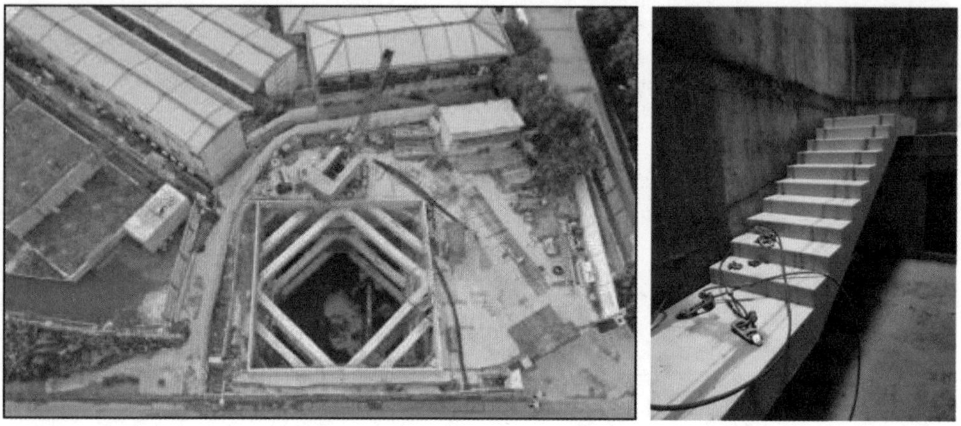

图 5.28　深圳地铁站点装配式混凝土楼梯安装现场

5.3 钢结构楼梯

知识导入

钢结构楼梯以支点少、承重高、造型多、技术含量高著称，其不易受立柱、楼面等结构影响，结实牢固。

趣　闻

“悬崖村”之路：从藤梯、钢梯到楼梯……

“悬崖村”一般指四川凉山昭觉县支尔莫乡的阿土列尔村，曾经的村民出入都要攀爬落差达 800m 的悬崖，而藤梯就是他们通往外界最主要的路。

2016 年 7 月，凉山彝族自治州、昭觉县两级政府筹措了 100 万元资金，决定把悬崖村年久危险的藤梯改造成更加坚固和安全的钢梯。因为地势太过险峻，无专业工程队承揽该项目，干部们决定发动村民自建，当地州、县两级财政出资，村民出工出力，用了 200 多天的时间，将 120 多吨 6000 多根钢管一根根背上悬崖，搭建起了 2556 级牢固的天梯。

2019 年 5 月，当地村民结束了悬崖爬梯的生活，搬进了县城的新居，住进了有钢筋混凝土楼梯的新房（图 5.29）。

图 5.29　藤梯、钢梯、钢筋混凝土楼梯

教学内容

焊接钢结构楼梯以支点少、承重高、造型多、技术含量高著称。其不易受柱面、楼面等结构影响，结实牢固。焊接钢结构楼梯的钢板经过调试准确焊接而成。因此，踏板安装上以后前后左右水平一致，而且所有材料配件均横平竖直。焊接钢结构楼梯所用材料多种多样，方管、圆管、角铁、槽钢、工字钢均可，因此造型多种多样（图 5.30）。

图 5.30　钢梯的应用

5.3.1 钢结构楼梯的特点

1）钢结构楼梯占地小。

2）钢结构楼梯造型美观。钢结构楼梯有U形转角式、90° 直角形式、S形360° 螺旋式、180° 螺旋形式，造型多样、线条美观。弧形钢梯和平行双跑钢梯如图5.31所示。

图5.31 弧形钢梯和平行双跑钢梯

3）钢结构楼梯的实用性强。钢结构楼梯采用铸铁管件，有无缝管、扁钢等多种钢材骨架。其质量轻、刚度小、塑性能力强，在地震时可以吸收大量能量。

4）钢结构楼梯色彩鲜亮。钢结构楼梯表面处理工艺多样，可用全自动静电粉末喷涂（即喷塑），也可以镀锌或全烤漆处理，外形美观，经久耐用。其适用于室内或室外等大多数场所，能体现现代派的钢结构建筑艺术。

5.3.2 钢结构楼梯的类型

多层钢结构楼梯主要用于工业建筑和民用建筑两大类。在不同的建筑类型中，对钢结构楼梯性能的要求不同，形式也不一样。

1．工业建筑钢结构楼梯

在工业建筑中，钢结构楼梯用途广泛，其形式有斜梯和角度较陡的爬梯。一般在工业建筑中钢结构楼梯主要用于露天吊车钢梯、屋面检修钢梯、专业台钢梯、吊车钢梯、夹层部分的楼梯，如图5.32所示。

钢结构楼梯的梯梁，一般斜梯采用槽钢，直梯采用角钢。有时也可以采用一定厚度的钢板来代替槽钢作为梯梁，但这样会影响刚度，因而在民用建筑中是不允许的。

图 5.32　工业建筑中钢梯的应用

工业建筑中的钢结构楼梯一般比较简陋，用圆钢管作竖向栏杆，钢板作横向的栏板，较粗的圆钢管作楼梯的扶手。钢管直接焊在梯梁上。栏杆满足功能要求即可，可以不作美观上的特殊处理。

2. 民用建筑中的钢结构楼梯

民用建筑中的钢结构楼梯对美观的要求高，要求结构造型和装修设计相互结合，创造出使用功能与周围环境和谐的气氛，使通过楼梯的人能感受到周围环境的感染力，对于公共建筑尤其如此。其形式有直线形、圆弧线形（图 5.33）、直弧形。

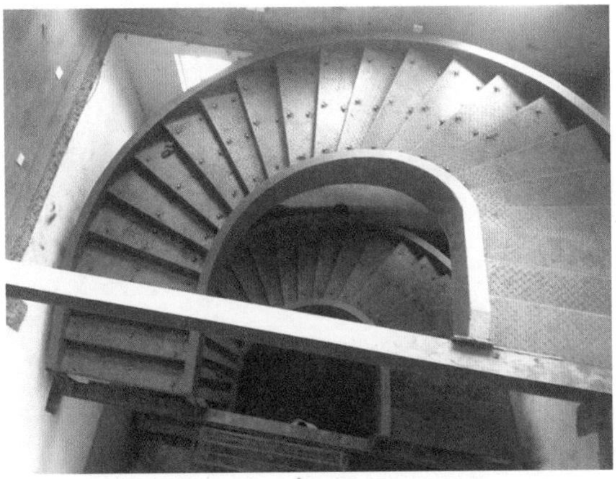

图 5.33　民用建筑中钢梯的应用

因为有刚度要求，钢板上混凝土的厚度至少 70mm。楼梯梁多采用热轧槽钢，与楼面梁铰接，按简支梁计算，槽钢经过接口后弯曲成所需要的之字形的楼梯梁形式，与楼层或层间梁采用螺栓进行铰接，需要根据剪力来确定所需要的螺栓的大小和数目。

链 接

室外钢梯作为消防疏散梯的要求

随着绿色节能建筑的发展，许多老建筑经过重新设计变得焕然一新的案例越来越多，在民用建筑改造的过程中，由于规范的更新，经常会增加室外钢梯（图 5.34）。

图 5.34 室外钢梯

《建筑设计防火规范》(GB 50016—2014)（2018 年版）规定室外疏散楼梯应符合下列要求：

1）栏杆扶手的高度不应小于 1.10m，楼梯的净宽度不应小于 0.90m。

2）倾斜角度不应大于 45°。

3）梯段和平台均应采用不燃材料制作。平台的耐火极限不应低于 1.00h，梯段的耐火极限不应低于 0.25h。

4）通向室外楼梯的门应采用乙级防火门，并应向外开启。

5）除疏散门外，楼梯周围 2m 内的墙面上不应设置门、窗、洞口。疏散门不应正对梯段。

5.4 楼梯细部构造

知识导入

“使人疲惫不堪的不是远方的高山，而是鞋里的一粒沙子。”这句格言启发着我们：一个小的细节处理不当也许会导致我们无法实现预想的目标。日常中常会有一些痛心的案例，如 2019 年 9 月 2 日，开学的第一天，四川省巴中市巴中区某中学两名高一新生课间去上厕所，途中嬉戏打闹，两人不小心向栏杆倒去，栏杆断裂形成一个约 2m 宽的豁口，两名学生从五楼坠下，一人当场死亡，另一人摔成重伤。由此可见，楼梯的细部构造非常重要，楼梯一定要做到防滑、栏杆扶手连接一定要牢固。

趣　闻

创意楼梯

1）图 5.35 所示的这套 X 型楼梯设计巧妙，节约空间和建筑材料，从哪一侧上楼都能到达对角或正上方，而其中的关键在于该楼梯设有可以翻开的踏步层。

图 5.35　X 型楼梯

2）将楼梯设计成“书柜”形式，这样的设计为喜欢书的人提供便利（图 5.36）。该楼梯由意大利两位设计师 Sundaymoring Massimo 和 Fiorido Associati 共同设计完成，位于托斯卡纳。

图 5.36　书柜式楼梯

教学内容

楼梯细部构造包括踏步面层及防滑措施、栏杆（栏板）和扶手构造、栏杆与扶手等的连接构造、楼梯转弯处扶手的处理。

防滑条的类型
以及运用
（图文）

5.4.1　踏步面层及防滑措施

楼梯踏步要求面层耐磨、便于清洁，材料一般与地面相同，如采用水泥砂浆面层、水磨石面层、缸砖面层及各种石材等。

为了防止行走时滑跌，踏步表面应有防滑措施。防滑处理常用的方法是在接近踏口处留 2 ～ 3 道凹槽或设置防滑条，防滑条的长度一般按照踏步长度每边减去 150mm，常用的防滑材料有金刚砂、水泥铁屑、橡胶条、金属条、折角铁等。常见的踏步防滑构造如图 5.37 所示。

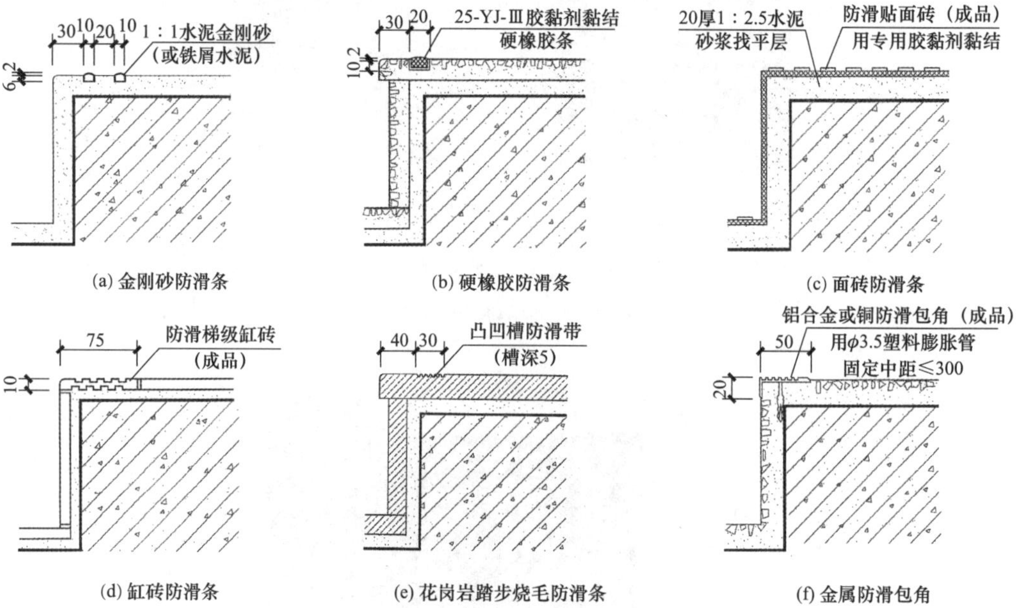

(a) 金刚砂防滑条　(b) 硬橡胶防滑条　(c) 面砖防滑条

(d) 缸砖防滑条　(e) 花岗岩踏步烧毛防滑条　(f) 金属防滑包角

图 5.37　踏步防滑构造

5.4.2　栏杆、栏板和扶手

楼梯的栏杆、栏板和扶手是梯段上所设的安全设施，根据梯段的宽度设于一侧或两侧或梯段的中间，应满足安全、坚固、美观、舒适、构造简单、施工和维修方便等要求。

栏杆多采用金属材料制作，如圆钢、钢管、方钢、扁钢等。栏杆多用相同或不同规格的金属型材拼接、组合成不同的规格和图案，在确保安全的同时起到装饰的作用。如图 5.38 所示为常见的栏杆的样式。

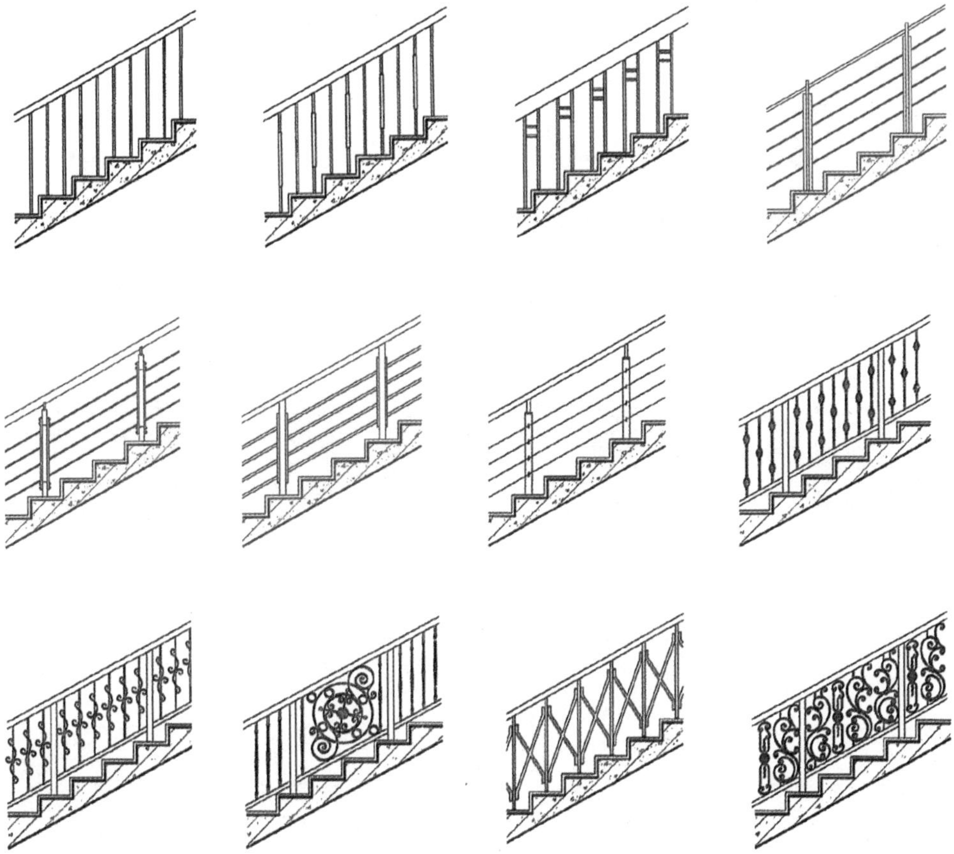

图 5.38　栏杆样式

栏杆垂直构件之间的净间距不应大于 110mm，经常有儿童活动的建筑，栏杆应设计为儿童不易攀爬的形式，以确保安全。

实心栏板的材料有砌体、钢筋混凝土、玻璃、木材等。栏板和栏杆可结合在一起形成部分镂空、部分实心的组合栏杆，如图 5.39 所示。

楼梯栏杆示例（图文）

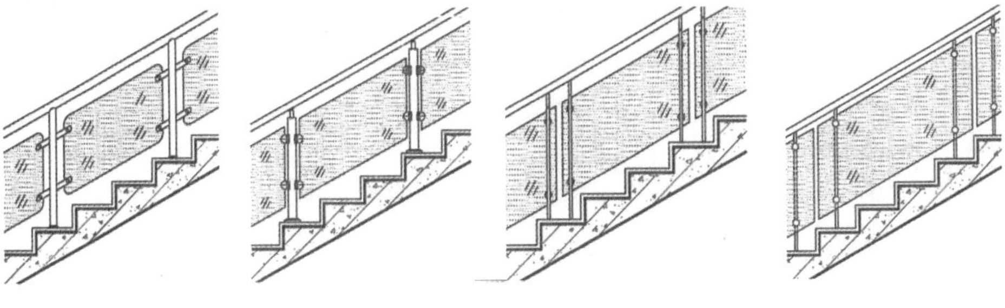

(a) 玻璃栏板

图 5.39　栏板样式

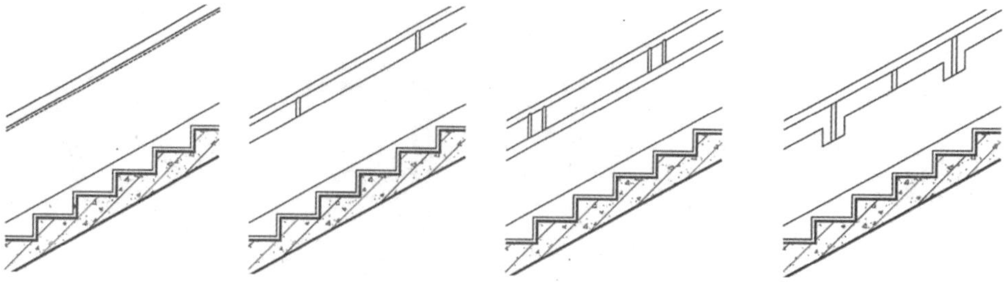

(b) 钢筋混凝土栏板

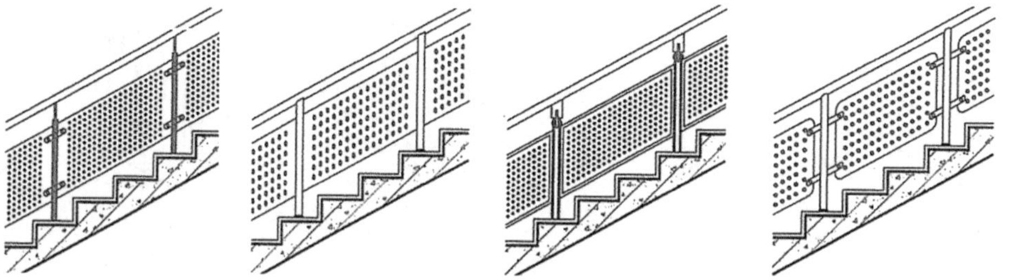

(c) 金属穿孔板栏板

图 5.39（续）

扶手位于栏杆的顶部，有木扶手、金属扶手、塑料扶手等。室外楼梯不宜采用木扶手，以免淋雨后变形和开裂。扶手表面必须光滑、圆顺，扶手断面应充分考虑人的手掌尺寸、手感及造型美观。

楼梯栏板示例（图文）

5.4.3 栏杆与梯段扶手等的连接构造

（1）栏杆与梯段的连接

栏杆与梯段应有可靠连接，通常采用以下三种方法将栏杆安装在踏步侧面或踏步面上的边沿部分。

栏杆、梯段、扶手以及墙之间的连接（视频）

1）预留孔洞插接。将端部做成开脚或倒刺的栏杆插入梯段预留的孔洞内，用水泥砂浆或细石混凝土填实，如图 5.40（a）所示。

2）预埋铁件焊接。将立杆下端与梯段中预埋的钢板或套管焊接在一起，如图 5.40（b）所示。

3）螺栓连接。用螺栓将栏杆固定在梯段上，如图 5.40（c）所示。

其他连接方式如图 5.40（d）～（h）所示。

（2）栏杆与扶手的连接

一般按照两者的材料种类选择相应的连接方法：金属扶手与栏杆焊接；木扶手与钢栏杆顶部的通长扁铁用螺钉连接；石材扶手与砌体或混凝土栏板用水泥砂浆黏接。

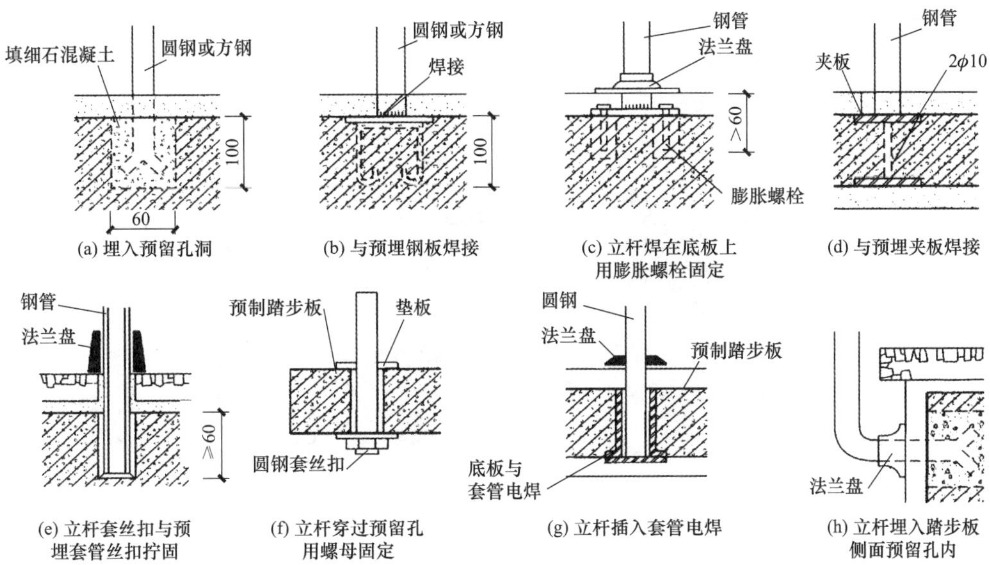

图 5.40 栏杆与梯段的连接

（3）扶手与墙、柱的连接

扶手有时固定在混凝土柱或砖墙上，如靠墙扶手、休息平台护窗栏杆、顶层安全栏杆等。靠墙扶手常通过铁件与墙相互连接。扶手与混凝土柱连接时一般在柱上预埋铁件与扶手铁件焊接，也可以用膨胀螺栓连接；与砖墙连接时一般在砖墙上预留120mm×120mm×120mm 的孔洞，将栏杆铁件伸入洞内，然后用细石混凝土填实，如图 5.41 所示。

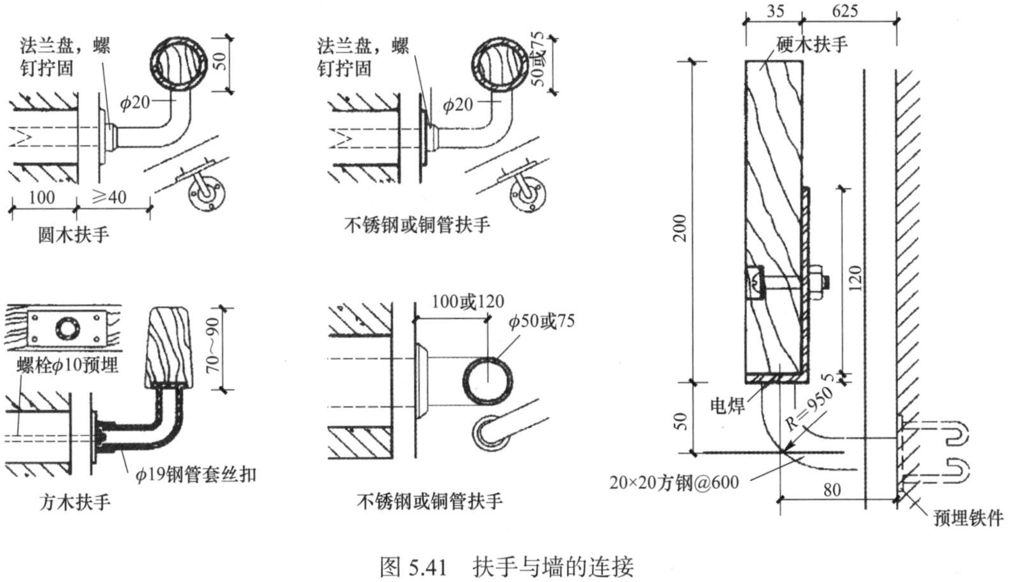

图 5.41 扶手与墙的连接

5.4.4 楼梯转弯处扶手的构造

在底层第一跑梯段起跑处，为增强栏杆的刚度和美观，需对第一级踏步和栏杆扶手进行特殊处理，如图 5.42 所示。

图 5.42　栏杆起步及转折处的处理示例

在平台转弯处往往存在高差，应进行调整和处理。当上下梯段在同一位置，可以将梯井处横向扶手倾斜设置，或者下跑梯段扶手在转折处上弯形成鹤颈扶手，从而连接上下两端扶手。如果栏杆往平台深入 1/2 个踏步，或将上下梯段错开一个踏步，就可以使扶手顺接。常见的楼梯扶手转弯处的处理如图 5.43 所示。

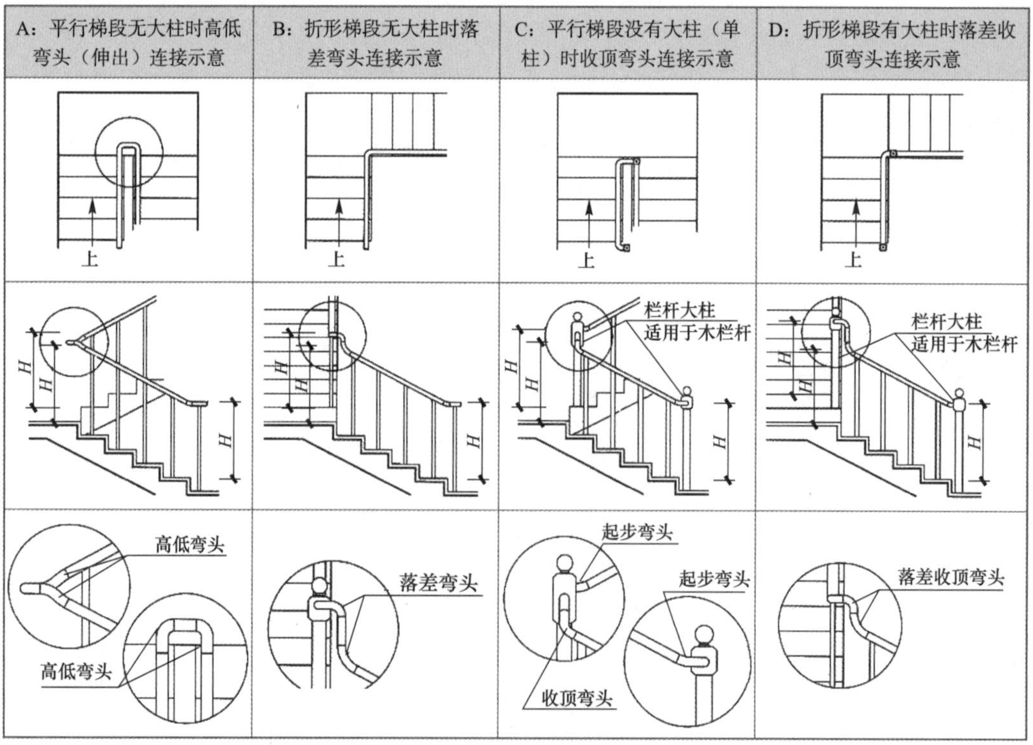

图 5.43　楼梯扶手转弯处的处理

链 接

楼梯扶手的惊艳设计

楼梯扶手作为楼梯的一部分，在满足功能的同时，对于建筑的内部空间也起到了重要的装饰作用。因此，许多设计师会根据建筑的用途、需要和营造的氛围设计与之相匹配的扶手（图 5.44）。

(a) 金属质感的扶手

(b) 与工业风完美融合的网状扶手

(c) 别具现代感的一体式楼梯扶手

图 5.44 独特的楼梯扶手

5.5 电梯与自动扶梯

知识导入

近年来，随着城镇化的推进及居民生活水平的提高，电梯已成为百姓生产、生活中不可或缺的垂直交通工具。目前，中国已成为世界上电梯保有量最大的国家。我们走进商场也总是会在显眼的位置看到自动扶梯。它们为我们的上下通行带来了方便与快捷。本节学习两者的构造组成、分类及相关的设计要求。

趣 闻

电梯的发展

1854 年，在纽约水晶宫举行的世界博览会上，美国人伊莱沙·格雷夫斯·奥的斯第一次向世人展示了他的发明——历史上第一部安全升降梯。从那以后，升降梯在世界范围内得到了广泛应用。以奥的斯的名字而命名的电梯公司也已经发展成为世界领先的电梯公司。

随着科技的发展，电梯技术也在进步。电梯的样式由直式到斜式，在操纵控制方面经历了手柄开关操纵、按钮控制、信号控制、集选控制、人机对话等发展过程，多台电梯还出现了并联控制，智能群控。双层轿厢电梯体现出节省井道空间，提升运输能力的优势；变速式自动人行道扶梯大大节省了行人的时间；不同外形（如扇形、三角形、半棱形、圆形）的观光电梯则使身处其中的乘客的视线更为开阔。

电梯技术的发展，带来人们生活质量的提高（图 5.45）。

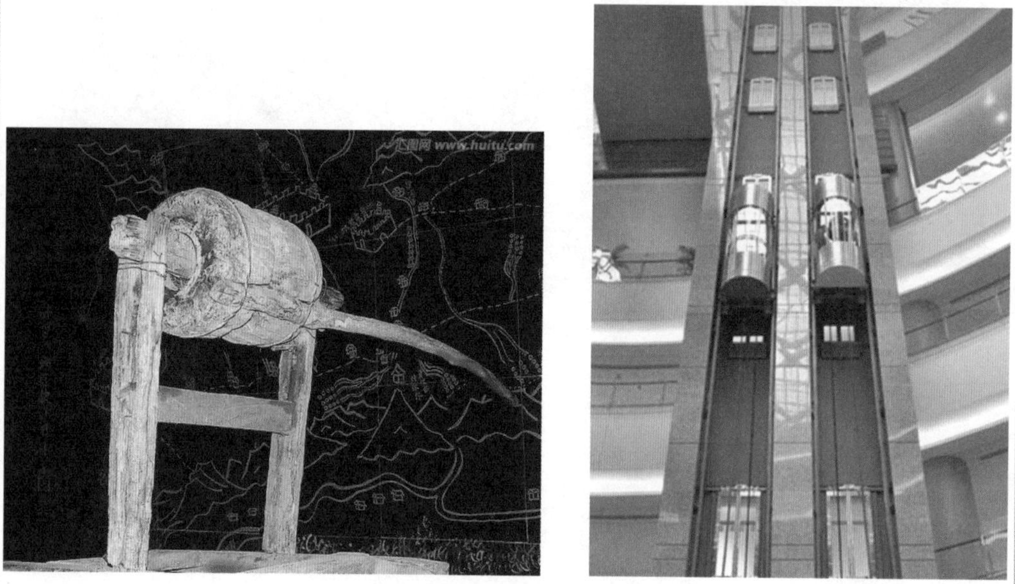

图 5.45　电梯的发展

教学内容

电梯与自动扶梯为人们上下通行带来了方便与快捷。由于不同厂家提供的设备尺寸、运行速度及对建筑物的要求都不同，因此在设计中应按厂家提供的产品尺寸进行设计。学习电梯与自动扶梯构造需要了解它们的组成与分类及相关的设计要求。

5.5.1　电梯的类型

1）按使用性质分类，有客梯、货梯和消防电梯。

2）按电梯的行驶速度分类，有高度电梯、中速电梯和低速电梯。

3）观光电梯。

电梯分类与井道平面图如图 5.46 所示。

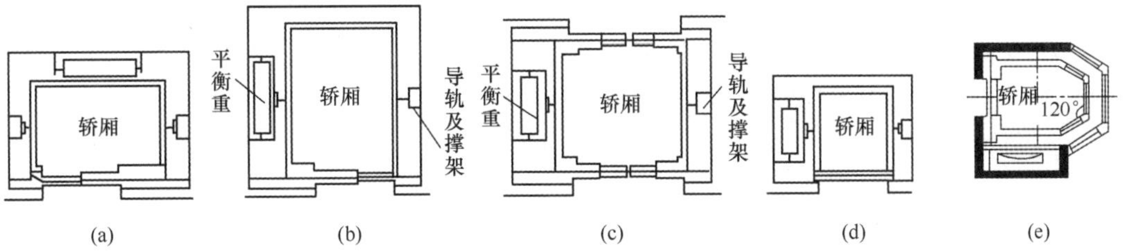

图 5.46　电梯分类与井道平面图

5.5.2　电梯的组成

（1）电梯井道

电梯井道是电梯运行的通道。井道内包括出入口、电梯轿厢、导轨、导轨撑架、平衡锤及缓冲器等。不同用途的电梯，井道的平面形式也不同，如图 5.47 所示。

（2）电梯机房

电梯机房一般设在井道的顶部。机房和井道的平面相对位置允许机房向任意一个或两个相邻方向伸出，并满足机房相关设备安装要求。机房楼板应按照机器设备要求的部位预留孔洞。

（3）井道地坑

井道地坑在最底层平面标高 1.4m 以下，是考虑电梯停靠的冲力，作为轿厢下降所需的缓冲器的安装空间。

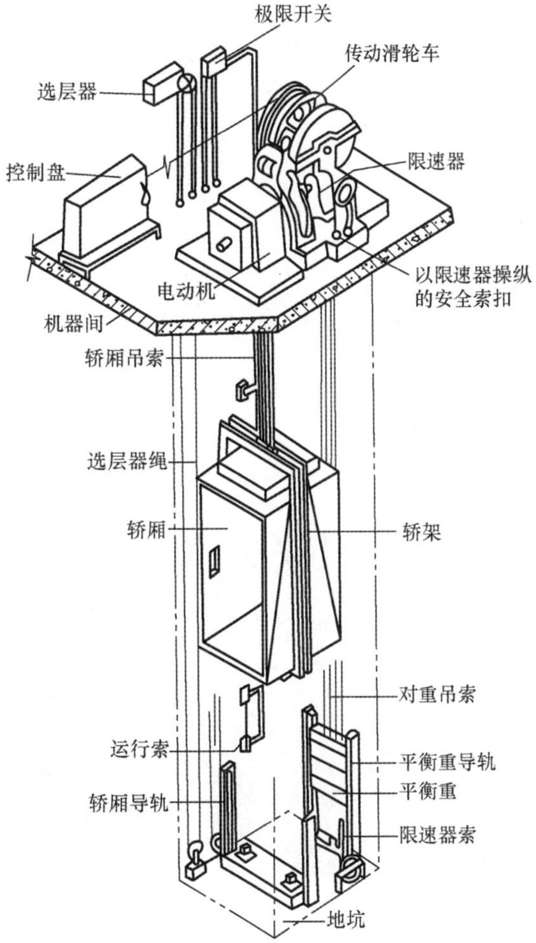

图 5.47　电梯的组成

5.5.3　电梯的设计要求

《民用建筑统一设计标准》（GB 50352—2019）规定：

1）电梯不得计入安全出口。

2）以电梯为主要垂直交通工具的高层公共建筑和 12 层及 12 层以上的高层住宅，每栋楼设置电梯的台数不应少于 2 台。

3）建筑物每个服务区单侧排列的电梯不宜超过 4 台，双侧排列的电梯不宜超过 2 排 ×4 台；电梯不应在转角处贴邻布置。

4）电梯候梯厅的深度应符合相关要求，并不得小于 1.5m。

5）电梯井道和机房不宜与有安静要求的用房贴邻布置，否则应采取隔振、隔声措施。

6）机房应为专用的房间，其围护结构应保温、隔热，室内应有良好通风、防尘，有自然采光，不得将机房顶板作为水箱底板及在机房内直接穿越水管或蒸汽管。

7）消防电梯的布置应符合现行国家标准《建筑设计防火规范》（GB 50016—2014）（2018 年版）。

5.5.4 电梯门套

电梯门套与电梯厅的装修统一考虑，可用水泥砂浆抹灰，水磨石或木板装修；高级电梯门套还可采用大理石或金属装修（图 5.48、图 5.49）。

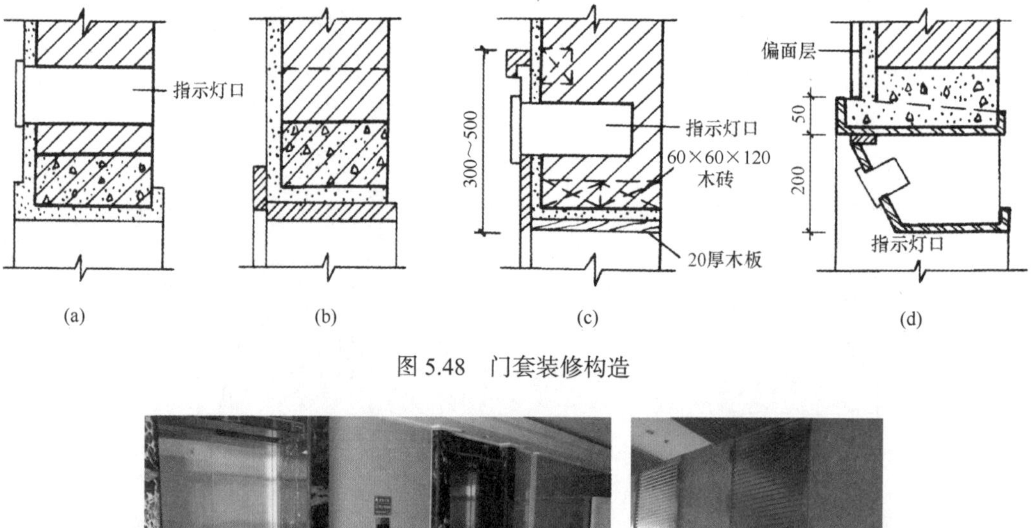

(a) (b) (c) (d)

图 5.48 门套装修构造

(a) 大理石门套 (b) 不锈钢门套

图 5.49 电梯门套示例

电梯门一般为双扇推拉门，宽为 800 ～ 1500mm，有中央分开推向两边的和双扇推向同一边的两种。推拉门的滑槽通常安置在门套下楼板边梁如牛腿状挑出的部分，如图 5.50 所示。

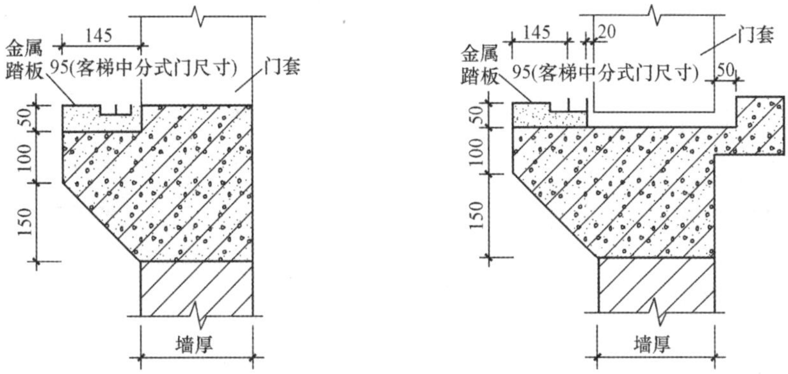

图 5.50　电梯门厅牛腿滑槽构造

5.5.5　自动扶梯

自动扶梯适用于有大量人流上下的公共场所，如火车站、客运站、码头、地铁、航空港、大型商场及展览馆等。

自动扶梯可正、逆两个方向运行，可做提升及下降使用。机器停转时可作临时性的普通楼梯使用（图 5.51）。

图 5.51　自动扶梯

1．自动扶梯的组成

自动扶梯由电动机械牵动梯段踏步连同扶手上下运行，其构造如图 5.52 所示。机房悬在楼板下面，首层则做地坑。机房上自动扶梯口处的楼板做成活动地板以利于检修，地坑也应做防水处理。

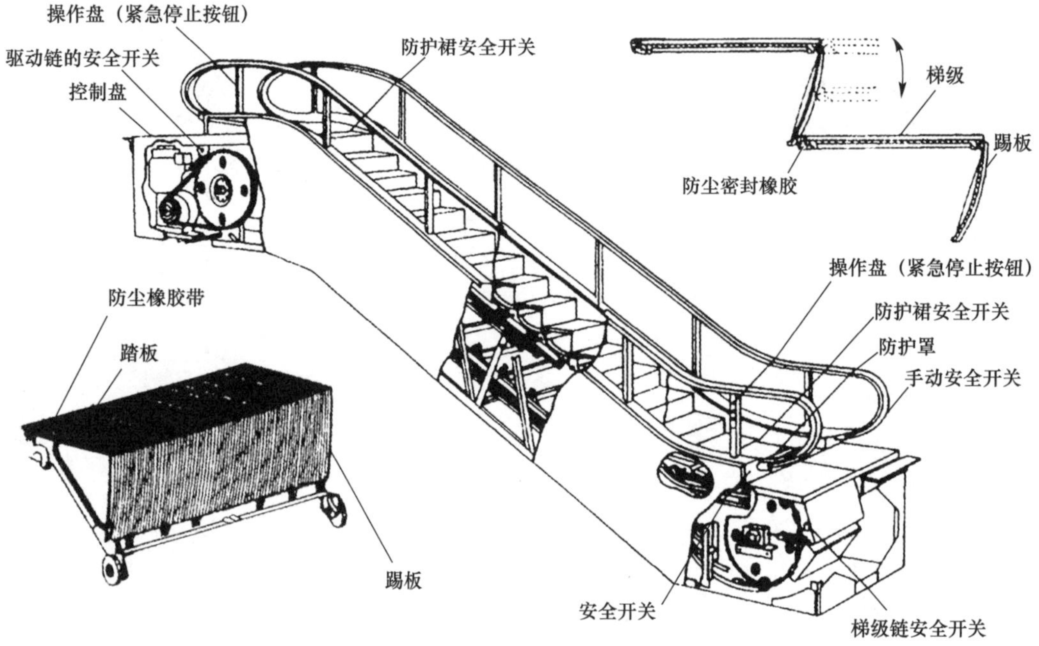

图 5.52　自动扶梯内部构造示意

2．自动扶梯的技术参数

自动扶梯按输送能力的大小可分为单人及双人两种。自动扶梯的主要技术参数见表 5.3，具体设计时应以供货厂家技术条件为准。

表 5.3　自动扶梯的主要技术参数

<table>
<tr><th>梯形</th><th>梯段宽度 / mm</th><th>提升高度 / m</th><th>倾斜角度 /（°）</th><th>额定速度 /（m•s⁻¹）</th><th>理论运送能力 /（人•h⁻¹）</th><th>电源</th></tr>
<tr><td>单人梯</td><td>600，800</td><td rowspan="2">3～10，3～8.5</td><td rowspan="2">27.3，30，35</td><td rowspan="2">0.5，0.6</td><td>4500，6750</td><td rowspan="2">三相交流 380V、50Hz，功率 3.7～15kW</td></tr>
<tr><td>双人梯</td><td>100，1200</td><td>9000</td></tr>
</table>

3．自动扶梯的设计要求

1）自动扶梯和自动人行道不得作为安全出口。

2）出入口需设置畅通区，畅通区的宽度不应小于 2.5m，当有密集人流穿行时，其宽度应加大。

3）栏板应平整、光滑和无凸出物，扶手带顶面距自动扶梯前缘、自动人行道踏板面或胶带面的垂直高度不应小于 0.9m；扶手外带边至任何障碍物不应小于 0.5m，否则应采取措施以防止障碍物引起人员伤害。

4）扶手带中心线与平行墙面或楼板开口边缘间的距离及相邻平行交叉设置时楼梯（道）直接扶手中心线的水平距离，不宜小于 0.5m，否则应采取措施以防止障碍物引起人员伤害。

5）自动扶梯的梯级踏板或胶带上空，垂直净高不应小于 2.3m。

6）自动扶梯的倾斜角不应超过 30°，当提升高度不超过 6m 时，额定速度不超过 0.5m/s 时，倾斜角允许增至 35°。

7）自动扶梯单向设置时，应就近布置相匹配的楼梯。

8）设置自动扶梯所形成的上下层贯通空间，应符合《建筑设计防火规范》（GB 50016—2014）（2018 年版）所规定的有关防火分区等要求。

自动扶梯相关尺寸如图 5.53 所示。

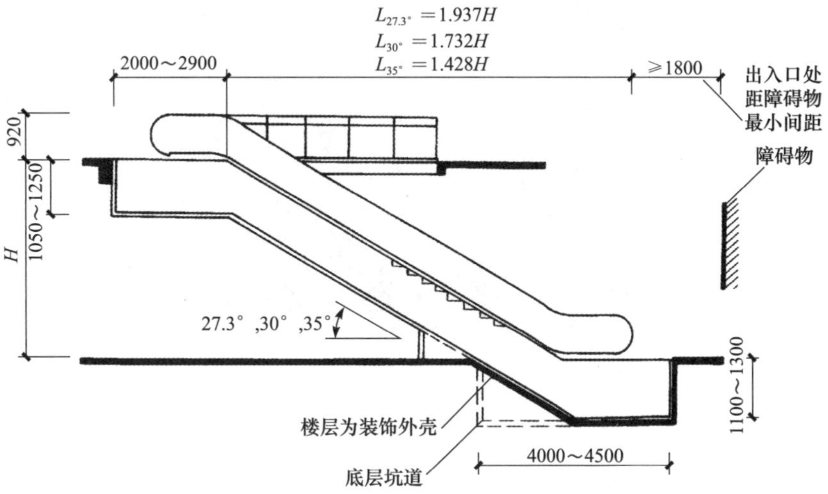

图 5.53　自动扶梯尺寸要求

链　接

旧楼加装电梯

随着社会老龄化趋势越发显著，多层住宅加装电梯已成为一个社会问题。我国城市中有大量建于 2000 年之前的老旧小区。如今，小区中的很多居民逐渐进入迟暮之年，上下楼越来越不方便，老楼旧房“加梯”改造成为现实需求。

“十二五”以来，各地针对老旧多层住宅加装电梯的工作进行了多次研究，北京、广州等城市均出台过支持旧楼加装电梯的相关政策。例如，北京市财政给予 40% 补贴、广州发布的《广州市既有住宅增设电梯办法》等在一定程度上推进了旧楼加装电梯工作进程。

根据有关部门统计测算，目前，北京可加装电梯的老旧小区住宅及新建多层住宅楼约 1.2 亿 m^2，逾 3 万栋；上海 7 层楼以下没有电梯的楼房面积约 1.5 亿 m^2，逾 20 万栋；广州有 5 万栋旧楼未加装电梯。图 5.54 所示为老旧楼房加装电梯现场。

图 5.54　老旧楼房加装电梯

5.6 室外台阶、坡道及无障碍设计

知识导入

室外台阶与坡道是建筑物出入口处室内外高差之间的交通联系构件。为什么有些建筑物的台阶个数比较少，有些比较多，甚至有些只需通过一个斜坡就直接进入建筑内？这与建筑物的功能有很大的关系，如厂房为了方便运输货物，通常设计成坡道；有些重要的建筑，为了营造雄伟严肃的氛围，会通过设计较高的台基和较多的踏步来烘托气氛。

趣 闻

中国古建筑——踏跺

我们几乎每天都要踩上那么几级台阶，“台阶”或“楼梯”是现代的称呼，在古代它常被称为“踏跺”，在宋代它又被叫作“踏道”。

图 5.55 如意踏跺

1）如意踏跺（图 5.55）：这种踏跺是最常见的，是古典园林民居建筑里最常用的，其特点是踏跺的两侧没有任何的条石护栏等，三面均可以上下，简洁大方。

2）垂带踏跺（图 5.56）：在如意踏跺两边加上两条条石，因像是加了两条长长的“带子”，故得名。

3）御路踏跺（图 5.57）：它的基本做法就是在垂带踏跺中间加一块石板，石板上会刻上山河云龙纹等图案。古代这种御路踏跺经常被皇家使用。

图 5.56 垂带踏跺

图 5.57 御路踏跺

教学内容

在建筑入口处设置台阶和坡道是解决建筑室内外地坪高差的过渡构造措施，从而满足人及车行的需要。构造设计中不仅要考虑正常人的使用，还需考虑一些残疾人或不方便的人使用的问题。因此，本节主要学习台阶、坡道及室外高差处无障碍的设计。

5.6.1 室外台阶

1. 台阶的样式和要求

台阶由踏步和平台组成，平面形式种类很多，应当与周围环境、建筑物的级别及功能相适应。常见的台阶形式有单面踏步、两面踏步、三面踏步、踏步带花池（花台）等。

《民用建筑设计统一标准》（GB 50352—2019）规定：

1）公共建筑室内外台阶踏步宽度不宜小于 0.3m，踏步高度不宜大于 0.15m，且不宜小于 0.1m；

2）踏步应采取防滑措施；

3）室内台阶踏步数不宜少于 2 级，当高差不足 2 级时，宜按坡道设置；

4）台阶总高度超过 0.7m 时，应在临空面采取防护设施；

通常平台宽度比门洞左右各宽 500mm，深度通常不小于 1000mm，为防止积水和雨水进入室内，通常向外设计 1% ～ 4% 的坡度。若有无障碍通行要求，则平台深度不应小于 1500mm。影剧院、体育馆观众厅疏散出口平台深度不应小于 1400mm（图 5.58）。

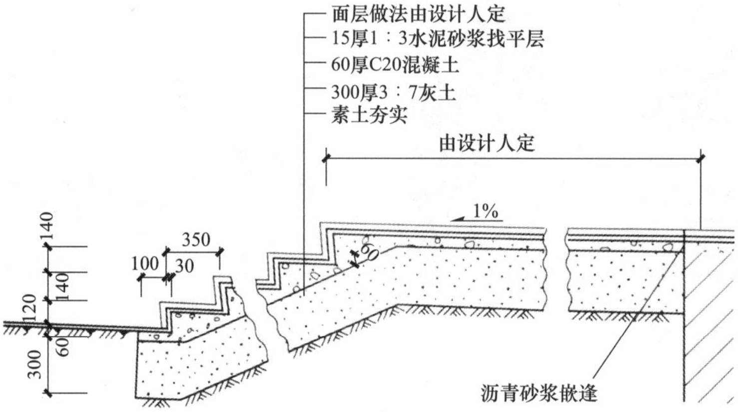

图 5.58 室外台阶的尺度

2. 台阶的构造

台阶的构造可分为实铺和架空两种。大多数台阶采用实铺。实铺台阶的构造与室内地面相似，由基层、垫层和面层组成。一般只需挖去腐殖土，采用素土夯实，垫层采用细石混凝土、碎砖、碎石或者砖砌，面层采用水泥砂浆、混凝土、水磨石、天然石材等耐气候作用的材料。严寒地区的台阶还需考虑地基冻胀土因素的影响，可以用含水率低的砂石垫层换土至冰冻线以下。图 5.59 所示为几种常见台阶的做法示意。

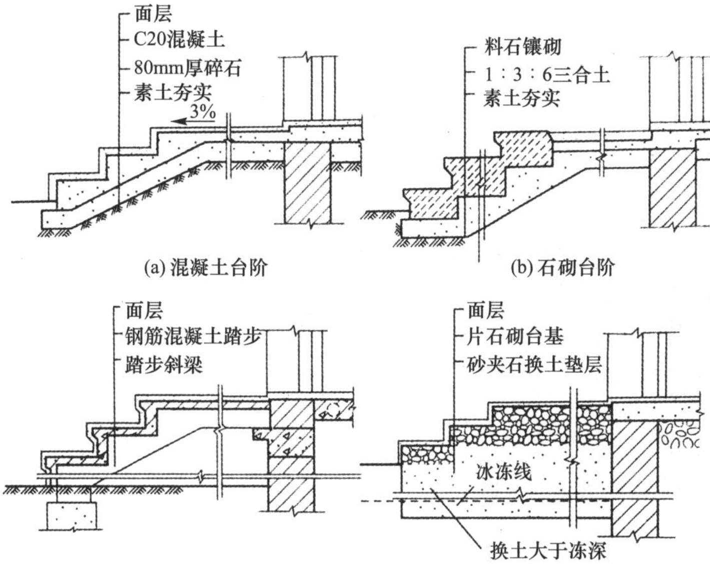

(a) 混凝土台阶 (b) 石砌台阶

(c) 钢筋混凝土架空台阶 (d) 换土地基台阶

图 5.59 室外台阶的构造类型

AR 图：混凝土台阶

AR 图：预制钢筋混凝土架空台阶

AR 图：石台阶

AR 图：换土地基台阶

当台阶尺度较大或处于寒冷、严寒冻胀土地区，为保证台阶不开裂或塌陷，往往采用架空台阶［图 5.59（c）］并且室外台阶与主体承重结构断开。如需设置基础，基础埋深按照当地冻深要求设计，垫层采用防冻胀材料（如中粗砂、砂卵石、炉渣或炉渣灰土等）填筑（图 5.60）。

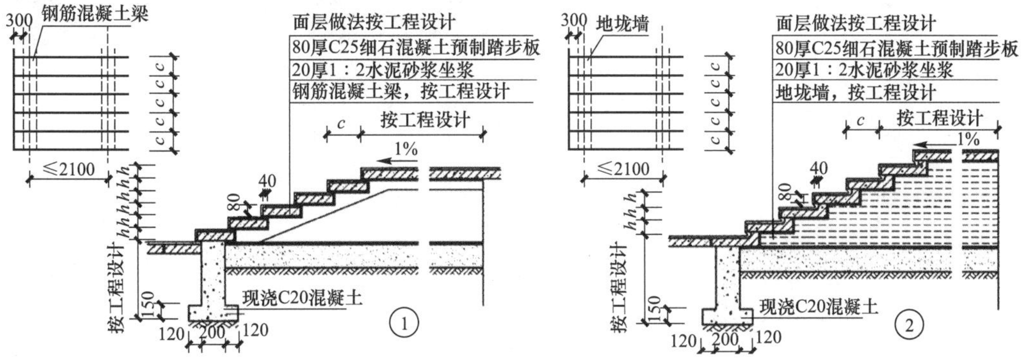

图 5.60 大台阶的构造类型

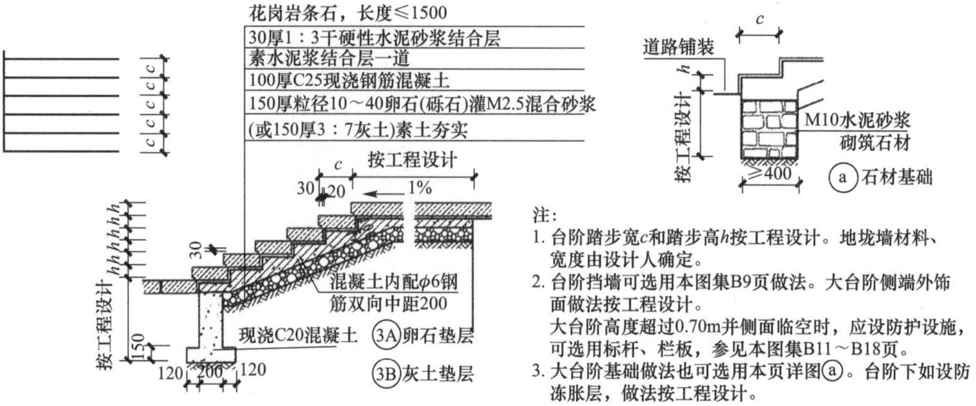

图 5.60（续）

5.6.2　坡道

1．坡道的样式和要求

为便于车辆通行，室内外有高差处通常设置坡道，常见的有机动车行驶坡道和非机动车坡道（图 5.61）。有些大型公共建筑为使机动车能在大门处通行，常采用坡道与台阶结合的方式。

(a) 机动车坡道　　(b) 非机动车坡道

图 5.61　坡道的类型

《车库建筑设计规范》（JGJ 100—2015）规定：微型、小型车机动车坡道应满足机动车行驶要求，直线双向行驶时不应小于 5.5m，单向行驶时不应小于 3.0m；曲线双向行驶时不应小于 7.0m，单向行驶时不应小于 3.8m。微型、小型车机动车直线坡道最大纵坡不应大于 15%，曲线坡道最大纵坡不应大于 10%。当坡道纵向坡度大于 10% 时，坡道上、下端均

典型的室外台阶示例（图文）

应设缓坡坡段，其直线缓坡段的水平长度不应小于 3.6m，缓坡坡度应为坡道坡度的 1/2；曲线缓坡段的水平长度不应小于 2.4m，曲率半径不应小于 20m，缓坡段的中心为坡道原起点或止点，如图 5.62 所示；大型车的坡道应根据车型确定缓坡的坡度和长度。

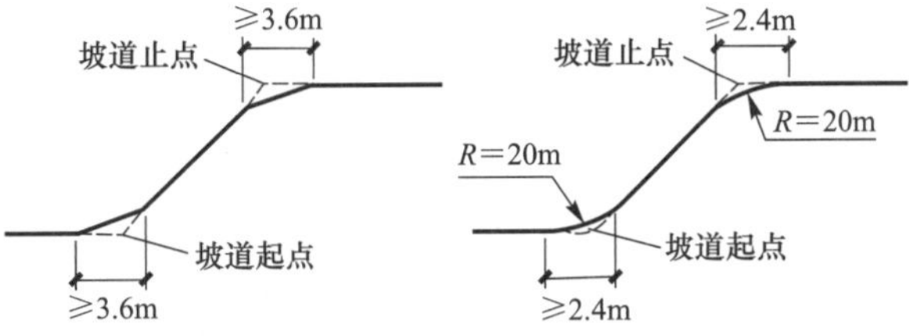

(a) 直线缓坡　　(b) 曲线缓坡

图 5.62　缓坡

非机动车库出入口宜采用直线形坡道，当坡道长度超过 6.8m 或转换方向时，应设休息平台，平台长度不应小于 2.00m，并应能保持非机动车推行的连续性。踏步式出入口推车斜坡的坡度不宜大于 25%，单向净宽不应小于 0.35m，总净宽度不应小于 1.80m。坡道式出入口的斜坡坡度不宜大于 15%，坡道宽度不应小于 1.80m。

一些工业建筑的出入口当采取台阶不利于车辆进入内部时，可采用坡道的形式。此时坡道的宽度通常比门洞左右各宽 500mm，坡度一般为 1/6 ～ 1/8，坡度大于 1/8 须有防滑措施，一般可将坡道面层做成锯齿状或设防滑条（图 5.63）。

(a) 台阶坡道结合式　　(b) 坡道式

图 5.63　建筑入口处坡道

2．坡道的构造

坡道一般采用实铺，构造要求同台阶。垫层的强度和厚度应根据坡长及上部荷载进行选择，严寒地区的坡道同样需要在垫层下部设置砂垫层（图 5.64）。

AR 图：台阶与坡道结合式

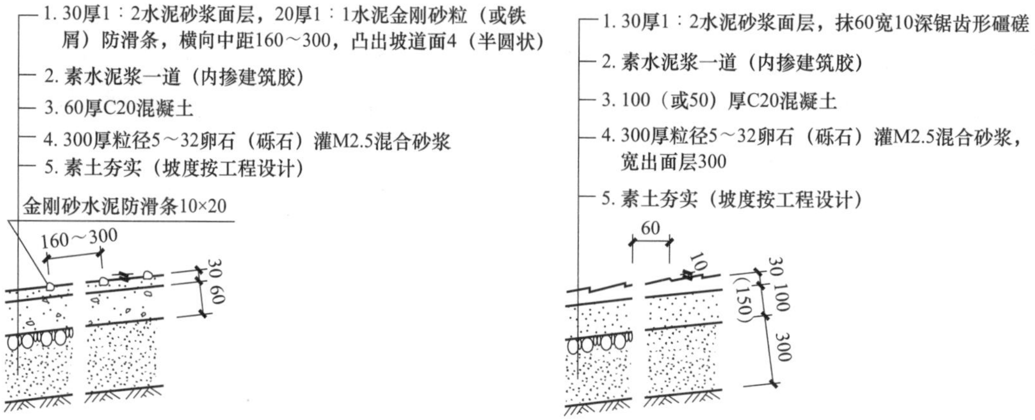
1. 30厚1：2水泥砂浆面层，20厚1：1水泥金刚砂粒（或铁屑）防滑条，横向中距160～300，凸出坡道面4（半圆状）
2. 素水泥浆一道（内掺建筑胶）
3. 60厚C20混凝土
4. 300厚粒径5～32卵石（砾石）灌M2.5混合砂浆
5. 素土夯实（坡度按工程设计）
金刚砂水泥防滑条10×20
160～300
30
60
1. 30厚1：2水泥砂浆面层，抹60宽10深锯齿形礓磋
2. 素水泥浆一道（内掺建筑胶）
3. 100（或50）厚C20混凝土
4. 300厚粒径5～32卵石（砾石）灌M2.5混合砂浆，宽出面层300
5. 素土夯实（坡度按工程设计）
60
10
30
100
(150)
300

(a) 坡道表面嵌防滑条　　(b) 坡道表面做礓磋

图 5.64　坡道构造示例

5.6.3　无障碍设计

建筑构造设计不仅要考虑正常人的使用，还要考虑一些行动不便的人的使用问题。我国专门制定了《无障碍设计规范》（GB 50763—2012），从各方面对建筑设计提出了要求。其中，无障碍出入口、轮椅坡道、无障碍楼梯和台阶、无障碍电梯和升降平台是为了帮助行动障碍者的人性化设计。本节重点学习入口、楼梯、台阶和坡道的特殊构造要求。

1．无障碍出入口和轮椅坡道

无障碍出入口是指在坡度、宽度、高度上及地面材质、扶手形式等方面方便行动障碍者通行的出入口（图 5.65）。

(a) 平坡出入口　　(b) 有台阶和轮椅坡道的出入口

图 5.65　无障碍出入口

平坡出入口是指地面坡度不大于 1 ： 20 且不设扶手的出入口。

轮椅坡道是指在坡度、宽度、高度、地面材质、扶手形式等方面方便乘轮椅者通行的坡道。

无障碍出入口的轮椅坡道及平坡出入口应符合下列规定：

1）平坡出入口的地面坡度不应大于 1 ： 20，当场地条件比较好时，不宜大于 1 ： 30；

2）同时设置台阶和轮椅坡道的出入口，轮椅坡道的最大高度和水平长度应符合表 5.4 的规定。

表 5.4　轮椅坡道的最大高度和水平长度

坡度	1 ： 20	1 ： 16	1 ： 12	1 ： 10	1 ： 8
最大高度 /m	1.20	0.90	0.75	0.60	0.30
水平长度 /m	24.00	14.40	9.00	6.00	2.40

注：其他坡度可用插入法进行计算。

3）轮椅坡道起点、终点和中间休息平台的水平长度不应小于 1.50m（图 5.66）。

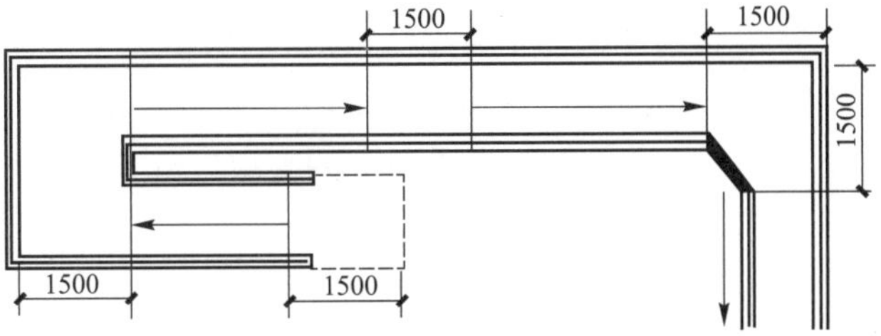

图 5.66　轮椅坡道的长度要求

4）轮椅坡道的高度超过 300mm 且坡度大于 1 ： 20 时，应在两侧设置扶手，坡道与休息平台的扶手应保持连贯，扶手应符合相关规范规定。轮椅坡道的坡面应平整、防滑、无反光。临空侧应设置安全阻挡措施。

5）无障碍单层扶手的高度应为 850 ～ 900mm，无障碍双层扶手的上层扶手高度应为 850 ～ 900mm，下层扶手高度应为 650 ～ 700mm。扶手应保持连贯，靠墙面的扶手的起点和终点处应水平延伸不小于 300mm 的长度。扶手末端应向内拐到墙面或向下延伸不小于 100mm，栏杆式扶手应向下呈弧形或延伸到地面上固定。扶手内侧与墙面的距离不应小于 40mm。扶手应安装牢固，形状易于抓握。圆形扶手的直径应为 35 ～ 50mm，矩形扶手的截面尺寸应为 35 ～ 50mm。扶手的材质宜选用防滑、热惰性指标好的材料。

2．无障碍楼梯、台阶

无障碍楼梯（图 5.67）应符合下列规定：宜采用直线形楼梯；公共建筑楼梯的踏步宽度不应小于 280mm，踏步高度不应大于 160mm；不应采用无踢面和直角形突缘的踏步；宜在两侧均做扶手；如采用栏杆式楼梯，在栏杆下方宜设置安全阻挡措施；踏面应平整防滑或在踏面前缘设防滑条；距踏步起点和终点 250 ～ 300mm 处宜设提示盲道；踏面和踢面的颜色宜有区分和对比；楼梯上行及下行的第一阶宜在颜色或材质上与平台有明显区别。

图 5.67　无障碍楼梯

台阶的无障碍设计应符合下列规定：公共建筑的室内外台阶踏步宽度不宜小于 300mm，踏步高度不宜大于 150mm，并不应小于 100mm；踏步应防滑；三级及三级以上的台阶应在两侧设置扶手；台阶上行及下行的第一阶宜在颜色或材质上与其他阶有明显区别。

链　接

养老建筑的设计

民政部预测：“十四五”期间，中国老年人口将突破 3 亿，将从轻度老龄化迈入中度老龄化。如何让老年人拥有高质量的晚年生活，已经成为全社会面临的共同挑战。

如何建造满足适合老年人的居住体系是建筑师们思考的重点和迫切需要解决的问题。社会化养老模式的兴起，促成了养老地产行业的快速发展，养老设施的建设及对养老建筑设计与规划的重视，也更加完善了我国的养老机制。但在机遇和挑战并存的今天，不能更好解决人性化、专业化养老需求的建筑模式终将被市场淘汰。因此，在养老建筑设计中要综合考虑区位要素、配套设施、环境特点、使用群体心理和未来功能拓展等设计原则，才能打造更具人性化、科技化、智能化的综合性养老建筑（图 5.68）。

图 5.68　老人的闲适生活

实训项目：楼梯的设计

1．楼梯设计的一般步骤

在对建筑物的楼梯进行设计时，先要决定楼梯所在的位置，再按照以下步骤进行设计：

1）根据建筑物的类别和楼梯在平面中的位置，确定楼梯的形式、梯段宽度 a。

2）根据楼梯的性质和用途，确定楼梯的适宜坡度；选择踏步高和踏步宽，确定踏步级数（$b+2h=600\sim620$mm，$b+h=450$mm，$18\geqslant$踏步级数$\geqslant3$）。

3）确定整个楼梯间的平面尺寸。楼梯间的长度（B）为平台总宽度（D_1+D_2）与最长的梯段长度（L）之和。若楼梯平台通向多个出入口或有门开向平台，平台深度应适当加大，以免碰撞；若梯段扶手有深入平台部分，应考虑扶手对楼梯和平台净宽的影响（$B=D_1+L+D_2$）。

4）通过剖面图来检查楼梯的平面设计是否满足规范和要求。通过剖面设计，人们可以检验楼梯的通行性，与主体结构交会处的构建安置及平台和梯段净高等是否存在问题，以便及时修改（平台下净高$\geqslant$ 2.0m，梯段处净高$\geqslant$ 2.2m）。

2．楼梯的尺度设计

如图 5.69 所示，以双跑楼梯为例，说明楼梯尺寸计算方法。

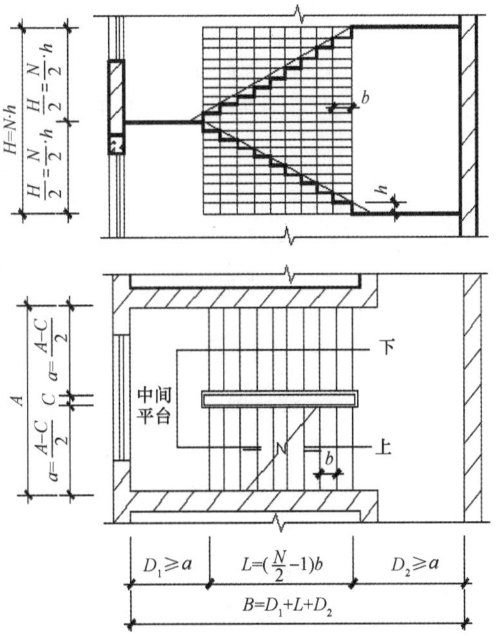

图 5.69　楼梯的尺度设计

1）根据建筑物层高 H 和初步选择的踏步高 h 确定每层的踏步数 N，$N=H/h$，为了减少构件的规格，一般尽量采用等跑梯段，因此 N 宜为偶数，若求出 N 为奇数或非整数，可以反过来调整踏步高 h。

2）根据步数 N 和初步的踏步高 h 决定梯段的水平投影长度 L，其公式为

$$L=（N/2-1）\times b$$

3）确定梯井宽度。供儿童使用的楼梯梯井宽度不应大于 120mm，以保证安全。

4）根据楼梯间的净宽 A 和梯井宽度 C，确定梯段宽度 a，即

$$a=（A-C）/2$$

此时应注意梯段宽度是否符合该建筑的疏散宽度要求。

5）根据中间平台宽度 D_1（$D_1 \geqslant a$）和楼层平台宽度 D_2（$D_2 \geqslant a$），以及梯段水平投影长度 L 检验楼梯间的进深长度 B：

$$B=D_1+L+D_2$$

若不能满足上式，则对 L 值进行调整。这里需要注意的是，当为开敞楼梯间时，D_2 不小于 500mm 即可。楼梯间常见的开间和进深轴尺寸还应符合楼梯建筑模数规定，一般为 100mm 或 300mm 的倍数。

3．楼梯设计举例

已知某三层楼住宅，一梯两户，钢筋混凝土框架结构，耐火等级为二级；楼梯间位于北面，室内外高差为 0.8m，首层平台下供人通行，楼梯开间为 2.7m，进深为 5.1m；层高为 2.8m，楼梯间墙厚为 200mm，轴线居中。单元门尺寸为 1.5m×2.4m，居中朝外开启，住宅入户门尺寸为 1.0m×2.1m，开向楼梯间；门垛尺寸为 0.1m。以上各层中间休息平台处设置 0.9m×1.5m 的窗户，窗台高为 0.9m。请根据条件设计该楼梯的平面图和剖面图（1 ∶ 50）。

设计步骤如下：

1)住宅楼梯，选择双跑楼梯，梯井宽度取 100mm，则梯段宽度为(2700-200-100)/2=1200（mm）。

2）根据规范，住宅踏步宽不应小于 260mm，踏步高不应大于 175mm，故取踏步宽 $b=260$；$h=$［（600 ～ 620）-260］/2=170 ～ 175（mm）。

3）确定踏步级数。2800/175=16（级），踏步高为 175mm，符合规范要求。采用双跑楼梯则每跑为 8 级。

4）确定第一个中间平台的宽度以标高。按照平台净宽大于等于梯段净宽的原则，取平台净宽为 1.25m。

由于第一个平台下有通人要求，净高不得小于 2.0m，楼梯处室内外高差可以调整为 0.1m。降低楼梯入口处室内标高，如果楼梯设计为等跑，则第一个休息平台下净高为（0.7+1.4-0.1）=2.0，虽满足要求，但太紧张，所以做不等跑。将第一跑增加到 10 级，则休息平台下净高为（0.7+0.175×10-0.1）=2.35（m），设楼梯梁高 0.35m，

则梁下净高为 2.35-0.25=2.1（m）＞ 2.0（m），满足规范要求。此时需要校核另一端平台净宽：5.1-0.2-1.25-0.26×9=1.31（m）＞ 1.2（m）且留有适当余地开门。

5）根据上述计算设计整个楼梯间，要注意梯段下的净高≥ 2.2m。

楼梯间平面图及剖面图如图 5.70 所示。

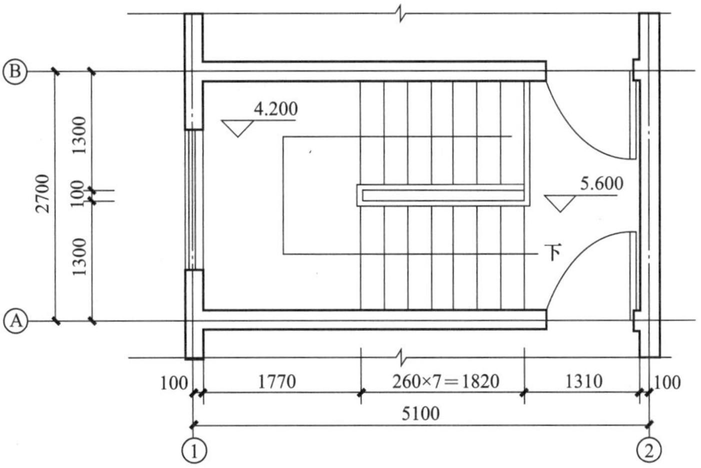

楼梯顶层平面图 1：50

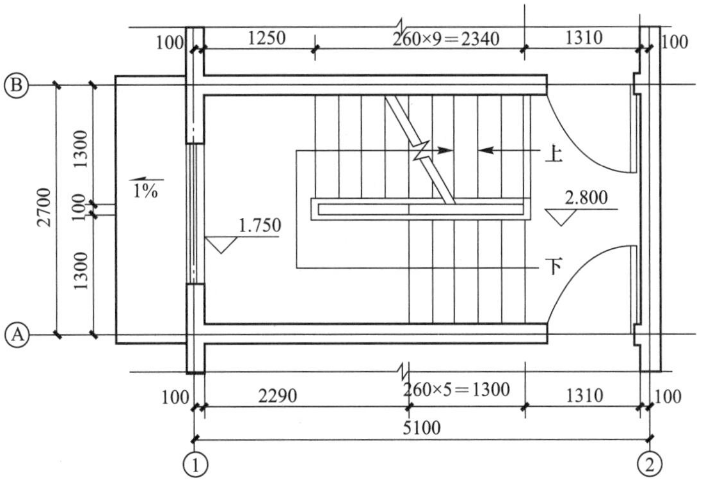

楼梯二层平面图 1：50

图 5.70 楼梯平面图、剖面图

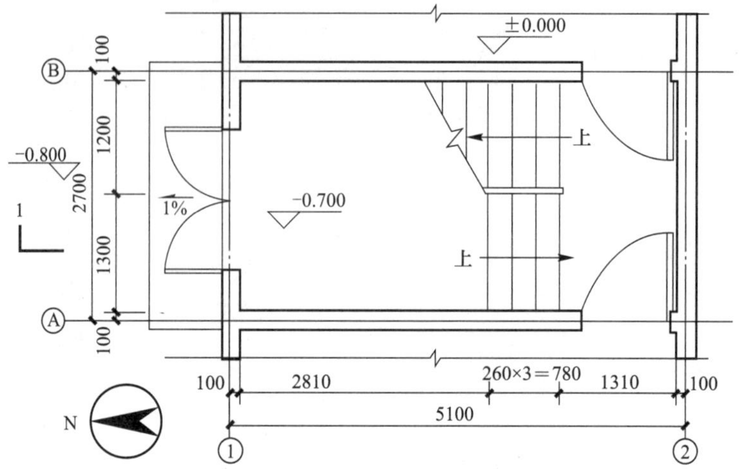

楼梯一层平面图 1∶50

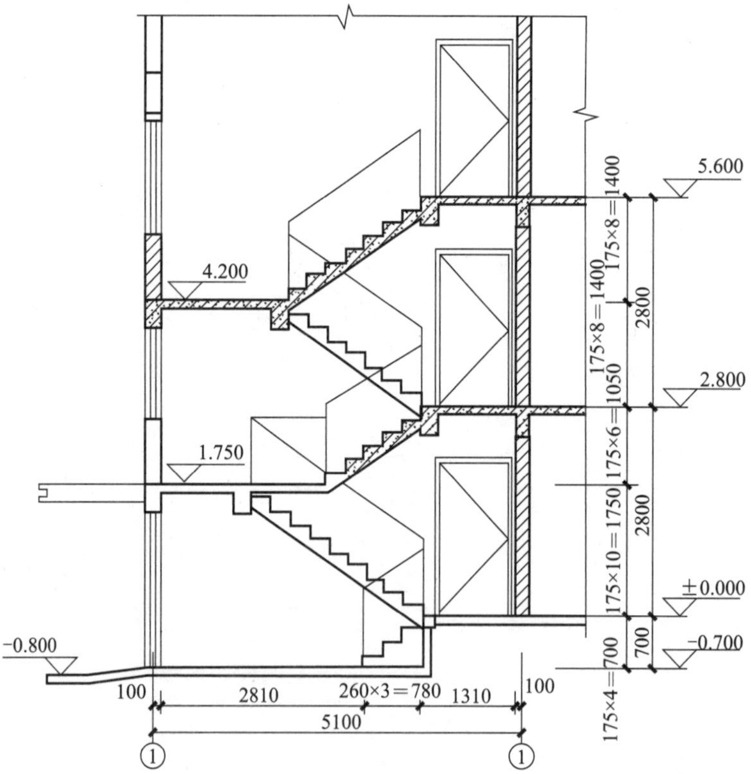

1—1剖面图 1∶50

图 5.70（续）

4．楼梯设计项目

（1）设计条件

1）某三层办公楼，底层平面图如图 5.71 所示。层高为 3600mm，有一敞开式楼梯间，开间为 3000mm，进深为 5700mm。内墙为 200mm，轴线居中；外墙为 200mm，轴线居中；室内外高差为 150mm；楼梯底层平台下无通行要求。

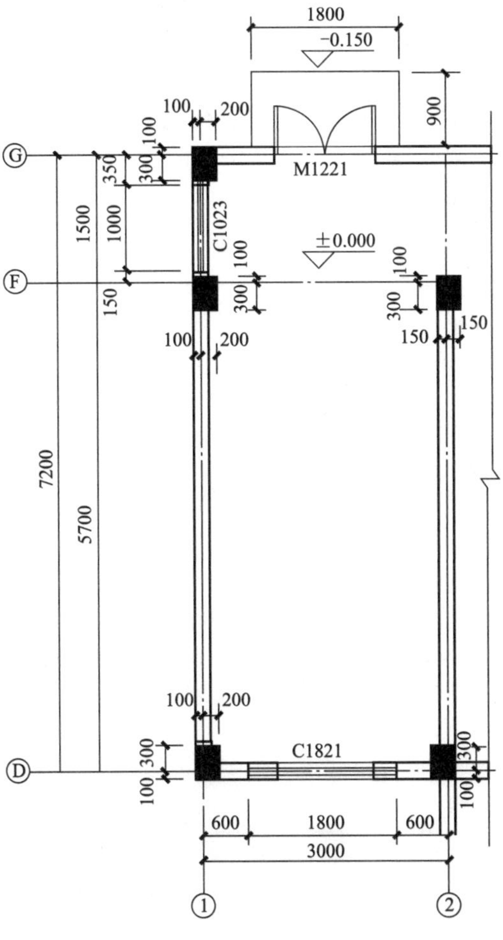

图 5.71　某办公楼楼梯底层平面图

2）采用现浇钢筋混凝土楼梯，梯段形式、步数、踏步尺寸、栏杆栏板形式、踏步面装修做法及材料由学生根据当地习惯自行确定。

3）楼梯间墙体为砖墙，楼层地面、平台楼地面做法和材料选择学生自行确定。

（2）设计内容

完成楼梯各层平面图、剖面图、踏步详图、栏杆（栏板）详图设计。比例：平、剖面 1 ∶ 30，详图 1 ∶ 10；A2 绘图纸；用铅笔或者墨线绘制；图中线条、材料符号一律按照建筑制图标准表示；要求字体工整，线条粗细分明。

（3）设计尺度

在各图中绘制出定位轴线及轴号，标出定位轴线至墙边的尺寸；平面图中绘出门窗、楼梯踏步、折断线；以各层楼地面为基准标注楼梯的上、下指示箭头；在各层平面图中注明中间平台及各层楼地面的标高；在首层平面图中绘制剖切符号及编号，并注意剖切符号的剖视方向；剖切线应通过楼梯间的窗户。

1）平面图上标注三道尺寸：

① 进深方向。

第一道尺寸：平台净宽、梯段长（踏面宽 × 步数）。

第二道尺寸：楼梯间净进深。

第三道尺寸：楼梯间进深轴线尺寸。

② 开间方向。

第一道尺寸：楼梯段的宽度、梯井宽。

第二道尺寸：楼梯间净宽。

第三道尺寸：楼梯间开间轴线尺寸。

2）首层平面绘出室外（内）台阶、散水，二层平面应绘制出雨篷。

3）剖面图可绘至顶层栏杆扶手，以上用折断线切断，不要求绘制屋顶。

4）剖面图内容有楼梯的断面形式，栏杆（栏板）、扶手形式，墙、楼板和楼层地面、顶棚、台阶、室外地面、首层地面等。

5）标注室内外地面、各层平台、窗台及窗顶、门顶、雨篷等处标高。

6）剖面图中应绘制定位轴线、标注定位轴线间尺寸，标注出详图索引号。

7）详图应注明材料、做法和尺寸，并标注详图编号。与详图无关的连续部分可用折断线断开。

本章小结

1．楼梯是由楼梯段、楼梯平台和栏杆扶手组成。

2．楼梯的尺度设计应满足相关规范要求。

3．钢筋混凝土楼梯可分为现浇整体式楼梯和预制装配式楼梯，随着工业化的发展，装配式楼梯的运用越来越广泛。

4．楼梯的细部构造包括踏步面层以及防滑处理、栏杆栏板的连接和设计等。

5．随着以人为本的建筑理念的提出，无障碍设计也显得非常重要。

6．虽然有些建筑中电梯和自动扶梯已经成为主要的垂直交通设施，但楼梯仍要负担起紧急情况下的安全疏散作用。

课后习题

1．楼梯是由哪些部分组成的？

2．当建筑物底层平台下作出入口时，为增加净空高度，常采取哪些措施？

3．楼梯坡度如何确定？踏步高与踏步宽和行人步距的关系如何？

4．楼梯的净高一般指什么？为保证人流和货物的顺利通行，要求楼梯净高一般是多少？

5．钢筋混凝土楼梯常见的结构形式是哪几种？各有何特点？

学习小结

（沿此虚线裁剪）

观后感

要求：扫描本章二维码，进一步加深对垂直交通设施相关知识的掌握，并对身边的建筑进行调查，以其中的一幢建筑物为对象，对其所有的垂直交通设施的形式进行描述，包括台阶、坡道、楼梯，如果有电梯和自动扶梯的也需要包括在内。

（沿此虚线裁剪）

第6章 屋顶

学习目标

1. 掌握屋顶的基本组成与类型、作用及设计要求；
2. 掌握卷材防水屋面的构造做法及其细部构造；
3. 熟悉屋顶的保温与隔热做法；
4. 熟悉坡屋顶的类型、组成、特点及屋顶承重结构的布置；
5. 了解坡屋顶的屋面及其细部构造。

学习引导（音频）

能力目标

1. 能进行屋顶的排水设计；
2. 能进行屋面构造的设计。

课程思政

在建筑使用过程中，屋顶容易出现问题，特别是漏水和保温隔热失效等问题。许多商品住宅的顶层往往难以销售，主要原因就在于屋顶的质量尤其是防水难以得到保障。

从“有得住”到“住得好”，这是人们对居住的追求，因此，我们要用智慧和技术改善设计方案，满足功能与美学要求；同时要筑牢匠心，用心施工，严把质量关，完美诠释设计蓝图，呈现精美作品。

在本章的学习过程中，我们要理论联系实际，用心了解、认真体会屋顶应具有的围护、承重、维护和造型等作用，掌握设计要求和构造做法。秉着精益求精的精神，打造建筑精品。

思维导图

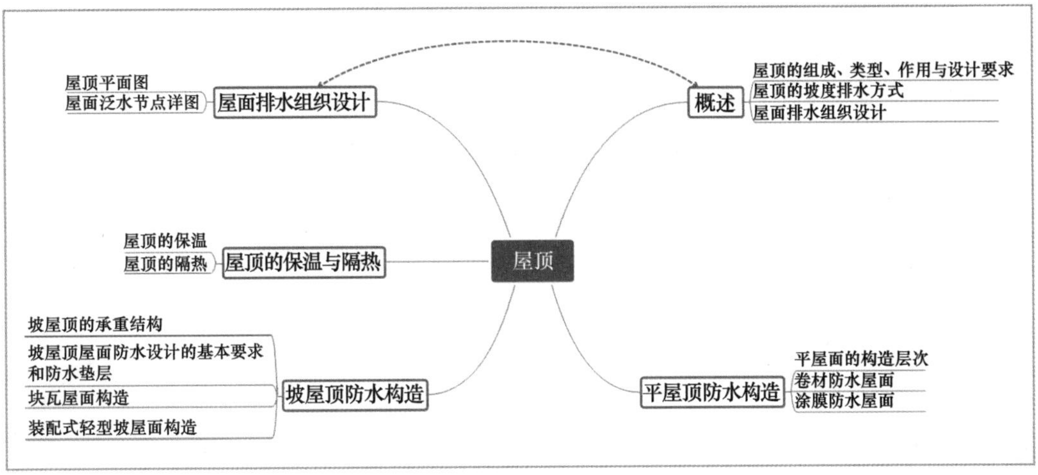

资源索引

页码	资源内容	形式
220	学习引导	音频
228	屋面排水组织设计（女儿墙断面图）	AR 图
	屋面排水组织设计（屋顶平面图）	AR 图
232	细石混凝土保护层分格缝	视频
233	不同黏结方法铺贴卷材的具体规定	图文
235	混凝土墙上卷材收头	AR 图
	砖墙上卷材收头	AR 图
237	水落口构造要点	视频
238	我国古代建筑屋顶的形式及具体要求	图文
240	梁架承重结构的屋面	图文
246	传统檐口的细部构造	视频
	小青瓦坐浆泛水	AR 图
251	屋面排汽管的构造和要求	图文
253	种植屋面构造	AR 图

6.1 概述

知识导入

屋顶是建筑物顶部的围护结构和承重构件，是建筑物的六大组成部分之一。屋顶的形式很多，古建筑屋顶除了功能性外还是等级的象征。现代建筑也很注重屋顶形式。

屋顶在构造设计时要注意解决防水、保温、隔热等问题。

趣　闻

贝聿铭——世界著名的华裔建筑学家

贝聿铭祖籍江苏苏州，是美籍华人建筑师，美国艺术与科学院院士，中国工程院外籍院士。

贝聿铭于20世纪30年代赴美，先后在麻省理工学院和哈佛大学学习建筑学。曾获得1979年美国建筑学会金奖、1981年法国建筑学金奖、1983年第五届普利兹克奖及1986年里根总统颁予的自由奖章等，被誉为“现代建筑的最后大师”。

贝聿铭作品以公共建筑、文教建筑为主，被归类为现代主义建筑，代表作品有巴黎卢浮宫扩建工程、香港中国银行大厦、苏州博物馆新馆等。其中，卢浮宫前的玻璃金字塔型的屋顶（图6.1）也是他的著名设计之一。

图6.1　卢浮宫前的玻璃金字塔屋顶

教学内容

6.1.1　屋顶的组成、类型、作用与设计要求

1．屋顶的组成

屋顶由屋面面层、承重结构、顶棚三部分组成。

1）屋面面层相对于结构层而言，是指屋面结构板面以上的部分，包括砂浆找平层、找坡层、保温层、防水层、保护层和饰面层。

2）承重结构承受屋面传来的荷载和屋顶自重，一般为屋架或屋面板。

3）顶棚是屋顶的底面，起着美观装饰的作用，有时也会根据需要增加保温、隔声、安置管道等作用。

2．屋顶的类型

屋顶按外形和排水坡度可分为平屋顶、坡屋顶、曲面屋顶及其他形式屋顶。其中，常见的是平屋顶（图 6.2）和坡屋顶（图 6.3）。

图 6.2　平屋顶

图 6.3　坡屋顶

屋顶按屋面材料可分为卷材防水屋面、涂膜防水屋面、保温屋面、隔热屋面、瓦屋面、金属板屋面、玻璃采光顶等。

按屋顶的使用功能可分为上人屋面和不上人屋面。

3．屋顶的作用

总的来说，屋顶的作用有以下三个方面。

1）围护作用：抵御自然界风、雨、雪、太阳辐射、气温变化等不利因素的影响。

2）承重作用：承受屋顶自重、风雪荷载及施工和检修屋面的各种荷载。

3）造型作用：对建筑物形象起着重要的作用。

4．屋顶的设计要求

1）根据围护作用，对设计方面有以下三个方面的要求。

① 具有良好的排水功能和阻止水侵入建筑物内的作用。

② 冬季保温减少建筑物的热损失和防止结露；夏季隔热降低建筑物对太阳辐射热的吸收。

③ 具有阻止火势蔓延的作用。

2）根据承重作用，则有两大方面的要求：

① 适应主体结构的受力变形和温差影响变形。

② 承受风、雪荷载的作用不产生破坏。

3）根据造型作用，提出了建筑艺术方面的要求：

建筑应具有物质和艺术两重性。既要满足人们的物质需求，又要满足人们的审美要求。现代城市的建筑由于跨度大、功能多，形状复杂、技术要求高，传统的屋面技术已很难适应，屋面工程设计需要突破千篇一律的屋面形式，使其功能适用、结构安全、形式美观。

6.1.2 屋顶的坡度和排水方式

根据《屋面工程技术规范》（GB 50345—2012）规定，“防排结合”是屋面工程设计的一条基本原则。“防”是指要防止屋面的水往下渗漏；而“排”是指屋面雨水能够迅速排走，减轻屋面防水层的负担，减少屋面渗漏的隐患。本节主要介绍“排”的设计。

屋面排水组织设计主要内容包括屋顶的排水坡度和排水方式两个方面。

1. 屋顶的排水坡度

（1）屋顶排水坡度的表示方法

屋顶坡度的表示方法通常有斜率法、百分比法和角度法（图 6.4）。

1）斜率法是以屋顶高度 H 与屋顶倾斜面的水平投影长度 L 的比值来确定排水坡度。如 $H : L$=1 : 2、1 : 20、1 : 50 等，常用于坡屋顶。

2）百分比法是以屋顶高度 H 与其水平投影长度 L 的百分比来表示排水坡度 i。如 i=1%、2%、3% 等，主要用于平屋顶，适用于较小的坡度。

3）角度法是以倾斜屋面与水平面所成的夹角表示，如 α=26°、30° 等，实际工程中不常用。

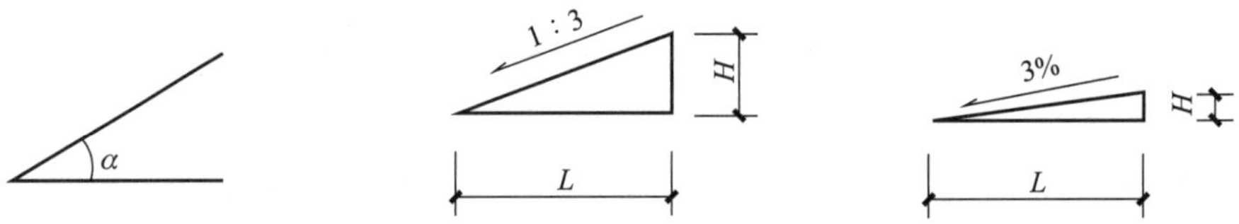

(a) 角度法　(b) 斜率法　(c) 百分比法

图 6.4　屋顶坡度表示方法示意

（2）屋面排水坡度的形成方式

屋面排水坡度的形成方式主要有材料找坡和结构找坡两种。

1）材料找坡（建筑找坡）：屋顶结构层像楼板一样水平搁置，采用价廉、质轻的材料，如水泥炉渣或石灰等来垫置屋面排水坡度，上面再设置防水层。如必须设置保温层的地区，也可以用保温材料来形成坡度。材料找坡适用于跨度不大的平屋顶（图 6.5）。

2）结构找坡（搁置坡度）：屋顶的结构层根据排水坡度的设计要求搁置在倾斜的梁或墙上，上面再铺设防水层。这种做法不需要另加找坡层，荷载轻、施工简便、造价低，若不另设悬吊式顶棚，顶面稍有倾斜。结构找坡一般适用于屋面进深较大的建筑物（图 6.6）。

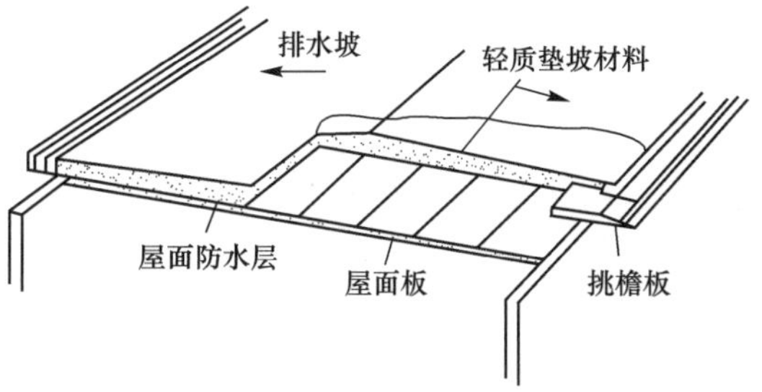

图 6.5 材料找坡

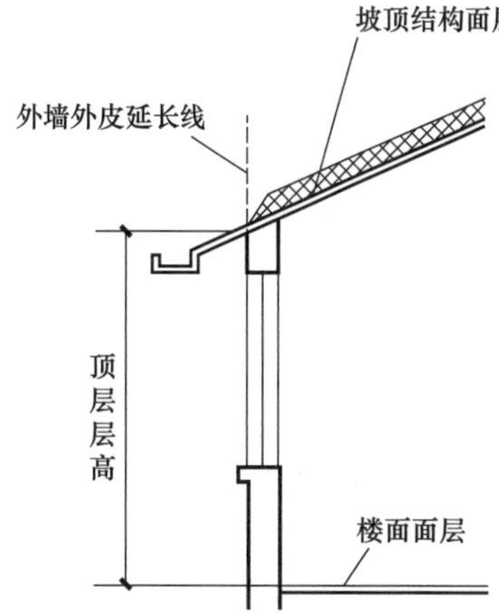

图 6.6 结构找坡

根据《屋面工程技术规范》（GB 50345—2012）规定，混凝土结构层宜采用结构找坡，坡度不应小于 3%；当采用材料找坡时，宜采用重量轻、吸水率低和有一定强度的材料，坡度宜为 2%。

（3）影响屋面排水坡度大小的因素

1）屋面防水材料与排水坡度的关系。如果防水材料尺寸较小，如瓦材，其接缝必然较多，容易产生缝隙渗漏，因此，屋面需要有较大的排水坡度，以便将屋面积水迅速排除，减少渗漏的可能。如果屋面的防水材料覆盖面积大，如卷材，接缝少而且严密，屋面的排水坡度就可以小一些。

2）降水量大小与坡度的关系。降水量大的地区，屋面渗漏的可能性大，屋顶的排水坡度应适当增加；反之，屋顶的排水坡度则宜小一些。如我国南方地区年降水量较大，北方地区年降水量较小，因而，在屋面防水材料相同的情况下，一般南方地区的屋面坡度会比北方地区的屋面坡度大一些。

3）其他因素的影响。影响屋面坡度的其他因素还有屋面排水线路的长短、屋面是否上人、屋面蓄水、建筑造型等。

根据《民用建筑设计统一标准》（GB 50352—2019）规定，在实际设计时，屋面排水坡度应根据屋顶结构形式、屋面基层类别、防水构造形式、材料性能及当地气候等条件确定，且应符合表 6.1 的规定。

表 6.1　屋面的排水坡度

屋面类别		屋面排水坡度 /%
平屋面	防水卷材屋面	≥ 2，< 5
瓦屋面	块瓦	≥ 30
	波形瓦	≥ 20
	沥青瓦	≥ 20
金属屋面	压型金属板、金属夹芯板	≥ 5
	单层防水卷材金属屋面	≥ 2
种植屋面	种植屋面	≥ 2，< 50
采光屋面	玻璃采光顶	≥ 5

注：1. 屋面采用结构找坡时不应小于 3%，采用建筑找坡时不应小于 2%；
2. 瓦屋面坡度大于 100% 以及大风和抗震设防烈度大于 7 度的地区，应采取固定和防止瓦材滑落的措施；
3. 卷材防水屋面檐沟、天沟纵向坡度不应小于 1%，金属屋面集水沟可无坡度；
4. 当种植屋面的坡度大于 20% 时，应采取固定和防止滑落的措施。

2. 屋顶排水方式

屋面排水方式可分为有组织排水和无组织排水。有组织排水时宜采用雨水收集系统。

无组织排水又称自由落水，是指屋面雨水经檐口自由下落至室外地面的一种排水方式。这种排水方式具有构造简单、造价低廉的优点。但屋面雨水自由落下会溅湿墙身，外墙脚常被飞溅的雨水侵蚀，影响外墙的耐久性，并可能影响人行道的交通。因此，无组织排水一般用于低层建筑及檐高小于 10m 的屋面。

有组织排水是指屋面雨水有组织地流经天沟、檐沟、水落口、水落管等，系统地将屋面上的雨水排出。这种排水方式具有不溅湿墙面、不妨碍交通的优点，因而应用十分广泛。

其中有组织排水可分为内排水和外排水或内外排水相结合的方式。

1）外排水。外排水就是将排水引入室外的雨水管，最后引入地沟。该方法不需在楼板开孔，且不占用室内空间，但会影响建筑物外立面，且不适用于高层，也不适用于冰冻地区。外排水有以下几种方式：

① 挑檐沟外排水（图 6.7）。

② 女儿墙外排水（图 6.8）。

③ 女儿墙挑檐沟外排水（既有女儿墙又有挑檐的排水方式）。

2）内排水。内排水就是将雨水管设在室内的方式，其优缺点和外排水相反（图 6.9）。

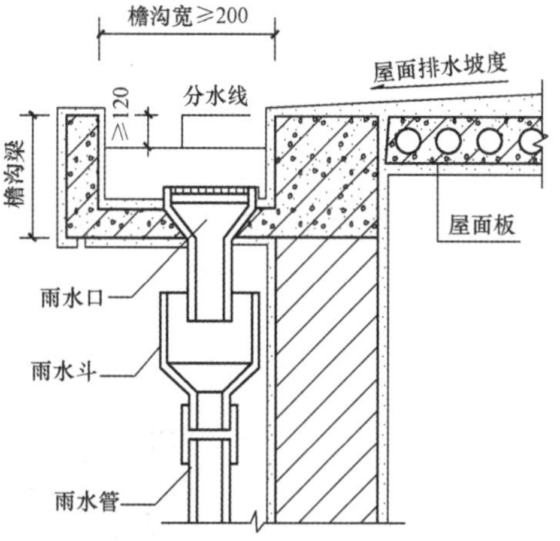

图 6.7 挑檐沟外排水

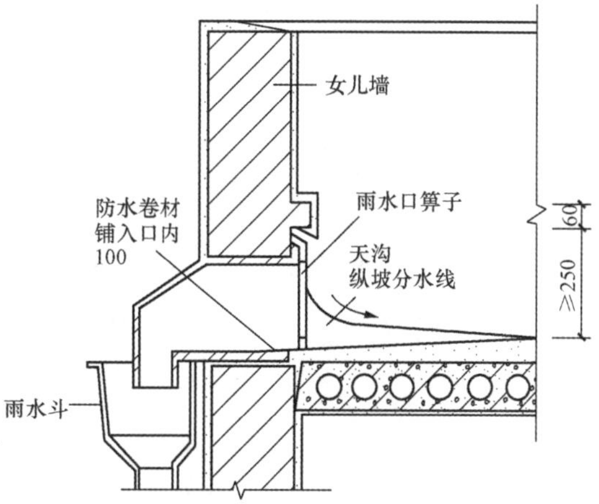

图 6.8 女儿墙外排水

图 6.9 室内雨水排水管

6.1.3 屋面排水组织设计

1. 确定排水坡面的数目

一般情况下，临街建筑平屋顶屋面宽度不超过 12m 时，可采用单坡排水；其宽度大于 12m 时宜采用双坡排水，否则会因排水路径太长而导致排水不畅。

除此之外，坡屋顶应结合建筑造型要求选择单坡、双坡或四坡排水。

2．划分排水区

划分排水区的目的是合理地布置水落管，使雨水管负荷均衡，使排水更顺畅。

排水区的面积是指屋面水平投影的面积，每一根水落管的屋面最大汇水面积不宜大于 200m^2，雨水口的间距为 18 ～ 24m。

3．确定天沟断面形式、尺寸及坡度

天沟即屋面上的排水沟，位于檐口部位时又称檐沟。设置天沟的目的是汇集屋面雨水，并将屋面雨水有组织地迅速排出。

天沟根据屋顶类型的不同有多种做法。如坡屋顶中可用钢筋混凝土、镀锌薄钢板、石棉水泥等材料做成槽形或三角形天沟。平屋顶的天沟一般用钢筋混凝土制作，当采用女儿墙外排水方案时，可利用倾斜的屋面与垂直的墙面构成三角形天沟；当采用檐沟外排水方案时，通常采用专用的槽形板做成矩形天沟。

钢筋混凝土檐沟、天沟净宽不应小于 300mm，分水线处最小深度不应小于 100mm；沟内纵向坡度不应小于 1%，沟底水落差不得超过 200mm，金属檐沟、天沟的纵向坡度宜为 0.5%。

AR 图：屋面排水组织设计（女儿墙断面图）

AR 图：屋面排水组织设计（屋顶平面图）

4．确定水落管规格及间距

水落管按材料的不同有铸铁、镀锌薄钢板、塑料、石棉水泥和陶土等，目前多采用铸铁和塑料水落管，其直径有 50mm、75mm、100mm、125mm、150mm、200mm 几种规格，一般民用建筑最常用的水落管直径为 100mm，面积较小的露台或阳台可采用 50mm 或 75mm 的水落管。

水落管的位置应在实墙面处，其间距一般在 18m 以内，最大间距不宜超过 24m，因为间距过大，则沟底纵坡面过长，会使沟内的垫坡材料增厚，减少了天沟的容水量，造成雨水溢向屋面引起渗漏或从檐沟外侧涌出。

链　接

城市的“第五立面”

我国的商业综合体给人们的生活提供了混合高效的休闲空间，作为商业综合体的外部空间——屋顶在慢慢地被开发与利用，形成了极具特色的城市“第五立面”。

例如，在设计上海大悦城时，其屋顶的公共空间设计是以爱情为主题的，用巨大的摩天轮及拍摄专区来吸引人群，而周围的屋顶餐厅、屋顶艺术商业街和儿童游乐园等业态的组合配套满足了不同群体的需求（图 6.10）。

图 6.10 上海大悦城的屋顶公共空间

通过增强对商业综合体屋顶公共空间的体验性、开放性及人性化设计，能够为市民提供更好的城市公共空间，增加城市活力，从而形成城市的“第五立面”。

6.2 平屋顶防水构造

知识导入

平屋顶是屋顶外部形式的一种，平屋顶的屋面较平缓，坡度小于 3%。

平屋顶构造简单，室内顶棚平整，能够适应各种复杂的建筑平面形状，提高预制装配化程度、方便施工、节省空间，有利于防水、排水、保温和隔热的构造处理。由于平屋顶的坡度小，会造成排水慢、屋面积水增加，易产生渗漏现象。

趣 闻

北美面积最大的屋顶

截至 2016 年，美国银行体育场（NFL 体育场）屋顶（图 6.11），有着北美最大的屋顶之称，屋顶的 60% 由 ETFE 膜构成，总面积为 22 000 m^2。

屋顶倾斜角度很大，以此来支持积雪径流，而 ETFE 光滑的特点有助于使积雪迅速地从屋顶上滑落。积雪沿着倾斜的屋顶向下移动到加热的水槽中，排到附近的密西西比河。

图 6.11　美国银行体育场

除解决积雪问题外，光照问题也能通过 ETFE 屋顶解决。半透明的 ETFE 膜材保证了建筑能够尽可能多地获取自然光，玻璃立面和半透明的 ETFE 屋顶会让人感觉置身室外。

ETFE 膜材料的完美应用，使得 NFL 体育场的屋盖成为最轻的体育场屋顶之一，还极大地降低了成本。

教学内容

6.2.1　平屋面的构造层次

平屋面的构造有多个层次，大致来说，从下至上由结构层、找坡层、找平层、防水层、隔离层和保护层组成（图 6.12）。

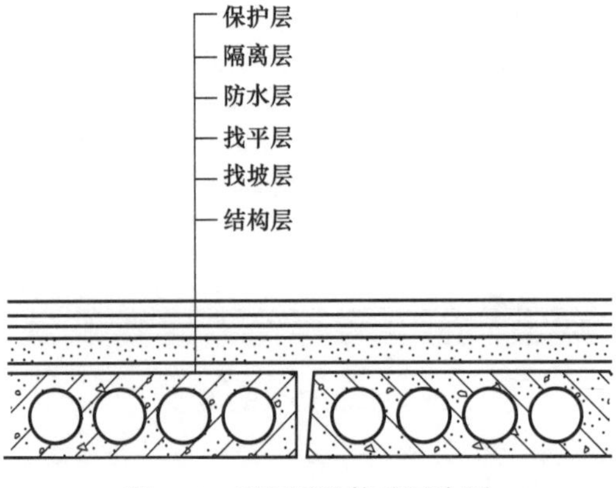

图 6.12　平屋面的构造层次图

在实际应用中，这些层次可以适当地调整顺序，可以增加或减少某些构造层，也可以适当地增加除上述层次外的其他功能层。如对保温节能要求较高，则可增加保温层。

下面将对各个构造层进行介绍。

（1）结构层

结构层是指屋面的承重构件构成的力学体系，在平屋顶中通常为预制或现浇的钢筋混凝土屋面板。

（2）找坡层

找坡层是指用轻质的、吸水率低并具有一定强度的材料来形成屋顶的坡度的构造层。材料找坡坡度宜为2%，当采用结构找坡时，则不需设置找坡层。

常见的找坡材料有水泥矿渣或水泥膨胀蛭石等（图 6.13）。

（3）找平层

卷材的基层需要设置找平层，否则卷材容易因不平整而开裂（图 6.14）。

图 6.13　找坡层施工

图 6.14　找平层

根据《屋面工程技术规范》（GB 50345—2012），找平层的厚度和技术要求见表 6.2。

表 6.2　找平层厚度和技术要求

找平层分类	适用的基层	厚度 /mm	技术要求
水泥砂浆	整体现浇混凝土板	15 ～ 20	1 ：2.5 水泥砂浆
	整体材料保温层	20 ～ 25	
细石混凝土	装配式混凝土板	30 ～ 35	C20 混凝土，宜加钢筋网片
	板状材料保温层		C20 混凝土

注：保温层上的找平层应留设分格缝，缝宽宜为 5 ～ 20mm，纵横缝的间距不宜大于 6m。

（4）防水层

防水层是指能够隔绝水而防止水向建筑物内部渗透的构造层。

常见的平屋顶防水材料有卷材、防水涂料和刚性材料（如防水砂浆、细石混凝土、配筋细石混凝土）等。其中卷材和防水涂料又称为柔性防水。刚性防水材料做防水层称为刚性防水。由于刚性材料对温度变化及结构变形和振动冲击较为敏感，易产生裂缝而漏水，故目前不常用。

（5）隔离层

隔离层是指消除相邻两种材料之间黏结力、机械咬合力、化学反应等不利影响的构造层。

根据《屋面工程技术规范》（GB 50345—2012）规定，块体材料、水泥砂浆、细石混凝土保护层与卷材、涂膜防水层之间，应设置隔离层，具体要求见表 6.3。

表 6.3　隔离层材料的适用范围和技术要求

隔离层材料	适用范围	技术要求
塑料膜	块体材料、水泥砂浆保护层	0.4mm 厚聚乙烯膜或 3mm 厚发泡聚乙烯膜
土工布	块体材料、水泥砂浆保护层	200g/m^2 聚酯无纺布
卷材	块体材料、水泥砂浆保护层	石油沥青卷材一层
低强度等级砂浆	细石混凝土保护层	10mm 厚黏土砂浆，石灰膏：砂：黏土 =1 ：2.4 ：3.6
		10mm 厚石灰砂浆，石灰膏：砂 =1 ：4
		5mm 厚掺有纤维的石灰砂浆

（6）保护层

保护层是指对防水层或保温层起防护作用的构造层。

上人屋面保护层可采用块体材料、细石混凝土（图 6.15）等材料，不上人屋面保护层可采用浅色涂料、铝箔、矿物粒料、水泥砂浆等材料。

细石混凝土保护层分格缝（视频）

图 6.15　细石混凝土保护层

6.2.2　卷材防水屋面

卷材防水屋面是将防水卷材相互搭接贴在屋面上形成的具有防水能力的一种防水形式，因为卷材具有一定的柔性，能适应屋面变形，故被归为柔性防水。

1．卷材的材料

常见的屋面防水材料的类别、名称［根据《屋面工程技术规范》（GB 50345—2012）］和特性见表 6.4。

表 6.4　卷材防水材料的类别、名称和特性

类别	名称	特性
改性沥青防水卷材	弹性体改性沥青防水卷材（俗称 SBS）	高温不流淌，低温不脆裂、拉伸强度高、延伸率大
	塑性体改性沥青防水卷材（俗称 APP）	
	改性沥青聚乙烯胎防水卷材	
	带自粘层的防水卷材	
	自粘聚合性改性沥青防水卷材	
高分子防水卷材	聚氯乙烯防水卷材	以合成橡胶、合成树脂或两者共混体为基料，强度高、断裂伸长率大、耐老化、可冷施工
	氯化聚乙烯防水卷材	
	高分子防水材料	
	氯化聚乙烯－橡胶共混防水卷材	

根据《屋面工程技术规范》（GB 50345—2012），防水卷材的选择应符合下列规定：

1）防水卷材可按合成高分子防水卷材和高聚物改性沥青防水卷材选用，其外观质量和品种、规格应符合国家现行有关材料标准的规定；

2）应根据当地历年最高气温、最低气温、屋面坡度和使用条件等因素，选择耐热度、低温柔性相适应的卷材；

3）应根据地基变形程度、结构形式、当地年温差、日温差和振动等因素，选择拉伸性能相适应的卷材；

4）应根据屋面卷材的暴露程度，选择耐紫外线、耐老化、耐霉烂相适应的卷材；

5）种植隔热屋面的防水层应选择耐根穿刺防水卷材。

2．施工要点

不同黏结方法铺贴卷材的具体规定（图文）

卷材宜平行屋脊铺贴；上下层卷材不得相互垂直铺贴。卷材搭接缝应符合下列规定：

1）平行屋脊的卷材搭接缝应顺流水方向，卷材搭接宽度应符合

表 6.5 的规定；

2）相邻两幅卷材短边搭接缝应错开，且不得小于 500mm；

3）上下层卷材长边搭接缝应错开，且不得小于幅宽的 1/3。

表 6.5　卷材搭接宽度　单位：mm

卷材类别		搭接宽度
合成高分子防水卷材	胶黏剂	80
	胶黏带	50
	单缝焊	60，有效焊接宽度不小于 25
	双缝焊	80，有效焊接宽度 10×2+ 空腔宽
高聚物改性沥青防水卷材	胶黏剂	100
	自黏	80

3．细部构造

屋面防水不仅要注意整体，也要注意边角的细部，否则雨水也可以从这些细部构造处下渗，起不到防水效果。细部构造设计应做到多道设防、复合用材、连续密封、局部增强，并应满足使用功能、温差变形、施工环境条件和可操作性等要求。

常见的细部构造有泛水、檐口、水落口和变形缝等部位。

（1）泛水

泛水是指屋面上沿所有垂直面所设的防水构造。泛水构造的要点是将平面防水延伸到这些垂直面上，形成立面的防水层。

屋顶上的垂直面常见的有女儿墙、楼梯间、烟道、变形缝、检修孔等。本节以女儿墙为例进行介绍。

女儿墙是超出屋顶部分的墙体，其泛水的要点如下：

1）女儿墙压顶可采用混凝土或金属制品。压顶向内排水坡度不应小于 5%，压顶内侧下端应作滴水处理；

2）女儿墙泛水处的防水层下应增设附加层，附加层在平面和立面的宽度均不应小于 250mm；

3）低女儿墙泛水处的防水层可直接铺贴或涂刷至压顶下，卷材收头应用金属压条钉压固定，并应用密封材料封严（图 6.16）；

4）高女儿墙泛水处的防水层泛水高度不应小于 250mm，防水层收头应符合上述第 3）条的规定；泛水上部的墙体应作防水处理（图 6.17）；

5）女儿墙泛水处的防水层表面，宜采用涂刷浅色涂料或浇筑细石混凝土保护。

（2）檐口

屋顶向两旁伸出的边沿部分就是屋檐，檐口构造就是屋檐处的构造。屋檐可分为有檐沟（适用于有组织排水）和无檐沟（无组织排水）两种。

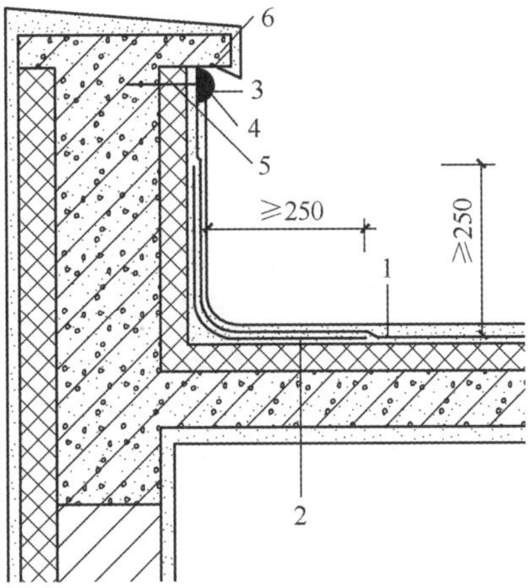

AR 图：混凝土墙上卷材收头

1—防水层；2—附加层；3—密封材料；4—金属压条；5—水泥钉；6—压顶。

图 6.16 低女儿墙防水构造示意

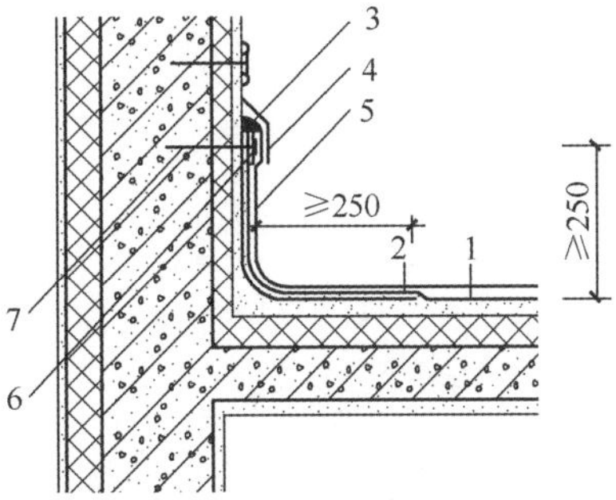

AR 图：砖墙上卷材收头

1—防水层；2—附加层；3—密封材料；4—金属盖板；5—保护层；6—金属压条；7—水泥钉。

图 6.17 高女儿墙防水构造示意

1）无檐沟挑檐口构造要点是：檐口 800mm 范围内卷材应采取满贴法，在混凝土檐口上用细石混凝土或水泥砂浆先做一凹槽，然后将卷材贴在槽内，卷材收头用水泥钉钉牢，上面用防水油膏嵌填，下端做滴水处理，如图 6.18 所示。

2）有檐沟的挑檐构造要点是：沟内转角部位找平层应做成圆弧形或 45° 斜坡；檐沟和天沟的防水层下应增设附加层，附加层伸入屋面的宽度不应小于 250mm；檐沟防水层和附加层应由沟底翻上至外侧顶部，卷材收头应用金属压条钉压，并应用密封材料封严；檐沟外侧下端应做滴水槽；檐沟外侧高于屋面结构板时，应设置溢水口。具体如图 6.19 所示。

（3）水落口

水落口是屋面或楼面有组织排水方式中收集、引导屋面雨水流入排水管的装置，有直式和横式（侧向）水落口，如图 6.20 和图 6.21 所示。

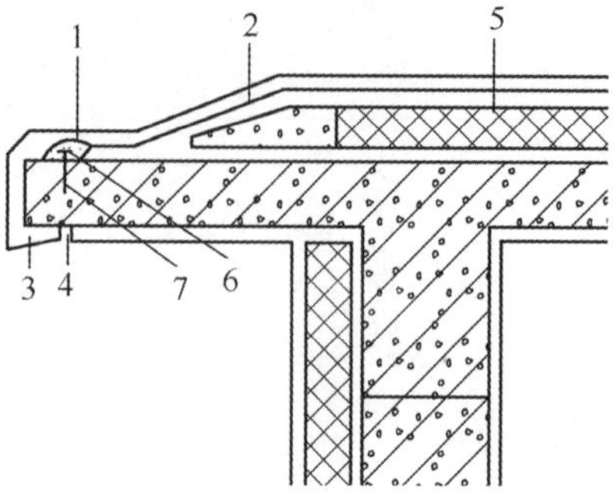

1—密封材料；2—卷材防水层；3—鹰嘴；4—滴水槽；5—保温层；6—金属压条；7—水泥钉。

图 6.18　无檐沟的卷材防水屋面檐口构造

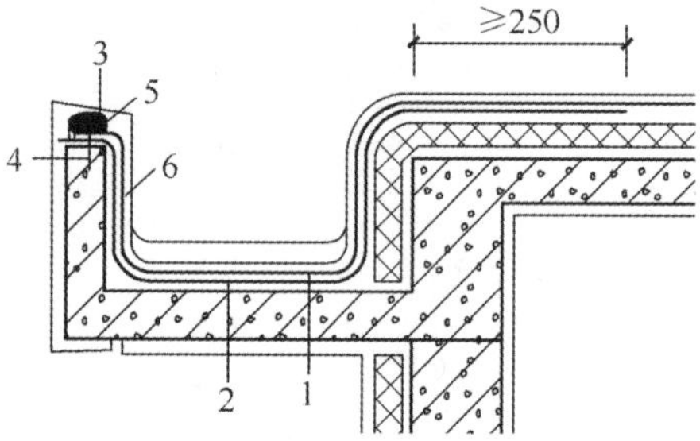

1—防水层；2—附加层；3—密封材料；4—水泥钉；5—金属压条；6—保护层。

图 6.19　卷材防水屋面檐沟构造

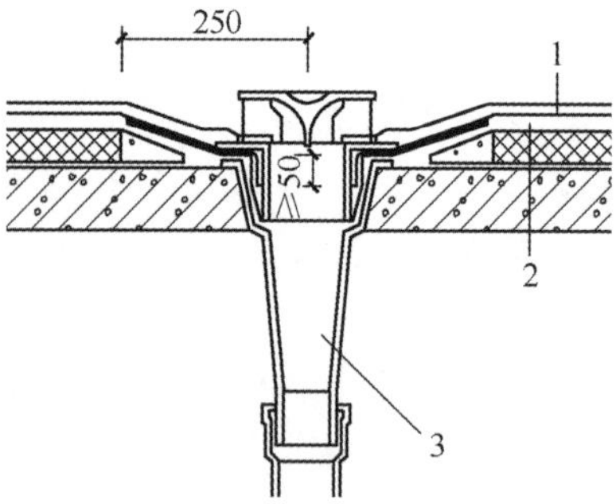

1—防水层；2—附加层；3—水落斗。

图 6.20　直式水落口

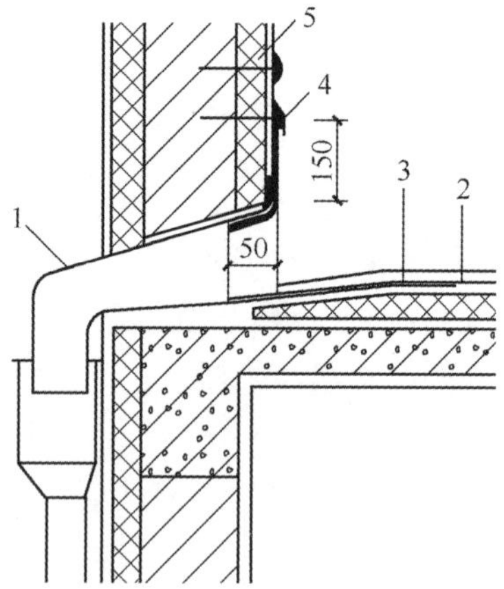

1—水落斗；2—防水层；3—附加层；4—密封材料；5—水泥钉。

图 6.21　横式水落口

水落口可采用塑料或金属制品，水落口的金属配件均应作防锈处理；水落口杯应牢固地固定在承重结构上，其埋设标高应根据附加层的厚度及排水坡度加大的尺寸确定；水落口周围直径为 500mm 范围内坡度不应小于 5%，防水层下应增设涂膜附加层；防水层和附加层伸入水落口杯内不应小于 50mm，并应黏结牢固。

水落口构造要点（视频）

6.2.3 涂膜防水屋面

涂膜防水屋面是在屋面基层上涂刷防水涂料，经固化后形成一层有一定厚度和弹性的整体涂膜，从而达到防水目的的一种防水屋面形式（图 6.22）。

图 6.22 涂膜防水施工

1．施工要点

1）要按照屋面防水等级和设防要求选择防水涂料。

防水涂料可分为合成高分子防水涂料、聚合物水泥防水涂料和高聚物改性沥青防水涂料。

在选用时，应根据当地历年最高气温、最低气温、屋面坡度和使用条件等因素，选择耐热性、低温柔性相适应的涂料；应根据地基变形程度、结构形式、当地年温差、日温差和振动等因素，选择拉伸性能相适应的涂料；应根据屋面涂膜的暴露程度，选择耐紫外线、耐老化相适应的涂料；屋面坡度大于 25% 时，应选择成膜时间较短的涂料。

2）当采用溶剂型涂料时，屋面基层应干燥。

3）分层分遍涂布，不得一次涂层，每一涂层应厚薄均匀，待先涂的涂料干燥成膜后方可涂布后一层涂料，并且前后两遍涂料的涂布方向应互相垂直。

4）某些防水涂料（如氯丁胶乳沥青涂料）实铺设胎体增强材料（即所谓的布），以增强涂层的贴附覆盖能力和抗变形能力。

每道涂膜防水层最小厚度应符合表 6.6 的规定。

表 6.6 每道涂膜防水层最小厚度 单位：mm

防水等级	合成高分子防水涂膜	聚合物水泥防水涂膜	高聚物改性沥青防水涂膜
Ⅰ级	1.5	1.5	2.0
Ⅱ级	2.0	2.0	3.0

如不是采用一种防水涂料，而是多种防水涂料形成的复合防水层，其最小厚度应符合表 6.7 的规定。

表 6.7　复合防水层最小厚度

单位：mm

防水等级	合成高分子防水卷材 + 合成高分子防水涂膜	自黏聚合物改性沥青防水卷材（无胎）+ 合成高分子防水涂膜	高聚物改性沥青防水卷材 + 高聚物改性沥青防水涂膜	聚乙烯丙纶卷材 + 聚合物水泥防水胶结材料
Ⅰ级	1.2+1.5	1.5+1.5	3.0+2.0	（0.7+1.3）×2
Ⅱ级	1.0+1.0	1.2+1.0	3.0+1.2	0.7+1.3

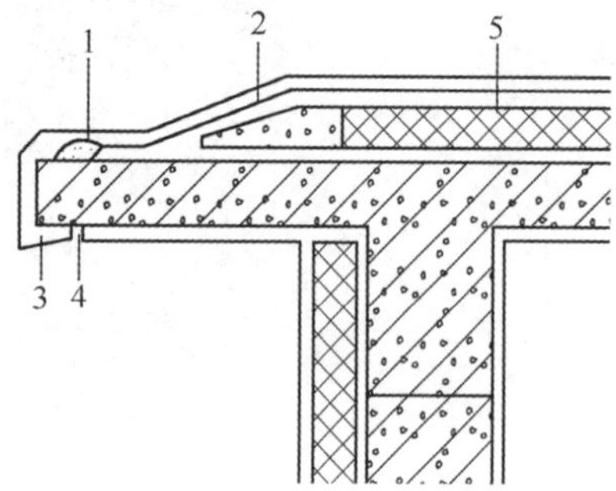

1—涂料多遍刷涂；2—涂膜防水层；3—鹰嘴；4—滴水槽；5—保温层。

图 6.23　涂膜防水屋面檐口

2．细部构造

1）天沟、檐沟与屋面交接处宜空铺，空铺的宽度不应小于 250mm。涂膜收头应用防水涂料多遍涂刷或用密封材料封严。

2）檐口处防水层的收头应用防水涂料多遍涂刷或用密封材料封严。檐口下端应抹出滴水槽。

3）泛水处的涂膜防水层宜直接涂刷至女儿墙的压顶下，收头处理应用防水涂料多遍涂刷封严，压顶应作防水处理（图 6.23）。

链　接

中国古代屋顶形式的等级划分

中国古代建筑的形式是有等级的，规模建制都有严格的规定，古代屋顶的常见形式依等级排序如下：

第一位：重檐庑殿顶。用于重要的佛殿、皇宫的主殿，象征尊贵。

第二位：重檐歇山顶。常见于宫殿、园林、坛庙式建筑。

第三位：单檐庑殿顶。用于重要的建筑。

第四位：单檐歇山顶。用于重要的建筑。

第五位：悬山顶。用于民居。

第六位：硬山顶。用于民居。

第七位：卷棚顶。用于民间建筑。

无等级：攒尖顶。用于亭台楼阁。

我国古代建筑屋顶的形式及具体要求（图文）

6.3 坡屋顶防水构造

知识导入

《坡屋面工程技术规范》（GB 50693—2011）规定：坡度大于3%的屋面称为坡屋顶。

坡屋顶主要由屋面、承重结构、顶棚等组成（图6.24）。

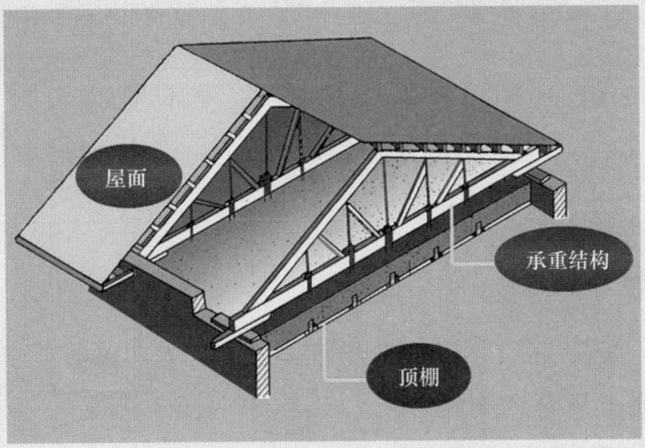

图6.24　坡屋顶的构成

坡屋顶的优点是造型美观、防水性能好、节能。坡屋面的缺点是造价高、屋顶面利用率低、维修不便。

趣　闻

中国最早的瓦

2016年以来，在陕西延安芦山峁遗址核心区的大营盘梁院落中，发现了大量筒瓦和槽形板瓦［图6.25（a）］，目前可以确认的个体数量超过100件。这一发现不仅将中国使用瓦的时间提前至庙底沟二期文化晚期（距今约4400～4500年），而且瓦的形态成熟，数量较大，这表明瓦的使用应该已经经历了较长过程。

与芦山峁的瓦同时或略晚，在神木石峁、灵台桥村、宝鸡桥镇、襄汾陶寺等地发现了龙山时期瓦［图6.25（b）］。

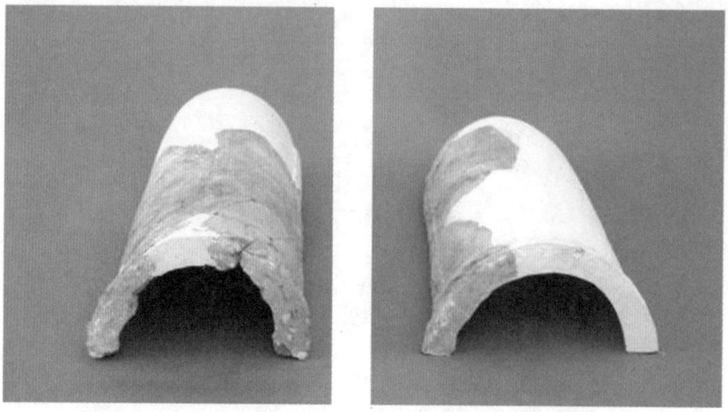

(a)庙底沟二期文化晚期瓦　(b)龙山时期瓦

图 6.25　中国最早的瓦

教学内容

6.3.1　坡屋顶的承重结构

坡屋顶的承重结构主要由横墙承重、屋架承重、屋面板承重、梁架承重和空间结构承重等。本节主要介绍横墙承重、屋架承重和屋面板承重。

梁架承重结构的屋面（图文）

1．横墙承重（硬山搁檩）

横墙承重又往往称为山墙承重，它是按屋顶所要求的坡度，将横墙上部砌成三角形，在墙上直接搁置檩条来承受屋面质量的一种结构方式。

具体来说就是在山墙上搁置檩条，檩条上设椽子，上面铺屋面，也可以在山墙上直接搁置挂瓦板、预制板等形成屋面承重体系（图 6.26）。

其优点是构造简单，施工方便，节约木材，有利于屋顶的防火和隔声；缺点是承重小，仅适用于开间为 4.5m 以内、尺寸较小的房间，如住宅、宿舍、旅馆等。

2．屋架承重

屋架承重是指由一组杆件在同一平面内互相结合成整体屋架，在其上搁置檩条来承受屋面质量的一种结构方式（图 6.27）。

其中屋架一般由上弦杆、下弦杆、腹杆等组成，形式一般采用三角形屋架（图 6.28）。常见的构成屋架的材料有木屋架、钢筋混凝土屋架、钢屋架、钢木屋架等。

其优点是能形成较大的内部空间，故多用于要求有较大空间的建筑，如食堂、仓库、厂房等。

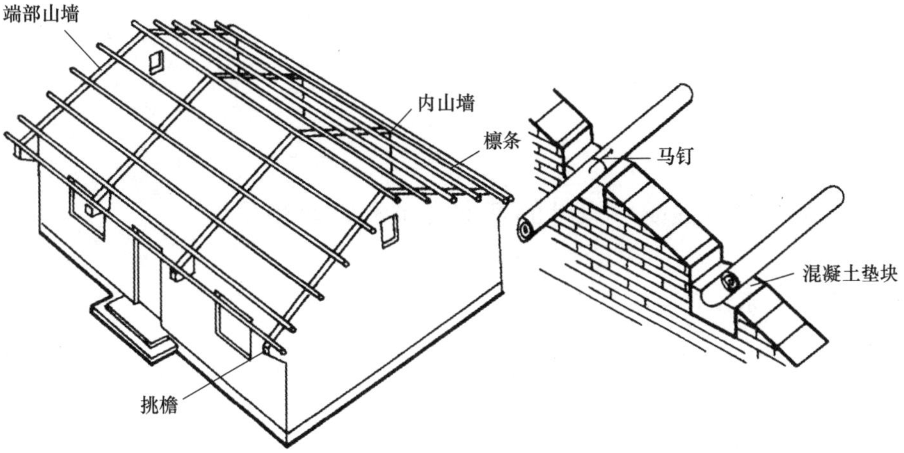

图 6.26 山墙承重体系

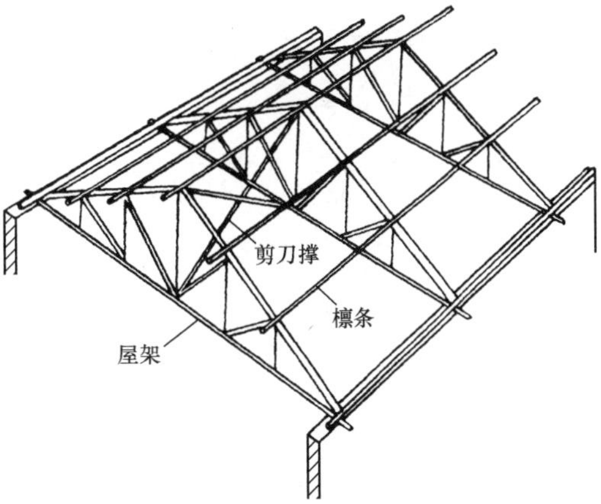

图 6.27 屋架承重体系

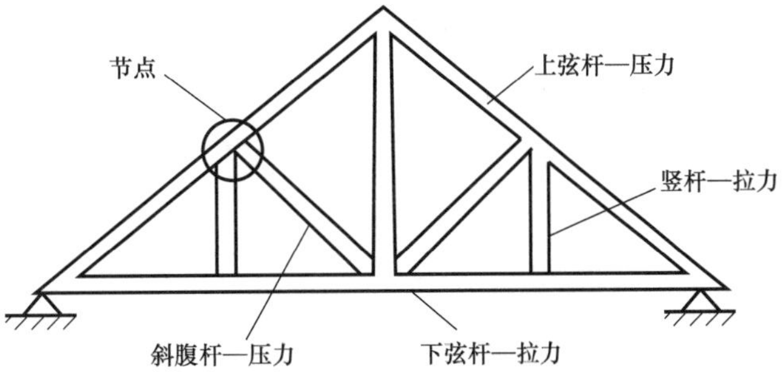

图 6.28 三角形屋架的形式

3. 屋面板承重

屋面板承重是指以较大斜度的预制或现浇钢筋混凝土板为承重构件的形式。

屋面板承重整体性、防水性好，顶棚处平整美观；且现行建筑的剪力墙、梁柱等也是混凝土结构，是同一施工方式，施工起来比较方便。所以，它是现行住宅建筑中很常见的坡屋顶承重形式。

6.3.2 坡屋顶屋面防水设计的基本要求和防水垫层

1. 坡屋面防水设计的基本要求

《坡屋面工程技术规范》（GB 50693—2011）规定：坡屋面工程设计应根据建筑物的性质、重要程度、地域环境、使用功能要求及依据屋面防水层设计使用年限，分为一级防水和二级防水，并应符合表 6.8 的规定。

表 6.8 坡屋面防水等级

项目	坡屋面防水等级	
	一级	二级
防水层设计使用年限	≥ 20 年	≥ 10 年

注：1. 大型公共建筑、医院、学校等重要建筑屋面的防水等级为一级，其他为二级；
2. 工业建筑屋面的防水等级按使用要求确定。

同时，该规范还提出，要根据建筑物高度、风力、环境等因素，确定坡屋面类型、坡度和防水垫层，并应符合表 6.9 的规定。

表 6.9 屋面类型、坡度和防水垫层

坡度与垫层	屋面类型						
	沥青瓦屋面	块瓦屋面	波形瓦屋面	金属板屋面		防水卷材屋面	装配式轻型坡屋面
				压型金属板屋面	夹芯板屋面		
适用坡度 /%	≥ 20	≥ 30	≥ 20	≥ 5	≥ 5	≥ 3	≥ 20
防水垫层	应选	应选	应选	一级应选 二级宜选	—	—	应选

2. 防水垫层

防水垫层是指坡屋面中通常铺设在瓦材或金属板下面的防水材料。防水垫层表面应具有防滑性能或采取防滑措施。

防水垫层常采用以下材料：

1）沥青类防水垫层（自黏聚合物沥青防水垫层、聚合物改性沥青防水垫层、波形沥青通风防水垫层等）；

2）高分子类防水垫层（铝箔复合隔热防水垫层、塑料防水垫层、透气防水垫层和聚乙烯丙纶防水垫层等）；

3）防水卷材和防水涂料。

《坡屋面工程技术规范》（GB 50693—2011）规定，防水垫层在瓦屋面构造层次中的位置应符合下列规定：

1）防水垫层铺设在瓦材和屋面板之间（图 6.29），屋面应为内保温隔热构造。

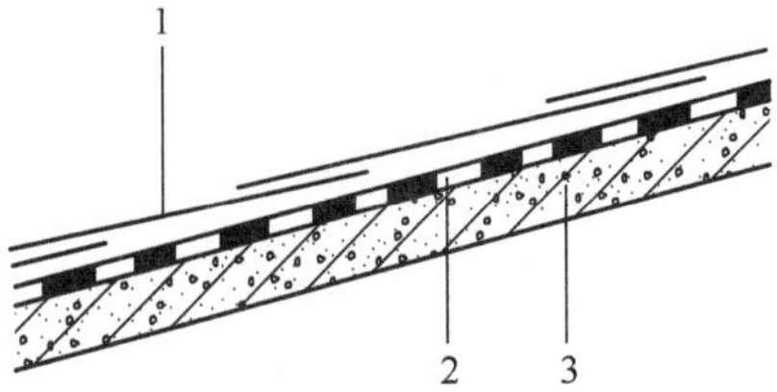

1—瓦材；2—防水垫层；3—屋面板。

图 6.29　防水垫层位置（1）

2）防水垫层铺设在持钉层和保温隔热层之间（图 6.30），应在防水垫层上铺设配筋细石混凝土持钉层。

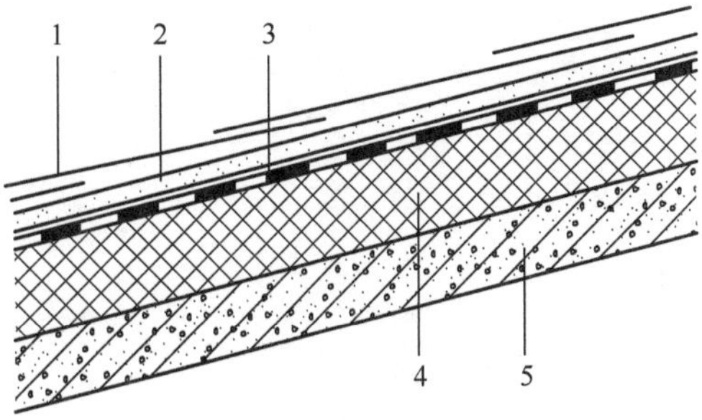

1—瓦材；2—持钉层；3—防水垫层；4—保温隔热层；5—屋面板。

图 6.30　防水垫层位置（2）

3）防水垫层铺设在保温隔热层和屋面板之间（图 6.31），瓦材应固定在配筋细石混凝土持钉层上。

4）防水垫层或隔热防水垫层铺设在挂瓦条和顺水条之间（图 6.32），防水垫层宜呈下垂凹形。

5）波形沥青通风防水垫层应铺设在挂瓦条和保温隔热层之间（图 6.33）。

6）坡屋面细部节点部位的防水垫层应增设附加层，宽度不宜小于 500mm。

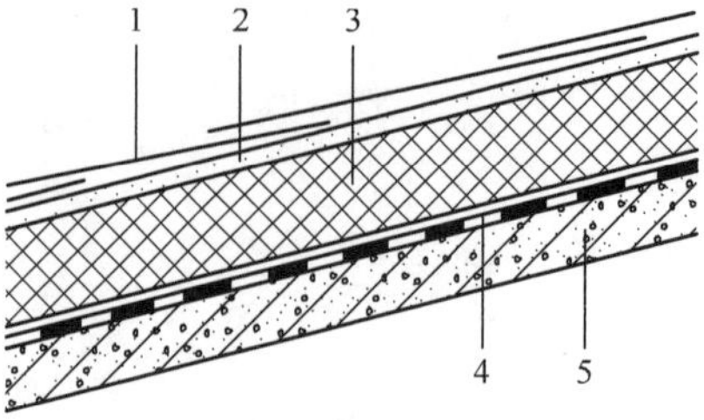

1—瓦材；2—持钉层；3—保温隔热层；4—防水垫层；5—屋面板。

图 6.31　防水垫层位置（3）

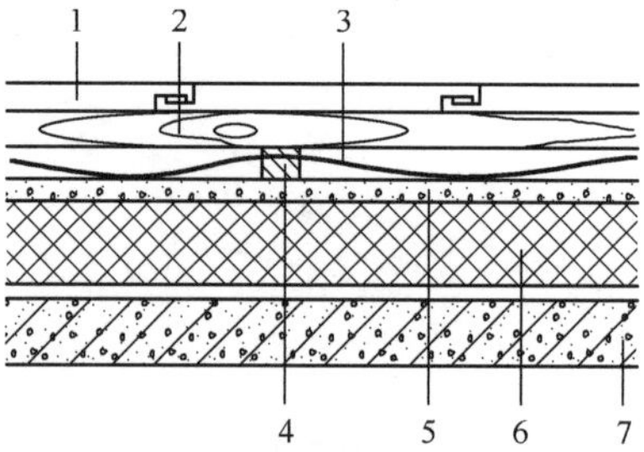

1—瓦材；2—挂瓦条；3—防水垫层；4—顺水条；5—持钉层；6—保温隔热层；7—屋面板。

图 6.32　防水垫层位置（4）

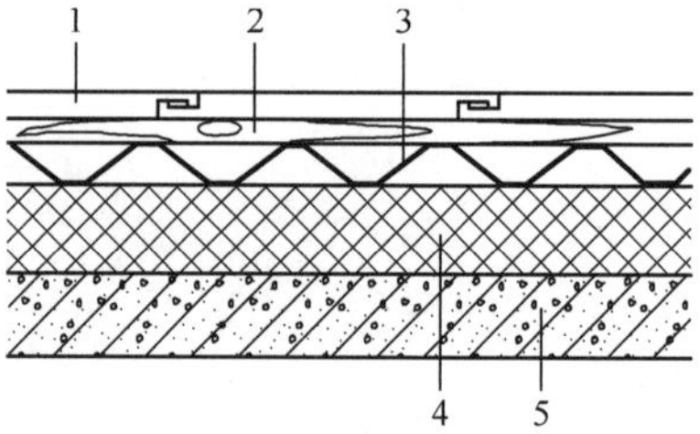

1—瓦材；2—挂瓦条；3—波形沥青通风防水垫层；4—保温隔热层；5—屋面板。

图 6.33　防水垫层位置（5）

6.3.3　块瓦屋面构造

坡屋面的构造根据防水层的不同有多种，本书主要介绍常用的块瓦屋面及新型的装配式轻型坡屋面的构造。

不同承重结构的块瓦屋面的构造也略有不同，图 6.34 和图 6.35 分别展示了横墙承重和钢筋混凝土屋面板承重结构中的瓦屋面构造。

《坡屋面工程技术规范》（GB 50693—2011）中规定：

1）块瓦包括烧结瓦、混凝土瓦等，适用于防水等级为一级和二级的坡屋面。

2）块瓦屋面坡度不应小于 30%。

3）块瓦屋面的屋面板可为钢筋混凝土板、木板或增强纤维板。

4）块瓦屋面应采用干法挂瓦，应固定牢固，檐口部位应采取防风措施。

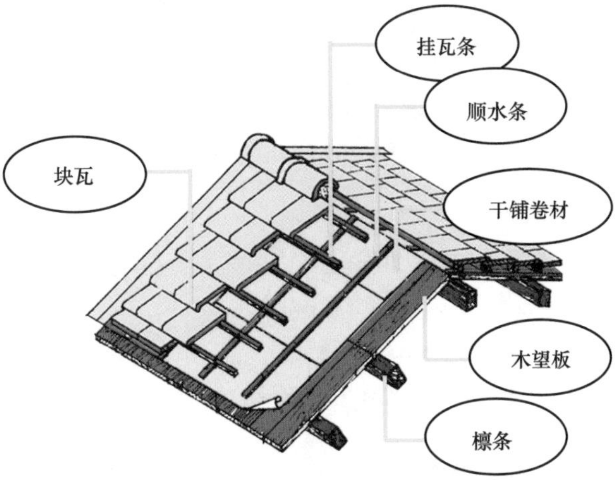

图 6.34　横墙承重结构中的块瓦屋面构造

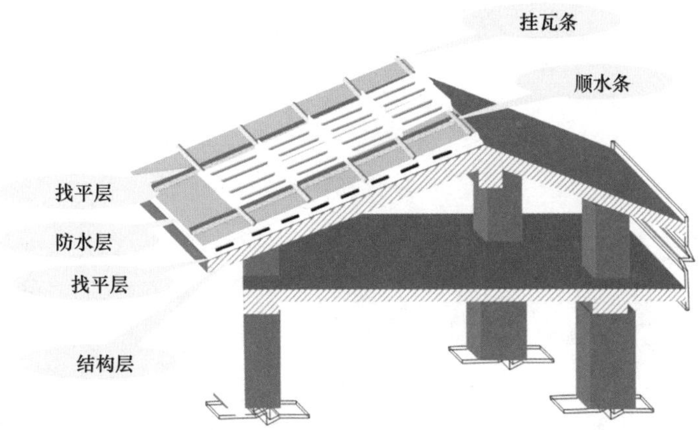

图 6.35　钢筋混凝土屋面板承重结构中的块瓦屋面构造

块瓦坡屋面有很多细部构造，包括通风屋脊、檐口、檐沟、山墙、天沟等，下面将对部分细部构造进行介绍。

（1）通风屋脊构造要求

防水垫层做法应按《坡屋面工程技术规范》（GB 50693—2011）的规定执行；屋脊瓦应采用与主瓦相配套的配件脊瓦；托木支架和支撑木应固定在屋面板上，脊瓦应固定在支撑木上；耐候型通风防水自黏胶带应铺设在脊瓦和块瓦之间（图 6.36）。

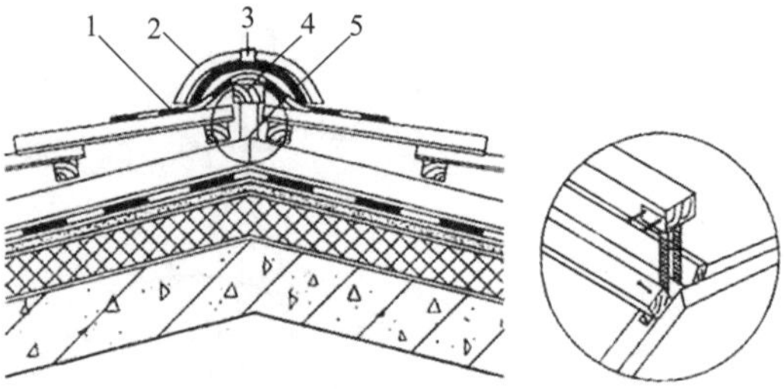

1—通风防水自黏胶带；2—脊瓦；3—脊瓦搭扣；4—支撑木；5—托木支架。

图 6.36　通风屋脊

（2）通风檐口部位构造要求

块瓦挑入檐沟的长度宜为 50 ～ 70mm；在屋檐最下排的挂瓦条上应设置托瓦木条；通风檐口处宜设置半封闭状的檐口挡箅（图 6.37）。

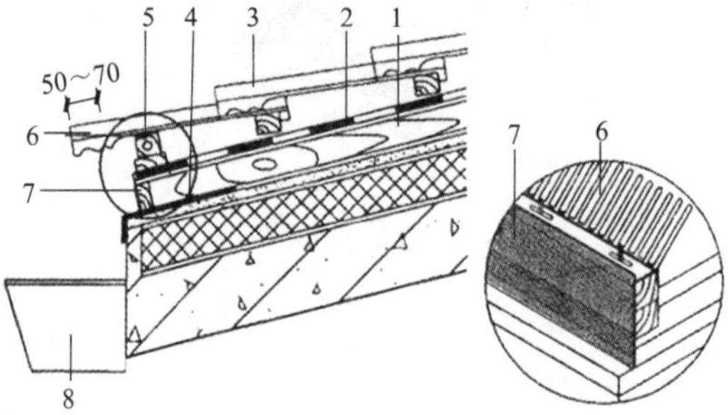

传统檐口的细部构造（视频）

1—顺水条；2—防水垫层；3—瓦；4—金属泛水板；5—托瓦木条；
6—檐口挡箅；7—檐口通风条；8—檐沟。

图 6.37　通风檐口

（3）天沟部位构造要求

混凝土屋面天沟采用防水卷材时，防水卷材应由沟底上翻，垂直高度不应小于 150mm；天沟宽度和深度应根据屋面集水区面积确定。

（4）山墙部位构造要求

檐口封边瓦宜采用卧浆做法，并用水泥砂浆勾缝处理；檐口封边瓦应用固定钉固定在木条或持钉层上（图 6.38）。

（5）女儿墙部位构造要求

屋面与山墙连接部位的防水垫层上应铺设自黏聚合物沥青泛水带；在沿

AR 图：小青瓦坐浆泛水

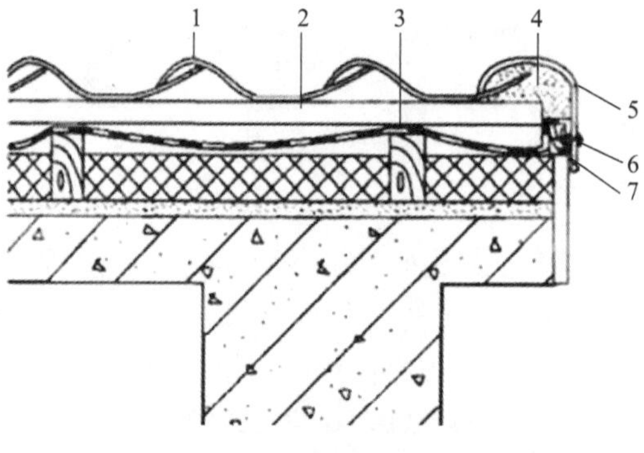

1—瓦；2—挂瓦条；3—防水垫层；4—水泥砂浆封边；
5—檐口封边瓦；6—镀锌钢钉；7—木条。

图 6.38　山墙部位

墙屋面瓦上应做耐候型泛水材料；泛水宜采用金属压条固定，并密封处理。

（6）穿出屋面管道部位构造要求（图 6.39）

穿出屋面管道上坡方向：应采用耐候型自黏泛水与屋面瓦搭接，宽度应大于 300mm，并应压入上一排瓦片的底部；穿出屋面管道下坡方向：应采用耐候型自黏泛水与屋面瓦搭接，宽度应大于 150mm，并应黏结在下一排瓦片的上部，与左右面的搭接宽度应大于 150mm；穿出屋面管道的泛水上部应用密封材料封边（图 6.39）。

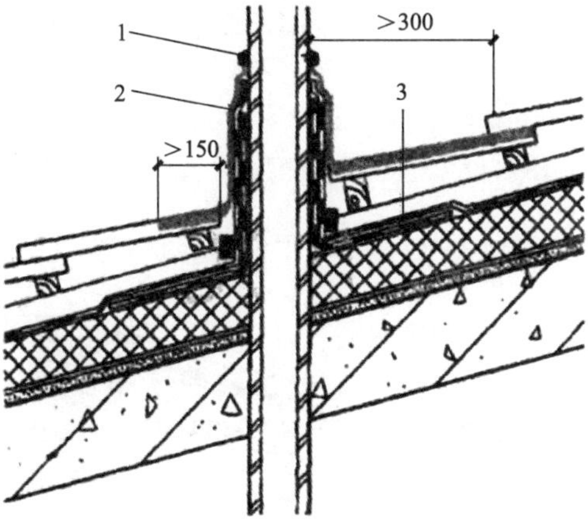

1—耐候密封胶；2—柔性泛水；3—防水垫层。

图 6.39 穿出屋面管道

6.3.4 装配式轻型坡屋面构造

装配式轻型坡屋面是指采用的屋架、檩条、屋面板、保温隔热层等所有材料都是轻质的、预制屋面。装配式轻型坡屋面适宜于工厂化生产，可节省人力、加快施工速度，是西方国家普遍采用的屋顶建造方式。

《坡屋面工程技术规范》（GB 50693—2011）中规定：

1）装配式轻型坡屋面适用于防水等级为一级和二级的新建屋面和平改坡屋面；

2）装配式轻型坡屋面的坡度不应小于 20%；

3）平改坡屋面应根据既有建筑的进深、承载能力确定承重结构和选择屋面材料。

装配式轻型坡屋面的细部构造如下：

1）新建装配式轻型坡屋面宜采用成品轻型檐沟，檐沟部位构造如图 6.40 所示。

2）平改坡屋面构造层次宜为瓦材、防水垫层和屋面板（图 6.41）。防水垫层应铺设在屋面板上，瓦材应铺设在防水垫层上并固定在屋面板上。

3）既有屋面新增的钢筋混凝土或钢结构构件的两端，应搁置在原有承重结构位置上。平改坡屋面檐沟可利用既有建筑的檐沟或新设置檐沟（图 6.42）。

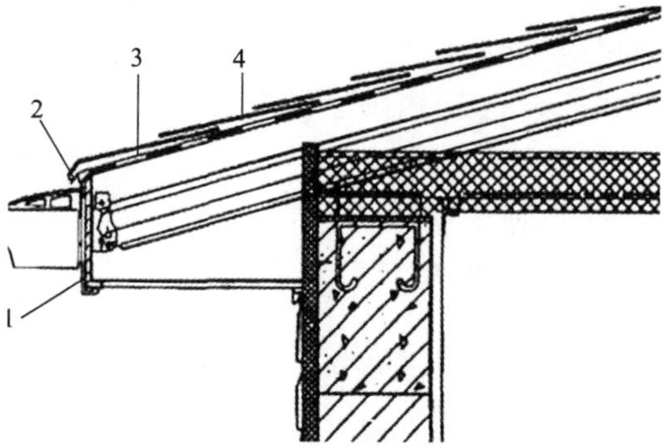

1—封檐板；2—金属泛水板；3—防水垫层；4—轻质瓦。

图 6.40　新建房屋装配式轻型坡屋面檐口

4）装配式轻型坡屋面的山墙宜采用轻质外挂板材封堵。

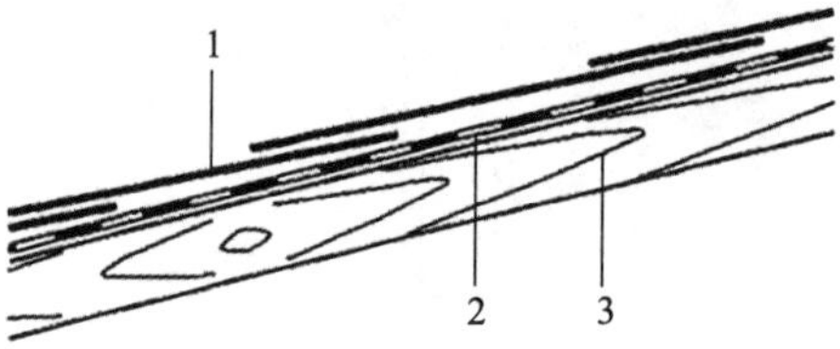

1—瓦材；2—防水垫层；3—屋面板。

图 6.41　平改坡屋面构造

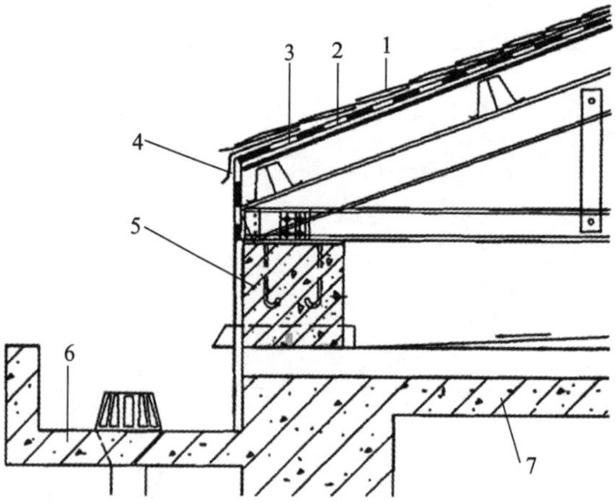

1—轻质瓦；2—防水垫层；3—屋面板；4—金属泛水板；
5—现浇钢筋混凝土卧梁；6—原有檐沟；7—原有屋面。

图 6.42　平改坡屋面檐沟

链 接

坡屋顶上阁楼的建筑面积是如何计算的

为什么有些人家里的阁楼看起来比较大，但房产证上显示的面积却比较小呢？真如开发商所言，阁楼是赠送的？

其实不然，这与坡屋顶的建筑面积的计算规则有关。

《建筑工程建筑面积计算规范》（GB/T 50353—2013）规定：形成建筑空间的坡屋顶，结构净高在 2.10m 及以上的部位应计算全面积；结构净高在 1.20m 及以上至 2.10m 以下的部位应计算 1/2 面积；结构净高在 1.20m 以下的部位不应计算建筑面积。

所以，很多阁楼看起来比较大，但是由于四侧净高比较低的原因，只计算了一半甚至不计算面积，这就导致最后实际的总建筑面积并不大。

6.4 屋顶的保温与隔热

知识导入

我国疆域辽阔，地理上跨越的纬度和经度都比较大，各地的气候也差别较大。总体来说，北方地区寒冷的时间较长，炎热的时间较短，需要做好保温措施；而南方地区则需要加强隔热处理。

趣 闻

气凝胶—— 一种人造新型保温隔热材料

气凝胶是一种固体物质形态，密度较小，为 $3kg/m^3$。一般常见的气凝胶为硅气凝胶，其最早由美国科学家 Kistler 在 1931 年制得。气凝胶的种类很多，有硅系、碳系、硫系、金属氧化物系、金属系等。任何物质的胶状物只要可以经干燥并除去内部溶剂后仍保持其基本形状不变，且产物的孔隙率高、密度低，则皆可以称之为气凝胶。

气凝胶密度略低于空气密度，所以也被叫作“冻结的烟”或“蓝烟”。由于气凝胶中一般 80% 以上是空气，所以有较好的隔热效果，3cm 左右的气凝胶相当于 20 ～ 30 块普通玻璃的隔热功能。它是一种轻质又高效的保温隔热材料。

教学内容

6.4.1 屋顶的保温

1．保温材料

屋面保温应当选择轻质、多孔、导热系数小的保温材料。根据保温材料的成品特点和施工工艺的不同，可以将保温材料分为散料、现场浇筑的拌和物和板块料三种。散料式和现场浇筑式保温层具有良好的可塑性，还可以用来替代找坡层。常用屋面保温材料及其优缺点见表 6.10。

表 6.10 常用屋面保温材料及其优缺点

形式	常用材料	优缺点
散料式	膨胀珍珠岩、膨胀蛭石、炉渣等	不易就位成形，施工难度较大，在实际工程中采用的较少
现场浇筑式	所用散料为骨料，与水泥或石灰等胶结材料加适量的水进行拌和，现场浇筑而成	加工性较好，但保温层就位之后仍处于潮湿的状态，对保温不利，往往需要在保温层中设置通气口来散发潮气，在构造上比较麻烦
板块式	主要有聚苯板、加气混凝土板、泡沫塑料板、膨胀珍珠岩板、膨胀蛭石板	施工速度快、保温效果好、避免了湿作业的优点，在工程中应用得比较广泛

值得注意的是，保温材料运用得当，往往也会同时具有隔热的作用，如图 6.43 所示的聚苯乙烯泡沫板。

图 6.43 聚苯乙烯泡沫板

2．屋顶保温层设置的位置

（1）保温层设在防水层的上面

这种形式的防水层受到保温层的保护，使其少受自然界各种因素的直接影响，耐久性增强。另外，也要求保温层选用吸湿性小及耐气候性强的材料。另外，保温层也需要加强保护使其不因下雨而“飘浮”。

（2）保温层与结构层融为一体

例如，加气的钢筋混凝土屋面板能同时达到承重和保温的作用，其构造简单、施工方便、造价低。但是这种板的承载力比较小，耐久性差，一般用于标准较低的不上人屋顶。

（3）隔热保温层在防水层的下面

当屋面保温层选用吸水率大的材料，如珍珠岩、陶粒混凝土（这些材料通常兼做找坡层）等时，就需将保温层放设在防水层的下面。这些材料如果吸水，保温性能就会大大降低，无法满足保温的要求，所以一定要将防水层做在其上面，防止水分的渗入，保证保温层的干燥。

3．隔汽层的设置

《民用建筑热工设计规范》（GB 50176—2016）中规定：当围护结构材料层的蒸汽渗透阻小于保温材料因冷凝受潮所需的蒸汽渗透阻时，应设置隔汽层。

因为在上述情况下，室内的水蒸气会通过围护材料进入保温层，使保温层吸收过多的水分，降低其保温性。因此，在一些常年湿度很大的房间，如卫生间、浴室、游泳池等，就应该设置隔汽层。

隔汽层是一道很弱的防水层，却具有较好的蒸汽渗透阻，大多采用气密性、水密性好的防水卷材或涂料。

《屋面工程技术规范》（GB 50345—2012）规定：隔汽层施工前，基层应进行清理，并进行找平处理；屋面周边隔汽层应沿墙面向上连续铺设，高出保温层上表面不得小于150mm；采用卷材做隔汽层时，卷材宜空铺，卷材搭接缝应满粘，其搭接宽度不应小于80mm；采用涂膜做隔汽层时，涂料涂刷应均匀，涂层不得有堆积、起泡和露底现象。

同时，《屋面工程质量验收规范》（GB 50207—2012）规定：隔汽层应设置在结构层与保温层之间；隔汽层应选用气密性、水密性好的材料。

当保温层的下面是隔汽层，上面是防水层时，保温层或找平层施工时未干透而形成的水汽就无法排出，这时可以设置排汽管（图 6.44）。

有关排汽管的构造要求的知识，也可以扫描下方的二维码进行学习。

图 6.44 排汽管

屋面排汽管的构造和要求（图文）

6.4.2 屋顶的隔热

1．通风隔热屋面

通风隔热是常用的一种隔热方法，是指在屋顶中设置通风间层，其中上表层遮挡住了阳光，通风间层则能利用风压和热压作用将中间层的热空气不断带走，从而达到隔热降温的目的。通风隔热屋面一般有架空通风隔热屋面和顶棚通风隔热屋面两种做法。

（1）架空通风隔热屋面

通风层设在防水层之上，以架空预制板或大阶砖最为常见。

架空隔热层的高度应按屋面宽度或坡度大小确定。设计无要求时，架空隔热层

图 6.45　架空隔热层铺设

的高度宜为 180 ～ 300mm。当屋面宽度大于 10m 时，应在屋面中部设置通风屋脊，通风口处应设置通风箅子。架空隔热制品支座底面的卷材、涂膜防水层应采取加强措施。非上人屋面的砌块强度等级不应低于 MU7.5；上人屋面的砌块强度等级不应低于 MU10（图 6.45）。

（2）顶棚通风隔热屋面

顶棚通风隔热是利用顶棚与屋顶之间的空间作隔热层。顶棚通风层应有足够的净空高度，一般为 500mm 左右；同时需要设置一定数量的通风孔，以利于空气对流；通风孔应考虑防止进入雨水。

2．蓄水隔热屋面

蓄水隔热屋面是在屋顶上采用砖砌体或混凝土将屋面制作成若干个连通的蓄水池，能利用水的蒸发来带走热量。

蓄水隔热屋面应划分为若干蓄水区，每区的边长不宜大于 10m，在变形缝的两侧应分成两个互不连通的蓄水区；长度超过 40m 的蓄水屋面应做横向伸缩缝一道。

蓄水隔热屋面的蓄水深度一般在 50mm 即可满足理论要求，但实际使用中以 150 ～ 200mm 为适宜深度。为了保证屋面蓄水深度均匀，蓄水屋面的坡度应不大于 0.5%。

3．种植隔热屋面

种植隔热是在屋顶种植物，利用植物的遮荫和吸收阳光的原理进行隔热。

种植隔热层与防水层之间宜设细石混凝土保护层。种植隔热层的屋面坡度大于 20% 时，其排水层、种植土层应采取防滑措施。

种植屋面的构造层次一般包括找平层、普通防水层、耐根穿刺防水层、隔离层、找坡层、保护层、排（蓄）水层、过滤层、种植土层和植被层（图 6.46）。

其中，排水层施工应符合下列要求：陶粒的粒径不应小于 25mm，大粒径在下，小粒径在上。凹凸形排水板宜采用搭接法施工，网状交织排水板宜采用对接法施工。排水层上应铺设过滤层土工布。挡墙或挡板的下部应设置泄水孔，孔周围应放置疏水粗细集料。

过滤层土工布应沿种植土周边向上铺设至种植土高度，并应与挡墙或挡板粘牢；土工布的搭接宽度不应小于 100mm，接缝宜采用黏合或缝合。

种植土的厚度及自重应符合设计要求。种植土表面应低于挡墙高度 100mm。

种植屋面不宜种植高大的乔木和根系发达的植物，以减轻自重和保护防水层。

AR 图：种植屋面构造

图 6.46 种植隔热屋面构造层次示意

链 接

气凝胶的制作过程

气凝胶的制备通常包括溶胶、凝胶和超临界干燥处理等过程。在溶胶、凝胶过程中，通过控制溶液的水解和缩聚反应条件，在溶体内形成不同结构的纳米团簇，团簇之间的相互粘连形成凝胶体，而在凝胶体的固态骨架周围则充满化学反应后剩余的液态试剂。

为了防止凝胶干燥过程中微孔洞内的表面张力导致材料结构的破坏，采用超临界干燥工艺处理，将凝胶置于压力容器中加温升压，使凝胶内的液体发生相变成超临界态的流体，气液界面消失，表面张力不复存在，此时将这种超临界流体从压力容器中释放，即可得到多孔、无序、具有纳米量级连续网络结构的低密度气凝胶材料。

实训项目：屋面排水组织设计

已知某小区所有建筑均为平屋面，采用柔性防水屋面。该小区内有一配电房，层高为 4.3m，梁高为 700mm，请根据所学知识设计其屋面排水（采用有组织排水方式）（图 6.47 ～图 6.49）。

绘制：1）屋顶平面图，表达排水坡向。

2）屋面泛水节点详图，要求写出屋面构造层次及泛水做法。

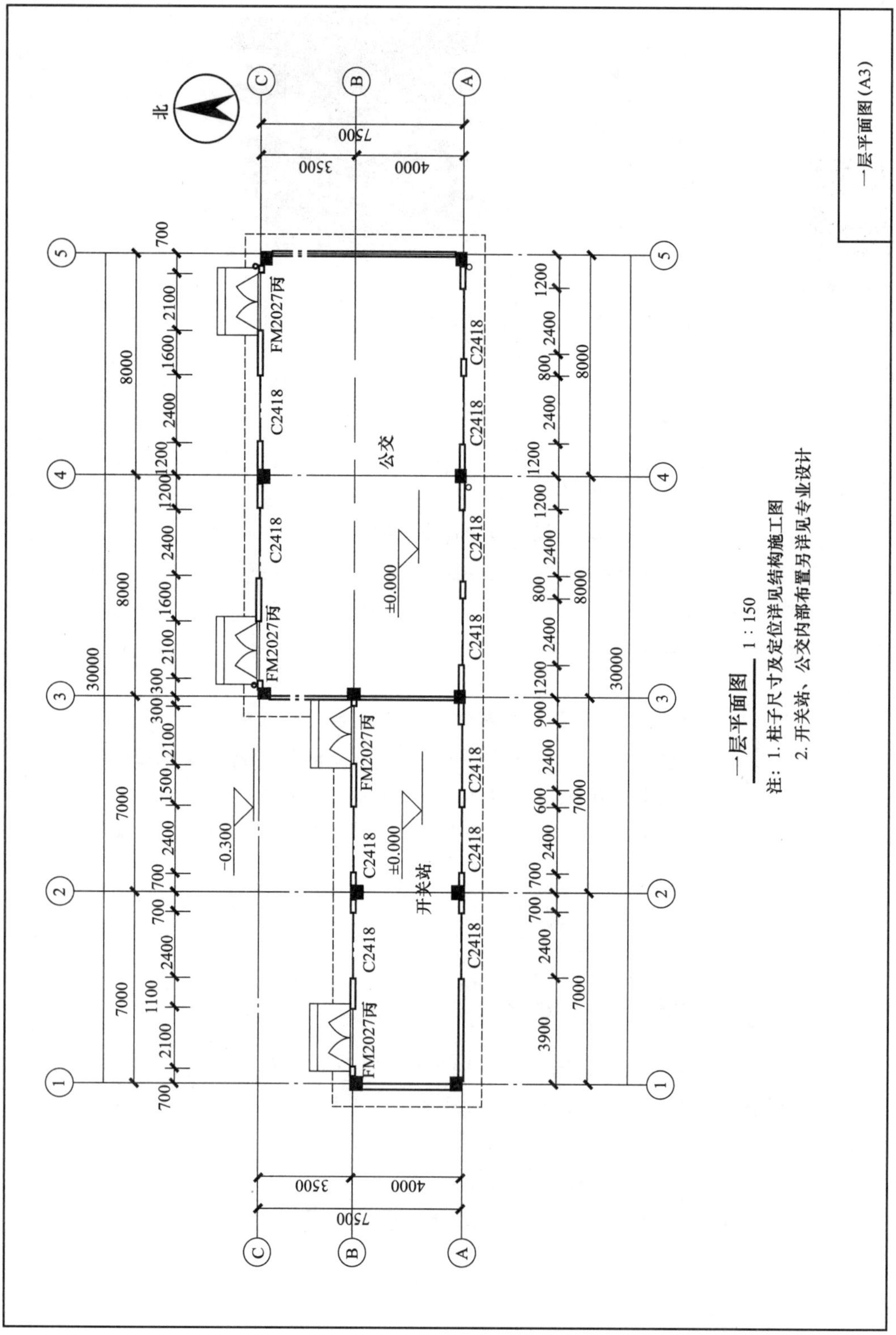
北
一层平面图（A3）
公交
开关站
±0.000
-0.300
FM2027丙
C2418
30000
8000
7000
7500
3500
4000
一层平面图 1∶150
注：1. 柱子尺寸及定位详见结构施工图
2. 开关站、公交内部布置另详见专业设计

图 6.47 一层平面图

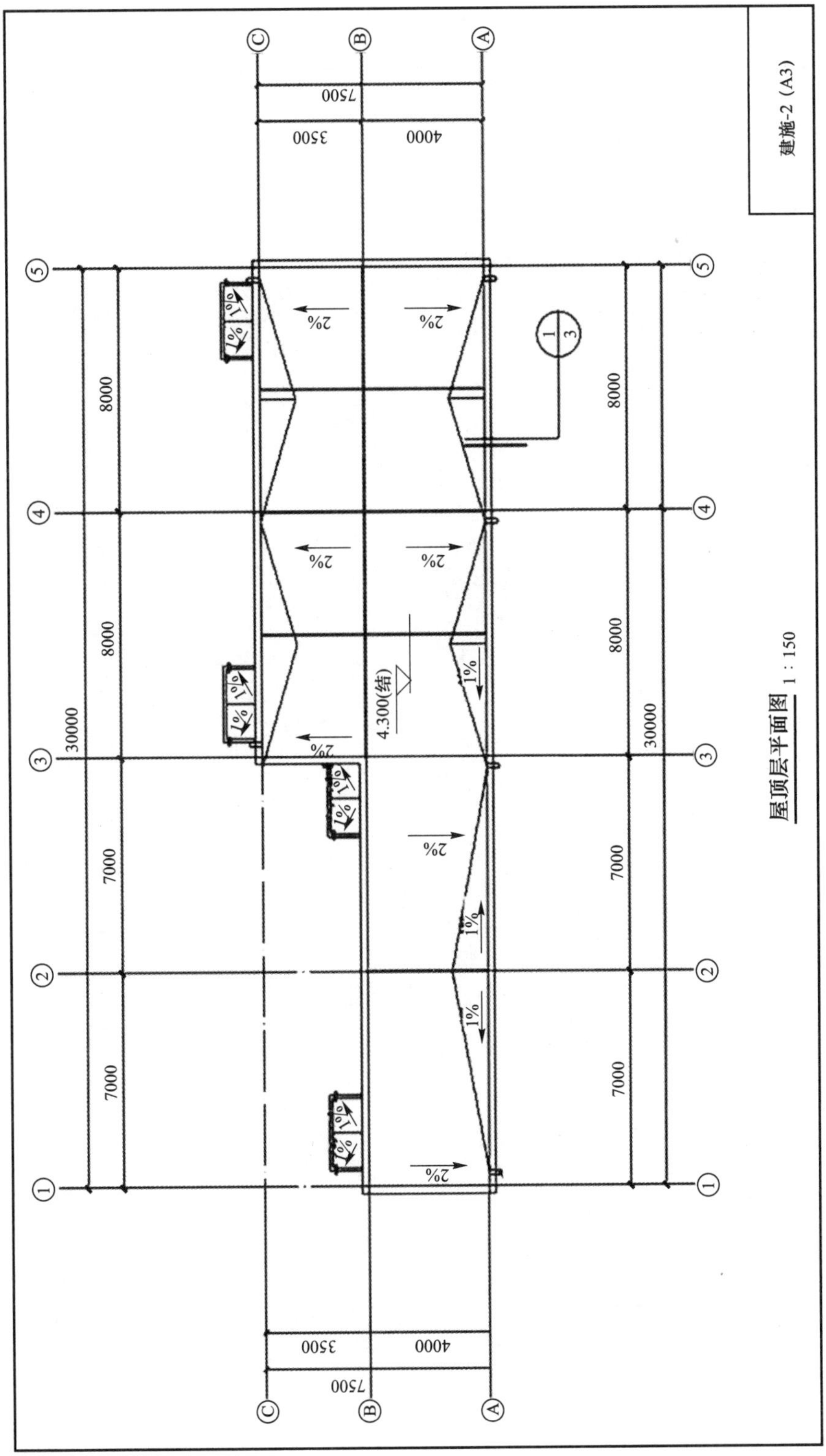
建施-2 (A3)
屋顶层平面图 1：150
4.300(结)
30000
8000
8000
7000
7000
7500
3500
4000
2%
1%

图 6.48 屋顶层平面图

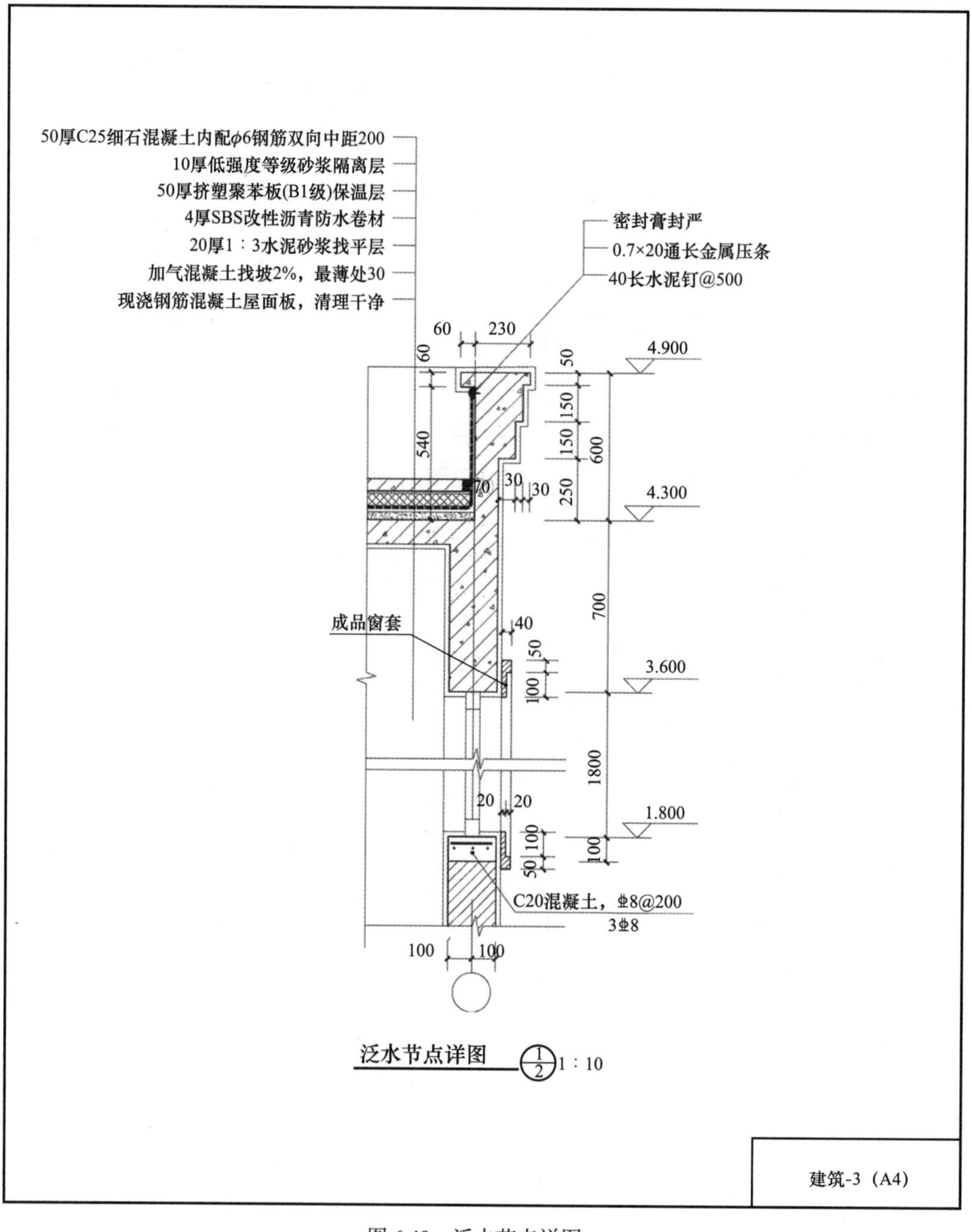

50厚C25细石混凝土内配φ6钢筋双向中距200
10厚低强度等级砂浆隔离层
50厚挤塑聚苯板(B1级)保温层
4厚SBS改性沥青防水卷材
20厚1：3水泥砂浆找平层
加气混凝土找坡2%，最薄处30
现浇钢筋混凝土屋面板，清理干净
密封膏封严
0.7×20通长金属压条
40长水泥钉@500
60
230
50
150
150
250
600
540
70
30
30
4.900
4.300
700
成品窗套
40
50
100
3.600
1800
20
20
1.800
100
100
50
C20混凝土，⌀8@200
3⌀8
100
100
泛水节点详图
1
2
1：10
建筑-3（A4）

图 6.49　泛水节点详图

本章小结

1. 屋顶是建筑物顶部的围护结构和承重构件。
2. 屋顶的作用有围护作用、承重作用、审美作用三个方面。
3. 屋面排水组织设计主要内容包括屋顶的排水坡度和排水方式两个方面。
4. 屋面排水坡度的形成方式主要有材料找坡和结构找坡两种。
5. 平屋顶的屋面较平缓，坡度小于3%。
6. 平屋面的构造有多个层次，大致来说，从下至上由结构层、找坡层、找平层、防水层、隔离层和保护层组成。
7. 坡度大于3%的屋面称为坡屋顶。
8. 坡屋顶的承重结构主要有横墙承重、屋架承重、屋面板承重等。
9. 保温材料可分为散料、现场浇筑的拌和物和板块料三种。
10. 屋顶的隔热包括通风隔热、蓄水隔热、种植隔热。

课后习题

1. 屋面面层有哪些常见的构造层次？
2. 屋面排水组织设计主要包括哪些方面？
3. 屋顶中的结构层、找坡层分别指什么？
4. 什么是泛水？其构造要点是什么？
5. 坡屋顶的坡度有什么要求？
6. 什么是防水垫层？要采用什么材料？
7. 屋顶保温层设置的位置有哪几种？

学习小结

（沿此虚线裁剪）

观后感

观察你家顶楼，你希望顶楼上的屋顶具有什么功能，在建造时有什么必须重视的要点？

（沿此线裁剪）

第7章 门 窗

学习目标

1. 掌握门窗的作用与常用尺寸；
2. 掌握门的分类和构造；
3. 掌握窗的分类和构造。

学习引导（音频）

能力目标

1. 能通过学习门窗选用的原则为建筑构件选型提供一定的参考；
2. 能通过学习门窗的布置对建筑设计有初步的掌握。

课程思政

从门窗初见雏形到现在，我国门窗类型和材质不断发展创新。为了能够满足建筑工业化的要求和人们使用舒适度的要求，门窗尺寸应符合相应的设计规范，同时要满足节能要求。这些要求体现着我国材料的更新、技术的发展，以及我们加强生态文明建设的决心。通过本章内容的学习，可以了解苏州园林的圆洞门和漏窗，领悟到中华优秀传统文化蕴含的思想观念、人文精神。在学习过程中，可以感受到门窗设计与制作的匠心，体会到建筑业的发展带给我们的优越感和责任心，将来在实际工作中应充分发挥专长，用心“构造”美好生活。

思维导图

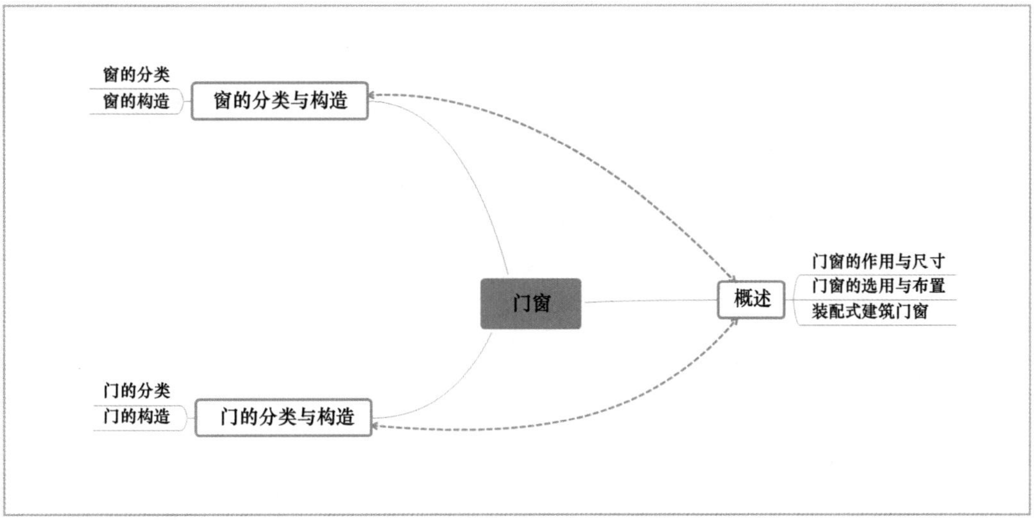

资源索引

页码	资源内容	形式
260	学习引导	音频
262	中国古代门窗的发展	视频
	中国现代门窗的发展	图文
274	铝合金门窗的性能	视频

7.1 概述

知识导入

“窗含西岭千秋雪，门泊东吴万里船”，自古以来，门窗屡次出现在诗词中，由此可见门窗对于人们生活是非常重要的。现在门窗仍是建筑中不可或缺的部分。那么门窗的作用是什么呢？对于门窗的尺寸又有哪些要求呢？

趣 闻

我国古代门窗的发展

门窗在古代也被称之为“牖”，历史可以追溯到三千多年前。远在商周时代，门窗就已经存在了。早期，人们为了出入和通风采光的方便，在居住空间的顶盖一侧留一缺口，兼有门和窗的双重功能。窗是固定在屋顶上的洞口，用来通风、采光，避免雨、雪的侵袭。

中国古代门窗的发展（视频）

最早，人类居住的是洞穴，后来洞穴上出现了草盖，那便是人类史上最早出现的门。木架夯土建筑及庭院的出现，奠定了门窗的基础，门的形式主要是版门（图 7.1）。

中国现代门窗的发展（图文）

之后人们一直在不断完善和更新门窗的形式，不仅追求门窗功能性，也更加注重门窗的装饰性。明清时期是我国传统窗饰艺术发展期，出现支摘窗、直棂窗、漏明窗等多种造型丰富的窗饰类型（图 7.2），此后随着我国古代工艺技术的发展，窗饰的内容与形式也不断增添着新的内容。

图 7.1　奴隶社会时期的版门

图 7.2　明清时期的门窗

教学内容

7.1.1 门窗的作用与尺寸

门在房屋建筑中的作用主要是交通联系，围护、分隔，并兼采光、通风；窗的作用主要是采光、通风及眺望。另外，门窗可以通过材料、颜色、式样、五金的造型等设计起到相应的装饰作用。

门窗应满足抗风压、水密性、气密性等要求，且应综合考虑安全、采光、节能、通风、防火、隔声等要求。

门窗的尺寸应符合模数要求。门扇高度常为 1900 ～ 2100mm；宽度，单扇门为 800 ～ 1000mm，辅助房间如浴厕、贮藏室的门为 600 ～ 800mm；双扇门为 1200 ～ 1800mm，腰窗高度一般为 300 ～ 600mm。

为使窗坚固耐久，一般平开木窗的窗扇高度为 800 ～ 1200mm，宽度不宜大于 500mm；上下悬窗的窗扇高度为 300 ～ 600mm；中悬窗的窗扇高度不宜大于 1200mm，宽度不宜大于 1000mm；推拉窗高宽均不宜大于 1500mm。对一般民用建筑用窗，各地均有通用图，各类窗的高度与宽度尺寸通常采用扩大模数 3M 数列作为洞口的标志尺寸，需要时只要按所需类型及尺度大小直接选用。

7.1.2 门窗的选用与布置

门窗选用应根据建筑所在地区的气候条件、节能要求等因素综合确定，并应符合国家现行建筑门窗产品标准的规定。

一个房间应该开几个门，每个建筑物门的总宽度应该是多少，一般是由交通疏散的要求和防火规范来确定的，设计时应按照相关规范来选取。公共建筑和通廊式居住建筑安全出口的数目不应少于两个，但符合下列要求的可设一个：一个房间的面积不超过 $60m^2$，且人数不超过 50 人时，可设一个门；位于走道尽端的房间（托儿所、幼儿园除外）内由最远一点到房门口的直线距离不超过 14m，且人数不超过 80 人时，也可设一个向外开启的门，但门的净宽不应小于 1.40m。

对于低层建筑，每层面积不大，人数也较少的，可以设一个通向户外的出口。

1. 门的选用

1）公共建筑的出入口常用平开、弹簧、自动推拉及转门等。

2）公共建筑出入口的外门应为外开或双向开启的弹簧门。位于疏散通道上的门应向疏散方向开启。托儿所、幼儿园、小学或其他儿童集中活动的场所不得使用弹簧门。

3）车库门常采用上翻（滑）门或卷帘门。

4）单朝向住宅的户门，宜在门扇上设置可开启的通风小扇。

5）体育馆内运动员经常出入的门，门扇净高不得低于 2.2m。

6）双扇开启的门洞宽度不应小于 1.2m，当为 1.2m 时，宜采用大小扇的形式。

2．门的布置

1）开向疏散走道及楼梯间的门扇全开时，不应影响走道及楼梯休息平台的疏散宽度。门的开启不应跨越变形缝。

2）相邻的两个经常使用的门，在开启时不得相互影响。

3）建筑中的封闭楼梯间、防烟楼梯间、消防电梯前室及合用前室，不应设置卷帘门。

3．窗的选用

多层居住建筑（小于或等于 6 层）常采用外平开或推拉窗；高层建筑不应采用外平开窗。当采用推拉窗或外开窗时，应有加强牢固窗扇、防脱落的措施。

中、小学校等需要儿童擦窗的外窗应采用内平开下悬式或内平开窗。

内、外走廊墙上的间接采光窗，均应考虑窗扇开启时不致碰人及不影响疏散宽度。

窗及内门上的亮子宜能开启，以利于室内通风。

1）面向外廊的居室、厨厕窗应向内开，或在人的高度以上外开，并应考虑防护安全及密闭性要求。

2）无论低层、多层、高层的所有民用建筑，除高级空调房间外（确保昼夜运转）均应设置纱扇，并应注意走道、楼梯间、次要房间不要因漏装纱扇而常进蚊蝇。

3）有高温、高湿及防火要求高时，不宜用木窗。

4）用于锅炉房、烧火间、车库等处的外窗，可不安装纱扇。

4．窗的布置

1）楼梯间外窗应考虑各层圈梁走向，避免冲突。

2）楼梯间外窗做内开扇时，开启后不得在人的高度内凸出墙面。

3）窗台高度由工作面需要而定，一般不宜低于工作面（900mm），如窗台过高或上部开启时，应考虑开启方便，必要时加设开闭设施。

4）需作暖气片时，窗台板下净高、净宽需满足安装暖气片及阀门操作的空间需要。

5）窗台高度低于 800mm 时，需有防护措施，窗前有阳台或大平台时可以除外。

6）错层住宅屋顶不上人处，尽量不设窗，如因采光或检修需设窗时，应有可锁启的铁栅栏，以免儿童上屋顶发生事故，并可以减少屋面损坏及相互串通。

7.1.3 装配式建筑门窗

1．门窗模数化协调

（1）建筑设计

1）建筑设计时应贯彻模数协调原则，在同一地区、同一建筑物内，优先选用《建筑门窗洞口尺寸系列》(GB/T 5824—2021)中门窗洞口系列的基本规格，其次选用辅助规格，并减少规格数量，使其相对集中。若《建筑门窗洞口尺寸系列》(GB/T 5824—2021)的规格不能满足需求时，可按《建筑门窗洞口尺寸系列》(GB/T 5824—2021)门窗洞口标准宽、高基本参数、辅助参数的数列，同时参照邻近门窗洞口规格规律自行确定。

2）建筑设计根据实际情况采用有关门窗产品设计时，应核实确认其中某一安装形式、安装方法及安装构造缝隙尺寸，并作出必要的补充设计要求。

3）建筑设计采用组合门窗时，宜优先选用基本门窗组合的条形窗、带形窗及连窗门等。

（2）建筑门窗产品设计

1）编制门窗产品设计文件时，应根据所设计门窗的材质、性能、质量标准等因素，选用《建筑门窗洞口尺寸系列》(GB/T 5824—2021)中门窗洞口尺寸系列同时应表示出门窗宽、高构造尺寸与门窗洞口定位线的关系，以及所能适应的各类不同材质墙体的安装形式、方法与其安装构造缝隙尺寸，并提出相应的技术措施。

2）应按门窗框或横、竖拼樘料的规格及其构造要求，确定一定范围内基本门、窗和基本门、窗扇的宽、高构造尺寸。组合门窗应符合《建筑门窗洞口尺寸系列》(GB/T 5824—2021)门窗洞口尺寸系列要求。

2. 设计标准化

装配式混凝土建筑立面设计应利用外墙、阳台板、空调板、外窗、遮阳设施和装饰等部件部品进行模块化组合设计。模块应符合少规格、多组合的要求，满足多样化、个性化的需要；装配式建筑立面设计，外窗等部品部件宜进行标准化设计。外门窗应采用在工厂生产的标准化系列部品，并应采用带有披水板等的外门窗配套系列部品。部品部件尺寸及安装位置的公差协调应根据生产装配要求、主体结构层间变形、密封材料变形能力、材料干缩、温差变形、施工误差等确定。

3. 施工装配化

外门窗应可靠连接，门窗洞口与外门窗框接缝处的气密性能、水密性能和保温性能不应低于外门窗的有关性能。预制外墙中外门窗宜采用企口或预埋件等方法固定，外门窗可采用预装法或后装法设计，并应满足下列要求：采用预装法时，外门窗框应在工厂与预制外墙整体成型；采用后装法时，预制外墙的门窗洞口应设置预埋件。

链 接

门窗的节能设计

建筑通过门窗传热的能源消耗约占建筑能耗的28%，通过门窗空气渗透的能耗约占建筑能耗的27%，所以，门窗能耗占建筑能耗的55%，更为严重的是通过建筑幕墙造成的能耗占整个建筑能耗高达90%以上。因此，窗体节能是建筑节能之一。

门、窗设计应满足国家或地方的建筑节能设计标准的规定，即传热系数、遮阳系数、可见光透射比、窗墙面积比、外窗可开启面积、气密性、凸窗设置条件等方面应满足建筑所在城市的气候分区的节能规定。当不能满足时，应根据相关的建筑节能设计标准进行围护结构热工性能权衡判断。

门、窗的节能设计指标主要有窗墙面积比限值；夏热冬冷地区居住建筑的外门、窗的热工性能限值；夏热冬冷、夏热冬暖地区公共建筑的外门、窗的热工性能限值；外窗可开启面积的有关规定；外窗气密性的有关规定。

1）夏热冬冷地区居住建筑：外窗可开启面积（含阳台门面积）不应小于外窗所在房间地面面积的 5%；

2）夏热冬暖地区居住建筑：外窗可开启面积（含阳台门面积）不应小于外窗所在房间地面面积的 8% 或外窗面积的 45%；

3）公共建筑外窗的可开启面积不应小于窗面积的 30%。

7.2 门的分类与构造

知识导入

在很长一段时间，我国建筑上用的门基本上都是木制的，而后钢门窗、铝合金门窗、塑料门窗等开始出现，建筑上用门的种类日益繁多（图 7.3）。那么现在常用的门有哪些种类？这些门的构造是怎样的？

(a) 木门　　(b) 钢制门

图 7.3　门的种类

(c) 铝合金门

(d) 塑料门

图 7.3（续）

趣 闻

苏州园林之圆洞门

亭，起源于周代，在古时候是供行人休息的地方。“亭，停也，亦人所停集也”（《释名·释宫室》）。亭一般在道边、水旁、山腰等地方较为常见。苏州园林里的亭子除驻足休息外还需要具有观赏性。园林里的亭一般体量小，有长方、正方、四角、六角、八角等，形式多样，小巧灵动，是园林景观中的点睛之笔。

苏州园林中的梧竹幽居亭具有较强的代表性。

梧竹幽居亭上开 4 个圆洞门，体现了古人信奉的“天圆地方的思想”，而且可以从不同角度观赏亭外的景色。圆洞门像相机一样，通过不同的圆洞门能看到不同的景色，如图 7.4 所示，包含了春夏秋冬各季节的景色。人们从这里可以欣赏春天的花木，夏天的荷花，秋天的枫叶，冬天的雪景，四季变换，美景如画。

(a) 春景

(b) 夏景

图 7.4 苏州园林圆洞门中四季景色

(c) 秋景

(d) 冬景

图 7.4（续）

教学内容

7.2.1 门的分类

1）按开启形式分类：平开门、弹簧门、推拉门、折叠门、转门等（图 7.5）；

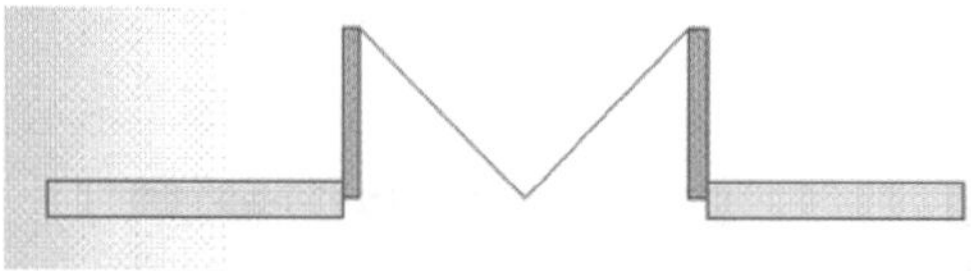

(a) 平开门

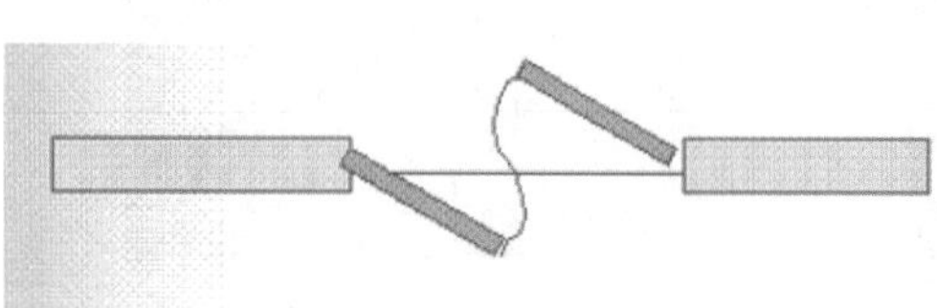

(b) 弹簧门

图 7.5 门的开启形式

(c) 推拉门

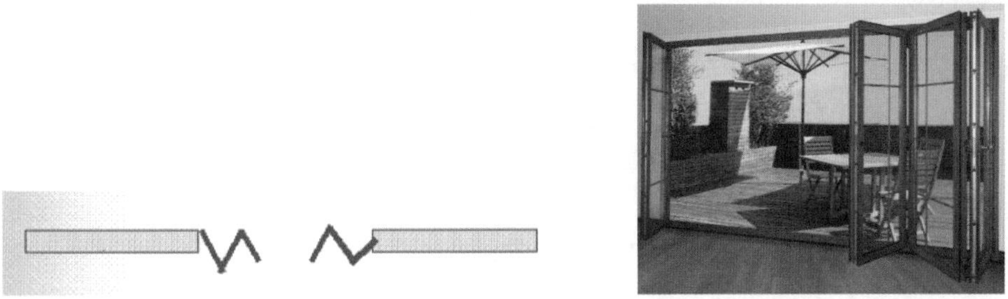

(d) 折叠门

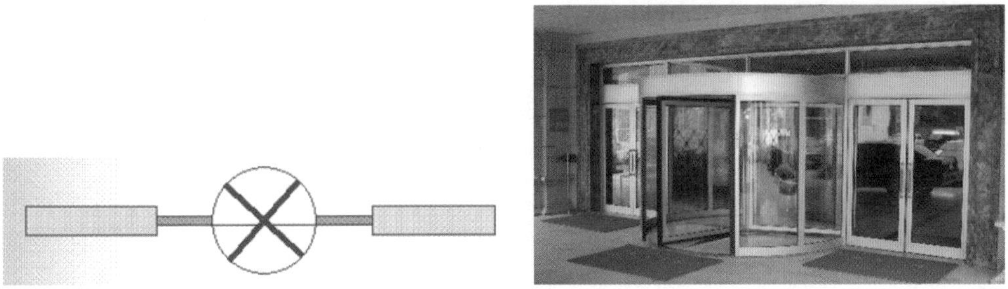

(e) 转门

图 7.5（续）

2）按材料分类：木门、钢门、铝合金门、塑料门、玻璃钢及复合材料（如铝木、塑木）门；

3）按构造分类：镶板门、拼板门、夹板门、百叶门等；

4）按功能分类：保温门、隔声门、防盗门、防火门、防射线门等。

7.2.2　门的构造

1．木门的构造组成

木门主要由门框、门扇、腰窗、贴脸板（门头线）、筒子板（垛头板）、五金零件等部分组成（图 7.6）。

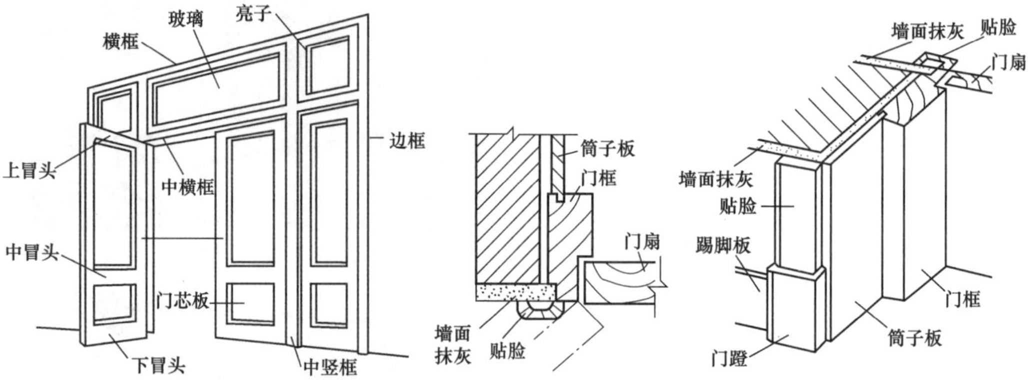

图 7.6　门的构造组成

（1）门框

门框又称门樘，一般由两根边梃和上槛组成，有腰窗的门还有中横档，多扇门还有中竖梃，外门及特种门有些还有下槛。门框用料一般可分为四级，净料宽度分别为 135mm、115mm、95mm、80mm，厚度分别为 52mm、67mm 两种。

（2）门扇

门扇由上冒头、中冒头、下冒头和边梃组成骨架，中间固定门芯板。按门板的材料，木门又可以分为全玻璃门、半玻璃门、镶板门、夹板门、纱门、百叶门等类型。

1）镶板门是广泛使用的一种门，镶板门由门框、门扇及腰窗扇组成（图 7.7）。门扇由边梃、上冒头、中冒头（可作数根）和下冒头组成骨架，内装门芯板而构成。其构造简单，加工制作方便，适用于一般民用建筑作内门和外门。

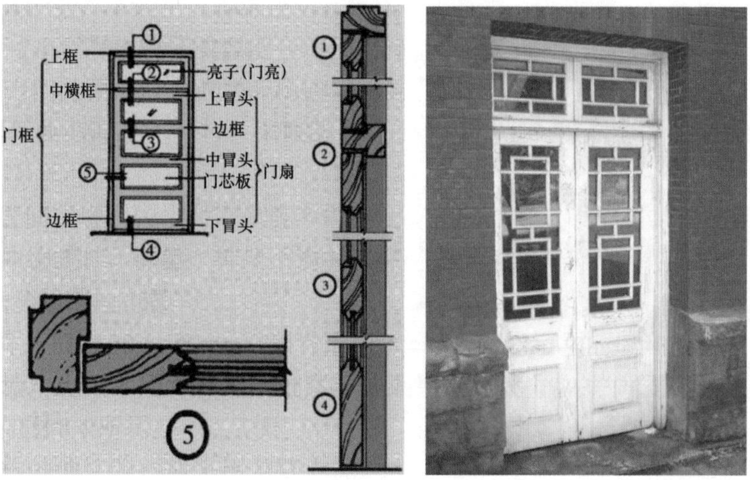

图 7.7　镶板门

2）夹板门中间为轻型骨架，两面贴胶合板、纤维板等薄板的门（图 7.8），一般作为室内门。外框用料 35mm×（50 ～ 70）mm，内框用 33mm×（25 ～ 35）mm 的木料，中距为 100 ～ 300mm。

（3）腰窗

腰窗（图 7.9）构造与窗构造基本相同，一般采用中悬开启方法，也可以采用上悬、平开及固定窗形式。

（4）门的五金零件

门的五金零件（图 7.10）有铰链、插销、门锁和拉手等，均为工业定型产品，形式多种多样。在选型时，铰链需要特别注意其强度，以防止其变形影响门的使用；拉手选型需结合建筑装修。

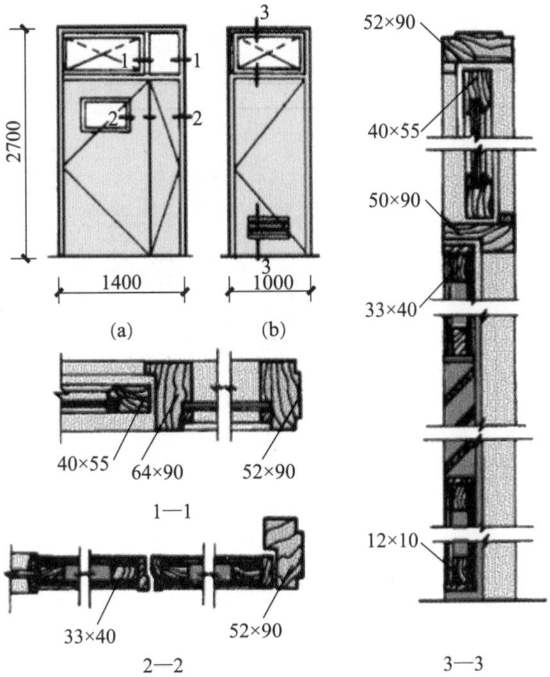

图 7.8　夹板门构造图

图 7.9　腰窗

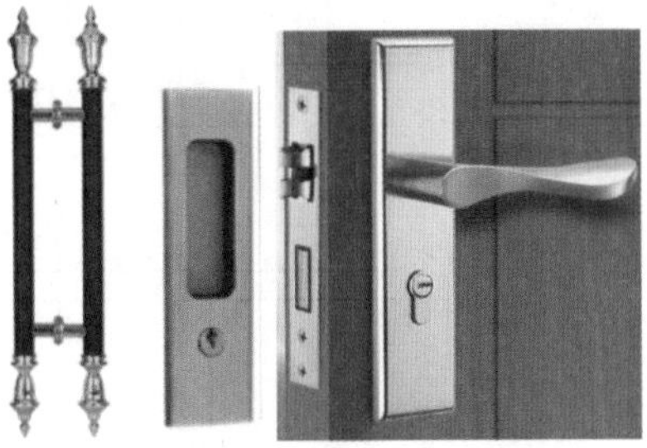

图 7.10　门的五金零件

2. 门的安装

门的安装有先立口和后塞口两类（图 7.11）。先立口类目前使用少；后塞口安装是在门洞口侧墙上每隔 500 ～ 800mm 高预埋木砖，用长钉、木螺钉等固定门框。门框外侧与墙面（柱面）的接触面、预埋木砖均需要进行防腐处理。

3. 门框在墙体中的位置

门框可在墙的中间或与墙的一边平。一般多与开启方向一侧平齐，尽可能使门扇开启时贴近墙面（图 7.12）。

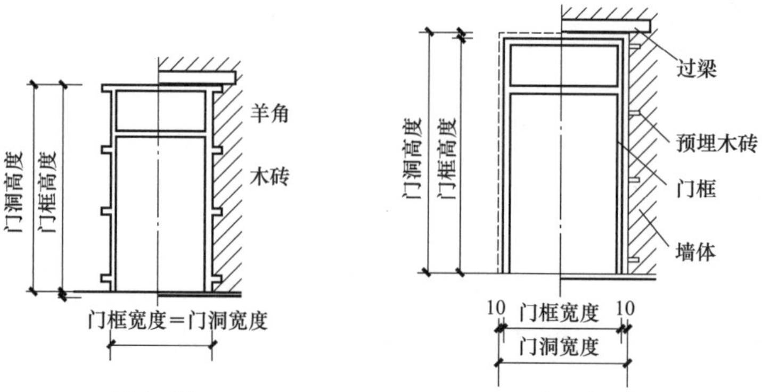

(a) 立口法　　(b) 塞口法

图 7.11　门的安装

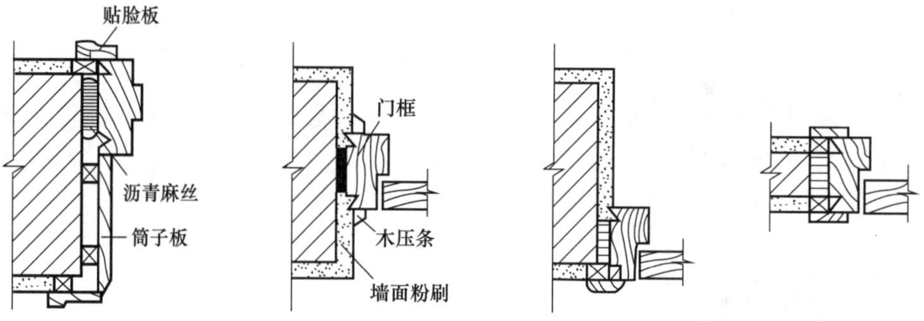

(a)外平　　(b)立中　　(c)内平　　(d)内外平

图 7.12　门窗在墙体中的位置

链　接

智能门窗传感器

人们常有这样的错觉：外出时是否关好了门窗。智能门窗传感器（图 7.13）可以解决此问题。目前，智能门窗传感器品类繁多，主要定位于日常家庭生活，用来辅助组成完整的智能家居系统。

图 7.13　智能门窗传感器

智能门窗传感器可以感应门、窗开关的状态，还可以监测衣帽间、抽屉、橱柜等家具的开合状态，及时给用户反馈信息。单一的智能门窗传感器是非常基础的传感器，与其他智能家居终端联结才能发挥良好的使用效果。智能门窗传感器搭配网关设备，配合其他设备使用，如智能门锁、智能烟雾报警器、家用智能摄像头等，由手机上的专用 App 控制，及时反馈给用户家里的家居设备使用情况。如智能门窗传感器配合智能门锁，可以判断门是否处于锁定状态。目前，智能门锁可以判断是否上锁但无法判断是否关好，而门窗传感器可以识别门是否关好，所以两者结合，就可以完美地达到用户需求。

7.3 窗的分类与构造

知识导入

建筑设计时根据其对采光、通风的要求不同，以及装饰效果要求的差异可以采用不同的窗（图 7.14）。现代居民楼采用的多为铝合金窗，而苏州园林的窗多为木质。那么常用的窗有哪些种类？常见的窗的构造是什么？

(a) 铝合金窗

(b) 木质窗

图 7.14 常见的窗

趣 闻

漏 窗

漏窗是一种满格的装饰性透空窗，外观为不封闭的空窗，窗洞内装饰着各种镂空图案，透过漏窗可隐约看到窗外景物。

苏州园林的漏窗具有很强代表性，是苏州园林的点睛之笔。其设置既为廊墙增添了灵巧、明快之感，又可采光通风。漏窗本身的设计元素与窗内窗外之景互为借用，画面变化多端。

苏州园林的漏窗图案繁多，如沧浪亭 100 多个漏窗图案花纹构作精巧、无一雷同；狮子林的琴、棋、书、画四漏窗图案依次塑有古琴、围棋棋盘、函装线书、画卷，表达了中国古典文化中的“雅”（图 7.15）。苏州园林每一个漏窗几乎都能表现一种场景，叙述一个故事，展现一种寓意。漏窗的发展和传承离不开匠人精益求精的精神和创造的能力，漏窗的技术传承以前多由师傅言传身教，或借助简单的示意图，佳作良多。

(a) 琴　(b) 棋　(c) 书　(d) 画

图 7.15　漏窗

教学内容

7.3.1　窗的分类

1）按开启方式分类：固定窗、平开窗、推拉窗、推拉下悬窗、内平开下悬窗、折叠平开窗、折叠推拉窗、外开上悬窗、立转窗、水平旋转窗等多种形式（图 7.16）。

铝合金门窗的性能（视频）

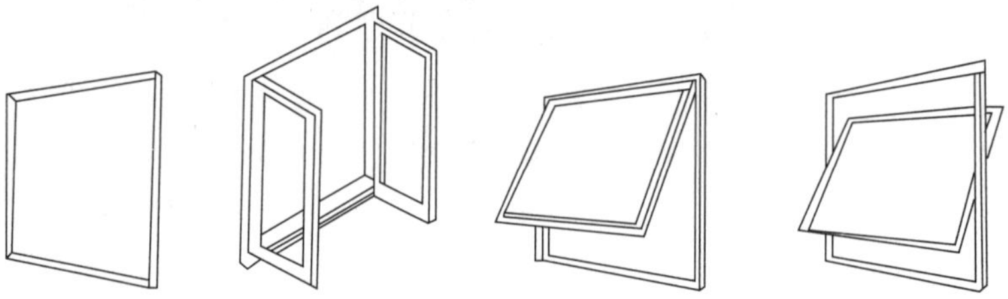

(a) 固定窗　(b) 平开窗　(c) 上悬窗　(d) 中悬窗

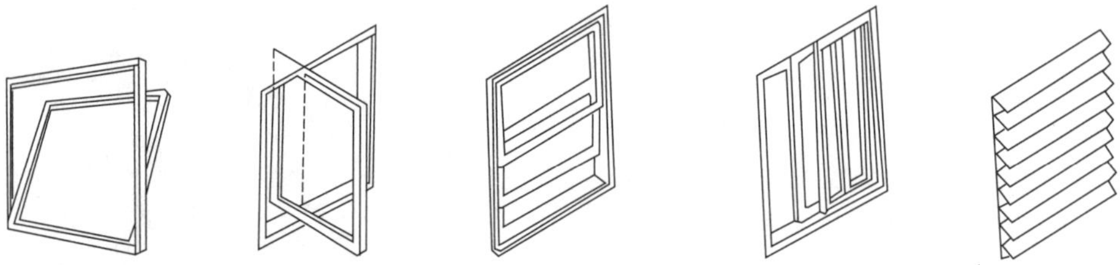

(e) 下悬窗　(f) 立转窗　(g) 垂直推拉窗　(h) 水平推拉窗　(i) 百叶窗

图 7.16　不同开启方式的窗

2）按材料分类：木窗、钢窗、铝合金窗、塑钢窗等。

3）按窗的镶嵌材料组成分类：玻璃窗、纱窗、百叶窗等。

4）按窗的层数分类：单层窗、双层窗、三层窗及双层中空玻璃窗等。

5）按窗的玻璃材料分类：普通平板玻璃窗、磨砂玻璃窗、反射吸热玻璃窗、钢化玻璃窗、中空玻璃窗等。

1．固定窗

固定窗一般是在窗框上直接镶玻璃或将窗扇固定在窗框上不能开启的窗，只供采光、眺望用。其通常用于走道、楼梯间的采光窗和一般窗的某些部位。

2．平开窗

铰链安装在窗扇一侧与窗框相连，根据向外或向内开启，该类窗户被分为外平开窗与内平开窗，还有单扇、双扇、多扇之分。该类窗户的特点是：构造简单，开启灵活，便于清理，而且闭合时密封性能较好。

3．推拉窗

推拉窗根据推拉方向不同可分为水平推拉窗和垂直推拉窗两种。水平推拉窗需要在窗扇上下设轨槽；垂直推拉窗要有滑轮及平衡措施。

4．悬窗

悬窗是指沿水平轴开启的窗。根据铰链和转轴位置的不同，可分为上悬窗、下悬窗、中悬窗，悬窗的开启角度如图 7.17 所示。

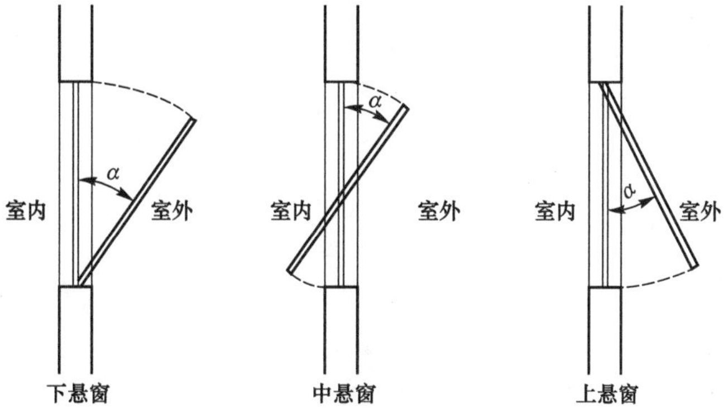

图 7.17 悬窗的开启角度

5．立转窗

立转窗构造简单，启闭灵活，制作、安装和维修方便，但密封效果较差，不宜用于寒冷和多风沙的地区。

7.3.2 窗的构造

1．窗的组成

窗主要由窗框、窗扇和五金零件等组成，如图 7.18 所示。

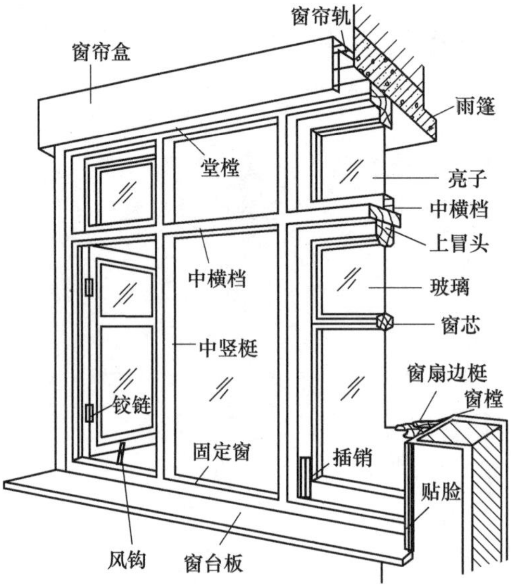

图 7.18 窗的构造组成

（1）窗框

窗框由上框、中横框、中竖框、下框及边框等组成。窗框是墙体与窗之间的连接部分，同时，窗扇可以固定在窗框上。一般尺度的单层窗窗樘的厚度为 40 ～ 50mm，宽度为 70 ～ 95mm，中竖梃双面窗扇需加厚一个铲口的深度为 10mm，中横档除加厚 10mm 外，还要加披水板，一般还要加宽 20mm 左右。

（2）窗扇

平开窗的开启扇，其净宽不宜大于 0.6m，净高不宜大于 1.4m。推拉窗的开启扇，其净宽不宜大于 0.9m，净高不宜大于 1.5m。

当单层玻璃不能达到节能标准的保温要求时，应采用中空玻璃。中空玻璃应为双道密封，中空玻璃的常用玻璃厚度为 3 ～ 6mm，空气层厚度一般为 6mm、9mm、12mm 等。

（3）五金零件

窗的五金零件有铰链、滑撑、滑轮、拉手等（图 7.19）。铰链连接窗扇和窗框，用于平开窗。滑撑是支撑平开窗扇实现启闭、定位的一种装置。滑轮的作用是承担推拉窗的质量，使窗可以水平移动。拉手可作窗扇的开关之用，应用于平开窗。

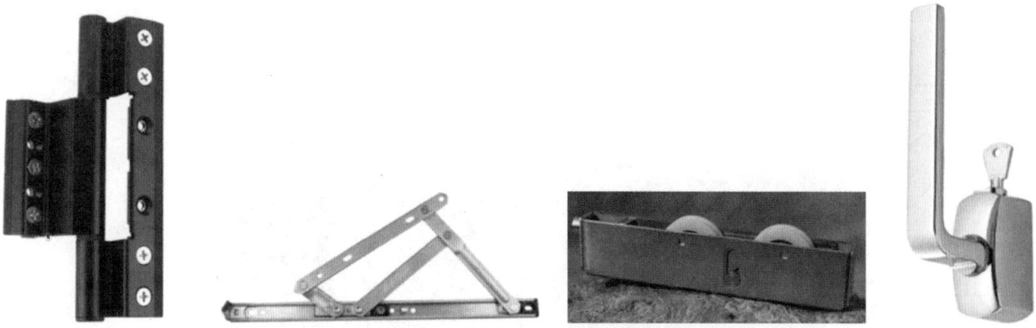

(a) 铰链　(b) 滑撑　(c) 滑轮　(d) 拉手

图 7.19　窗的五金零件

2．窗的安装方法

窗的安装也可分为先立口和后塞口两类。

1）立口又称立樘子，施工时先将窗樘放好，后砌窗间墙。上下档各伸出约半砖长的木段（羊角或走头），在边框外侧每 500 ～ 700mm 设一木拉砖或铁脚砌入墙身。这种方法的特点是：窗樘与墙的连接紧密，但施工不便，窗樘及其临时支撑易被碰撞，故较少采用。

2）塞口又称塞樘子或嵌樘子，在砌墙时先留出窗洞，以后再安装窗樘。

3．窗框在墙中的位置

窗框在墙中的位置，一般是与墙内表面平齐，安装时窗框凸出砖面 20mm，以便墙面粉刷后与抹灰面平齐。

当窗框立于墙中时，应内设窗台板，外设窗台。窗框外平时，靠室内一面设窗台板（图 7.20）。

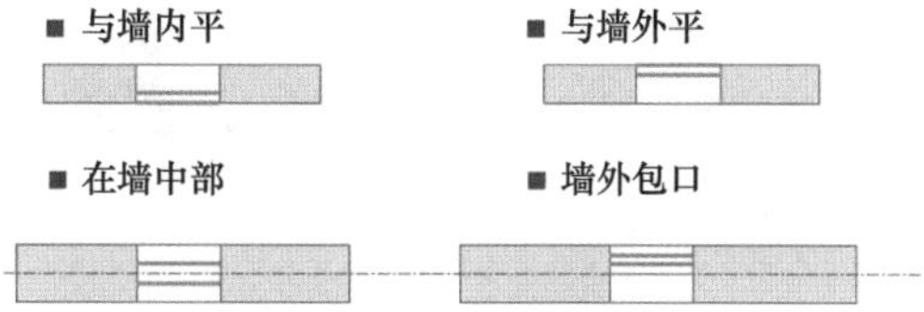

图 7.20　窗的安装位置

链　接

指尖光阴——木雕窗花

木雕窗花（图 7.21）被称作民间艺术瑰宝。其发源于北方，汉晋至五代开始，伴随着汉人大批入闽，得以由北向南传播。窗花一般以楠木、樟木和好的红木进行雕刻，它历经绘图、刷样、打坯、修光、油漆、装配等工艺，以卯榫拼接而成，浮雕、透雕、线雕、圆雕多种雕刻手法贯穿窗花制作。木雕窗花按其图案可分为文字表现式、花草表现式、飞禽走兽式、几何图案表现式。在木雕窗花的雕刻上，古民居木艺常常采用暗喻来寄托主人的希望。

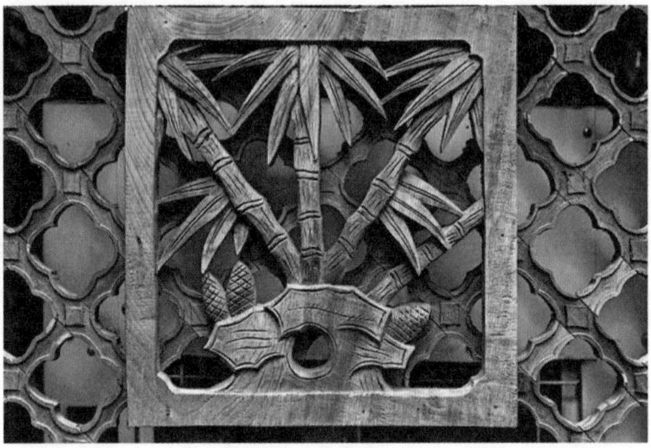

图 7.21　木雕窗花

窗花按形状分，一般有长方形、正方形、圆形、半圆形。其中又分为方中套圆形、圆中套方形等。木雕窗花多见于古建筑、现代建筑的隔断等。如今的木雕窗花既有对传统技艺的传承，又巧妙地将现在的文化元素融入其中，使得木雕窗花可以符合大众的审美需求，在现代建筑中应用更加频繁。

本章小结

1. 木门主要由门框、门扇、腰窗、贴脸板（门头线）、筒子板（垛头板）、五金零件等部分组成。

2. 窗主要由窗框、窗扇和五金零件三部分组成。

课后习题

1. 门窗的作用主要有哪些？
2. 木门的构造组成包括哪些部分？
3. 窗的构造组成包括哪些部分？

学习小结

（沿此虚线裁剪）

观后感

要求：观看视频“跟着书本去旅行”、“苏州园林——亭台轩榭”和“苏州园林——精妙匠心”，了解圆门洞和漏窗的特色，就其特点和蕴含的精神谈谈你的感受。

（沿此虚线裁剪）

第8章 变形缝

学习目标

1. 了解变形缝的作用和类型；
2. 掌握变形缝的设置原则及各类变形缝的构造处理方法；
3. 熟悉建筑施工图中的变形缝详图。

学习引导
（音频）

能力目标

1. 能根据建筑物的特点及所处的环境选择合适的变形缝构造；
2. 能通过对变形缝的学习处理变形缝施工中所遇到的一般问题。

课程思政

我们常看到在室内楼面变形缝处，有水顺着变形缝两侧缝隙流入缝内，从而污染下层墙体，影响了整个建筑物的美观。这是由于填塞保温材料未做防水处理或盖板两侧缝隙密封不严，而缝两侧地坪不平整，致使地坪上的水渗入缝内所致；有些楼面变形缝内没有填充防火阻燃材料，形成上下层的通缝，给建筑物的使用安全带来隐患，从而导致火势蔓延迅速。

由此可见，变形缝的处理若偷工减料不仅会影响建筑物的美观和使用，甚至造成巨大的损失。我们要充分认识到“偷工减料”的危害性，在校期间养成良好的职业素养及正确的人生观、价值观，培养良好的诚信意识、职业道德；在未来的工作中秉着严谨、认真的态度，诚实守信、严谨负责，坚守职业道德底线。

思维导图

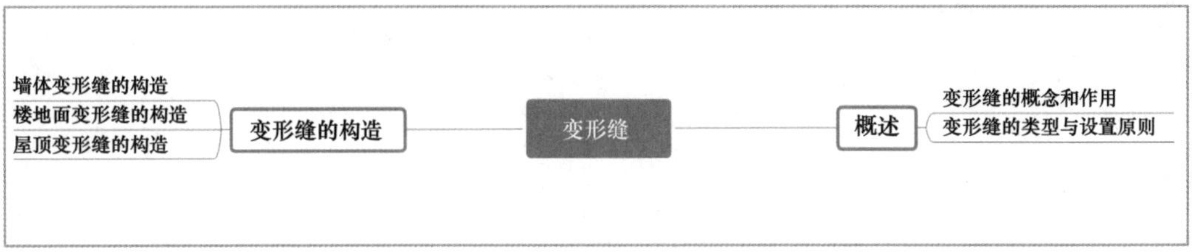

资源索引

页码	资源内容	形式
281	学习引导	音频
285	伸缩缝的设置原则	视频
288	沉降缝的设置原则	视频
289	防震缝的设置原则	视频
292	内墙变形缝平缝构造	AR 图
	外墙变形缝平缝构造	AR 图
	外墙沉降缝构造（金属调节板盖缝）	AR 图
	外墙伸缩缝平缝构造（沥青麻丝）	AR 图
	外墙变形缝构造示例	图文
293	内墙转角处伸缩缝构造（木压条）	AR 图
	内墙转角处伸缩缝构造（金属盖片）	AR 图
	外墙转角处伸缩缝构造（金属调节片）	AR 图
	外墙转角处伸缩缝构造（橡胶条）	AR 图
	楼地面变形缝构造示例	图文
294	楼面变形缝 1	AR 图
	楼面变形缝 2	AR 图
	楼面变形缝 3	AR 图
	屋面变形缝构造 1	AR 图
	屋面变形缝构造 2	AR 图

8.1 概述

知识导入

在日常生活中，我们常会看到建筑物外墙贯穿地面到楼顶的一个构造节点，形状犹如胶带，如图 8.1 所示，这就是变形缝。建筑物由于受气温变化、地基不均匀沉降或地震等因素的影响会产生变形，导致开裂甚至破坏。针对这些情况就要预留变形缝。本节学习掌握变形缝的作用、类型和设置原则。

图 8.1　外墙变形缝

趣　闻

雁塔“神合”

大雁塔、小雁塔是西安著名的旅游胜地。大雁塔因高僧玄奘而闻名天下，但很多人不知道的是，其实小雁塔也极具传奇色彩。

小雁塔始建于唐中宗景龙元年，即公元 707 年，历时三年建成。在此后的 1300 多年时间里，小雁塔曾经神奇地“三离三合”：明成化二十三年（1487 年），陕西六级大地震使小雁塔从上到下由中间裂开一条缝，宽达一尺，而在 34 年后的又一次大地震中，这条裂缝神奇地一夜之间合拢；此后的明嘉靖三十四年（1555 年）和明嘉靖四十二年（1563 年），小雁塔又一次上演神奇的“离合”；清代康熙年间小雁塔第三次开裂又复合。如此现象在一座佛塔身出现三次，人们很难理解，将小雁塔的合拢称为“神合”。对于一座砖塔而言，经过数次地震开裂而不倒塌，反能自然复合，这引起人们关注。

小雁塔为什么会经历数次地震而屹立不倒？中华人民共和国成立后，在修复小雁塔时发现不是“神合”，而是“人合”。其主要原因是在小雁塔的塔基上，唐代建造小雁塔的能工巧匠根据西安的地质情况，将塔基用夯土筑成了半圆球体，这样在地震时压力会被平均分散，小雁塔就如“不倒翁”一样，耸立1300多年而不倒，完美展现了古代工匠的高超技艺（图8.2、图8.3）。

图8.2　1964年修复前的小雁塔

图8.3　现在的小雁塔

教学内容

建筑物在外界因素作用下常发生变形，导致开裂甚至破坏，影响使用和安全。那么在建筑设计的过程中可以采取怎样的措施避免建筑物发生此类破坏呢？

8.1.1　变形缝的概念和作用

建筑物由于受外界因素的影响，如气温变化、房屋相邻部分承受不同的荷载、房屋相邻部分结构类型差异和地震的影响等，使房屋结构内部产生附加应力和变形，如果不加以处理或处理不当，将会造成建筑物的开裂，产生破坏甚至倒塌，影响使用与安全。

解决的方法通常有：一是加强建筑物的整体性，使建筑物本身具有足够的刚度和强度，从而抵抗这些破坏应力而不会发生破裂等后果；二是预先在这些变形敏感部位将结构断开，留出一定的缝隙，将建筑物分成若干独立的部分，以保证各部分建筑物在这些缝隙中有足够的变形宽度而不造成建筑物的破损。这种将建筑物垂直分开的预留的缝隙称为变形缝。

8.1.2　变形缝的类型与设置原则

变形缝按其作用的不同可分为伸缩缝、沉降缝和防震缝。

1．伸缩缝及设置原则

伸缩缝的设置原则（视频）

伸缩缝又称为温度缝，是为了防止由于建筑物超长而产生的伸缩变形而设置的变形缝。

建筑物因受温度变化的影响而产生热胀冷缩，在结构内部产生温度应力而变形。当变形受到约束，就会在房屋的某些构件中产生应力，从而导致破坏。为了预防这种情况的发生，常沿建筑物的长度方向每隔一定距离或结构变化较大处预留伸缩缝，将建筑物断开。当建筑物出现以下情况时需要设置伸缩缝：建筑物的长度超过一定限度；建筑平面复杂、变化较多；结构类型变化较大时。

伸缩缝要求将建筑物的墙体、楼板层、屋顶等地面以上的部分全部断开，基础部分因受温度变化影响较小，不需断开。

1）砌体结构中伸缩缝应设在因温度和收缩变形引起应力集中、砌体产生裂缝可能性最大处，其伸缩缝的间距见表8.1。

表8.1　砌体结构伸缩缝的最大间距

屋盖或楼盖的类别		间距/m
整体式或装配整体式钢筋混凝土结构	有保温层或隔热层的屋盖、楼盖	50
	无保温层或隔热层的屋盖	40
装配式无檩体系钢筋混凝土结构	有保温层或隔热层的屋盖、楼盖	60
	无保温层或隔热层的屋盖	50
装配式有檩体系钢筋混凝土结构	有保温层或隔热层的屋盖、楼盖	75
	无保温层或隔热层的屋盖	60
瓦材屋盖、木屋盖或楼盖、轻钢屋盖		100

注：1．对烧结普通砖、烧结多孔砖、配筋砌块砌体房屋，取表中数值；对石砌体、蒸压灰砂普通砖、蒸压粉煤灰普通砖、混凝土砌块、混凝土普通砖和混凝土多孔砖房屋，取表中数值乘以0.8的系数，当墙体有可靠外保温措施时，其间距可取表中数值。

2．在钢筋混凝土屋面上挂瓦的屋盖应按钢筋混凝土屋盖采用。

3．层高大于5m的烧结普通砖、烧结多孔砖，配筋砌块砌体结构单层房屋，其伸缩缝间距可按表中数值乘以1.3。

4．温差较大且变化频繁地区和严寒地区不采暖的房屋及构筑物墙体的伸缩缝的最大间距，应按表中数值予以适当减小。

5．墙体的伸缩缝应与结构的其他变形缝相重合，缝宽度应满足各种变形缝的变形要求；在进行立面处理时，必须保证缝隙的变形作用。

2）钢筋混凝土结构伸缩缝的最大间距按表 8.2 确定。

表 8.2　钢筋混凝土结构伸缩缝的最大间距（m）

结构类型		室内或土中	露天
排架结构	装配式	100	70
框架结构	装配式	75	50
	现浇式	55	35
剪力墙结构	装配式	65	40
	现浇式	45	30
挡土墙、地下室墙壁等结构	装配式	40	30
	现浇式	30	20

注：1．装配整体式结构的伸缩缝间距，可根据结构的具体情况取表中装配式结构与现浇式结构之间的数值；
2．框架 – 剪力墙结构或框架 - 核心筒结构房屋的伸缩缝间距，可根据结构的具体情况取表中框架结构与剪力墙结构之间的数值；
3．当屋面无保温或隔热措施时，框架结构、剪力墙结构的伸缩缝间距宜按表中“露天”栏的数值取用；
4．现浇挑檐、雨罩等外露结构的局部伸缩缝间距不宜大于 12m。

下列情况，表 8.2 中伸缩缝间距宜适当减小：

① 柱高（从基础顶面算起）低于 8m 的排架结构；

② 屋面无保温、隔热措施的排架结构；

③ 位于气候干燥地区、夏季炎热且降水量较大地区的结构或经常处于高温作用下的结构；

④ 采用滑模类工艺施工的各类墙体结构；

⑤ 混凝土材料收缩较大，施工期外露时间较长的结构。

如有充分依据，下列情况伸缩缝可按照表 8.2 的间距适当增大：

① 采取减小混凝土收缩或温度变化的措施；

② 采用专门的预加应力或增配构造钢筋的措施；

③ 采用低收缩混凝土材料，采取跳仓浇筑、后浇带、控制缝等施工方法，并加强施工养护。

当伸缩缝间距增大较多时，尚应考虑温度变化和混凝土收缩对结构的影响。

当设置伸缩缝时，框架、排架结构的双柱基础可不断开。

3）伸缩缝的结构布置。

伸缩缝宽一般为 20 ～ 40mm，通常采用 30mm。砌体结构的墙和楼板及屋顶结构布置可采用单墙，也可采用双墙承重方案，伸缩缝最好设置在平面图有变化处，以利于隐蔽处理，如图 8.4 所示。

框架结构的伸缩缝一般采用悬臂方案，也可采用双梁双柱方式，但施工较复杂，如图 8.5 所示。

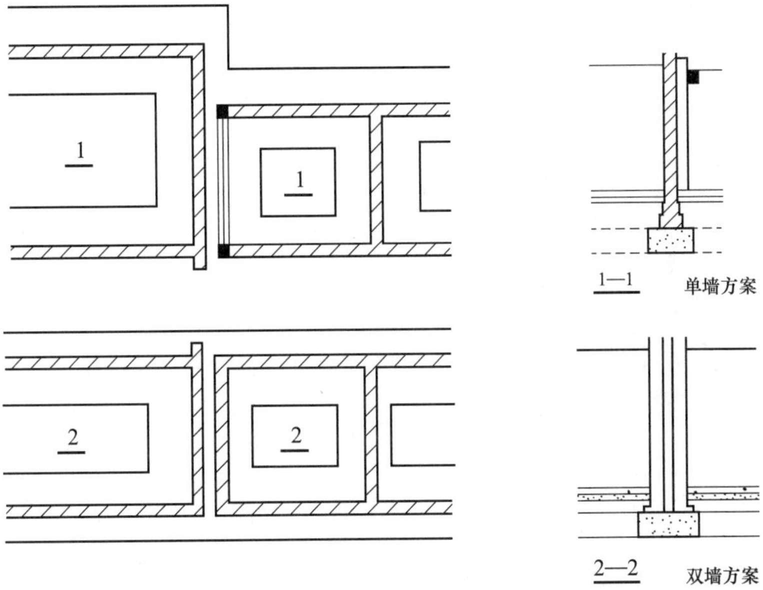

图 8.4 承重墙方案

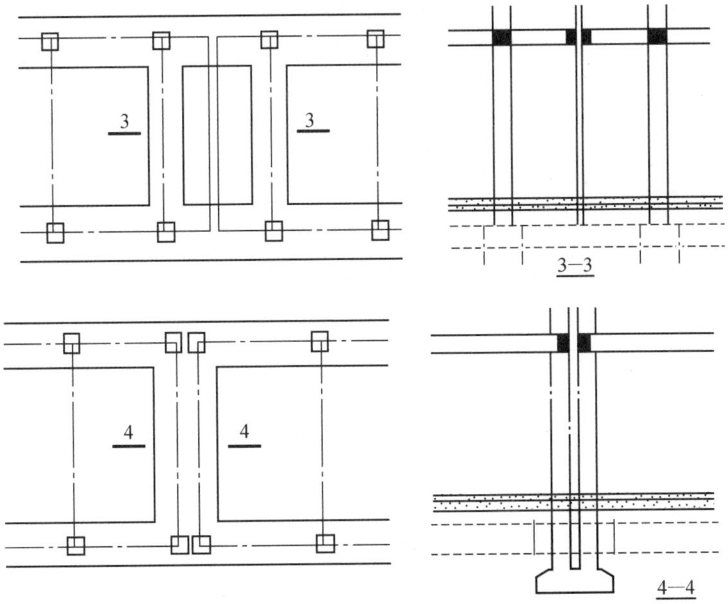

图 8.5 框架悬臂梁方案和双柱方案

2. 沉降缝及设置原则

沉降缝是为了预防建筑物各部分由于地基承载力不同或各部分荷载差异较大等原因引起建筑物不均匀沉降，导致建筑物破坏而设置的变形缝。

（1）沉降缝的设置原则

凡属于下列情况之一者均应设置沉降缝（图 8.6）：

1）建筑平面的转折部位；

2）高度差异或荷载差异处；

3）过长建筑物的适当部位；

4）地基土的压缩性有显著不同处；

5）建筑结构或基础类型不同处；

6）分期建造房屋的交界处。

沉降缝的设置原则（视频）

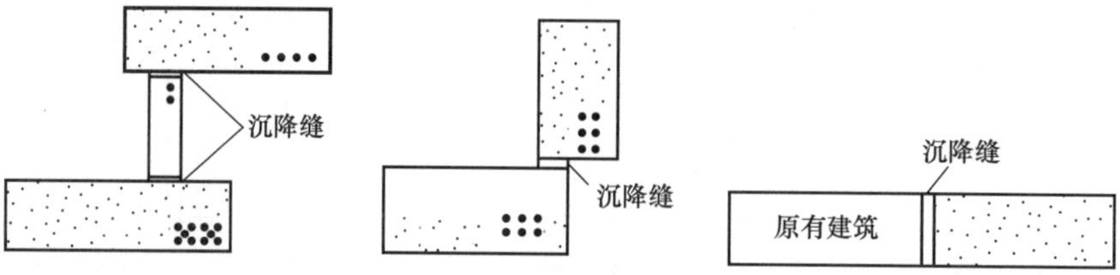

图 8.6　沉降缝设置部位示意

设置沉降缝时，必须将建筑物的基础、墙体、楼层及屋顶等部分全部在垂直方向断开，使各部分形成能各自自由沉降的独立的刚度单元。基础必须断开是沉降缝不同于伸缩缝的主要特征。同时，沉降缝应兼顾伸缩缝的作用，故在构造设计时应同时满足伸缩和沉降的双重要求。

（2）沉降缝的宽度

沉降缝的宽度随地基情况和建筑物的高度不同而定，见表 8.3。

表 8.3　沉降缝的宽度

地基情况	建筑物高度	沉降缝宽度 /m
一般地基	$H < 5$m	30
	H=5 ～ 10m	50
	H=10 ～ 15m	70
软弱地基	2 ～ 3 层	50 ～ 80
	4 ～ 5 层	80 ～ 120
	5 层以上	＞ 120
湿陷性黄土地基	—	⩾ 30 ～ 70

（3）沉降缝的结构布置

沉降缝基础应断开，并避免因不均匀沉降造成的相互干扰。常见的承重墙下条形基础处理方法有双墙偏心基础、悬挑基础和交叉式基础三种方案，如图 8.7 所示。

框架结构通常也有双柱下偏心基础、挑梁基础、柱交叉布置三种处理方式。

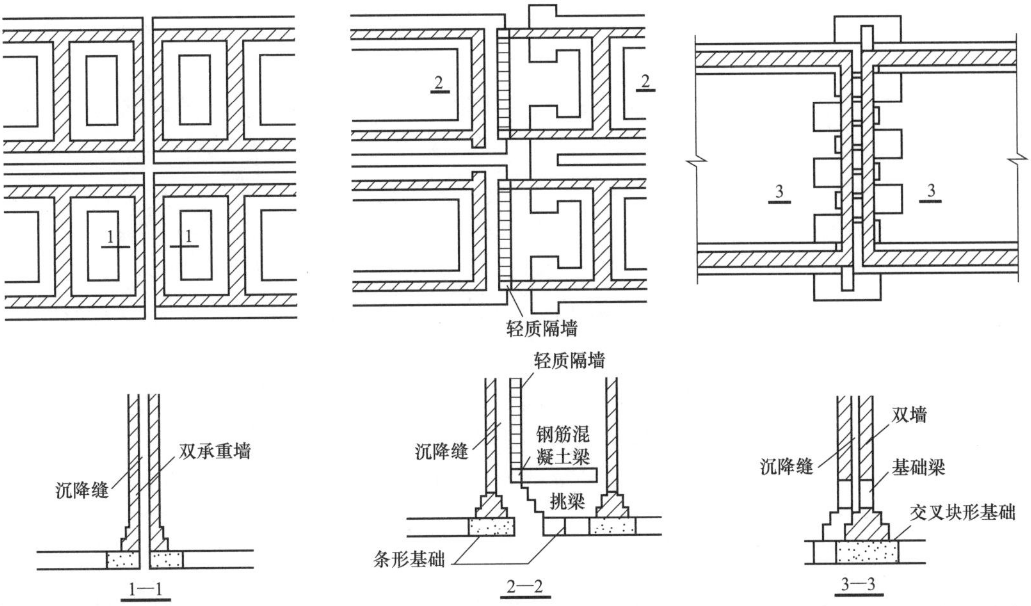

(a) 双墙基础方案沉降缝　(b) 悬挑基础方案的沉降缝　(c) 双墙基础交叉排列方案的沉降缝

图 8.7　沉降缝基础设置示意

3．防震缝及设置原则

在地震区建造房屋，必须充分考虑地震对建筑造成的影响。《建筑抗震设计规范》（GB 50011—2010）（2016 年版）明确了我国各地区建筑物抗震的基本要求。地震设防烈度 6 度以下地区地震时，对建筑物的影响轻微可不进行抗震设防；地震设防烈度为 9 度地区地震时，对建筑物的破坏严重，建筑的抗震设计应按有关专门规定执行；地震设防烈度为 7 ～ 9 度地区，应按照一般规定设置防震缝，将建筑物划分成若干形体简单，质量、刚度均匀的独立单元，以防震害。这种为了解决地震时产生的相互撞击变形而设置的变形缝称为防震缝。

建筑物的防震和抗震通常可以从设置防震缝和对建筑物进行加固两个方面考虑。一般情况下，基础可不设防震缝，但是防震缝、伸缩缝、沉降缝统一布置时，应同时满足三种缝的要求。

（1）防震缝的设置原则

在地震设防烈度为 7 ～ 9 度地区，对于多层砌体房屋，应优先采用横墙承重或纵横墙混合承重的结构体系，有下列情况之一时宜设置防震缝：

防震缝的设置原则（视频）

1）建筑立面高差在 6m 以上；

2）建筑有错层且错层楼板高差较大；

3）建筑物相邻各部分结构刚度、质量截然不同。

此时防震缝宽度 B 为 50～100mm，缝两侧均须设置墙体，以加强防震缝两侧房屋的刚度。

对多层和高层钢筋混凝土框架、排架结构的房屋，应尽量选用合理的建筑结构方案，有下列情况之一时宜设置防震缝：

1）房屋邻建于框架、排架结构；

2）结构的平面布置不规则；

3）质量和刚度沿纵向分布有突变。

设置防震缝，当高度不超过 15m 时，缝宽可采用 70mm；当高度超过 15m 时，按不同设防烈度增加缝宽。

1）6 度地区，建筑物每增高 5m，缝宽增加 20mm；

2）7 度地区，建筑物每增高 4m，缝宽增加 20mm；

3）8 度地区，建筑物每增高 3m，缝宽增加 20mm；

4）9 度地区，建筑物每增高 2 m，缝宽增加 20mm。

（2）防震缝的结构布置

防震缝应沿建筑物的全高设置，缝的两侧应布置双墙或双柱，或一墙一柱，使各部分结构都有较好的刚度。

链　接

伸缩缝不是建筑的专有名词

伸缩缝并非建筑的专有名词，伸缩缝在木质家具中也是存在的，如家里摆放的木质餐桌，就存在伸缩缝。伸缩缝是中国古典家具的一种传统加工工艺，即为了家具部件随季节气候的变化而正常伸缩所预留的合理的缝隙。其宽度一般在 0.3～0.5cm，目的是不致撑裂家具的边框或角榫，这与建筑变形缝的设计不谋而合，建筑变形缝也是为了防止温度变化对建筑产生损坏。

图 8.8　实木家具的伸缩缝

这条看上去像是家具裂开的“伸缩缝”，实际非常关键，它并不是由于家具设计制作时的失误造成的，相反，伸缩缝是必须要存在的。伸缩缝在家具上时间存在久远，一般的明清家具都留有伸缩缝，特别是攒边打槽装板组合榫卯离不开伸缩缝，如绦环板、柜门、椅面、桌面、案面等。在家具上留设伸缩缝，当空气潮湿时，木板移动恰好将预留的伸缩缝的缝隙填实，如图 8.8 所示。

8.2 变形缝的构造

知识导入

随着经济的发展，城市中的建筑综合体规模越来越大，大多由裙房和主楼组成。这种建筑在高差处需要设置沉降缝，如果它位于7～9度抗震设防区，这条变形缝同时应满足防震缝的要求。那么变形缝在墙体、地面、屋面处的构造是怎样的呢？本节将学习不同位置的变形缝的构造分别是怎样的。

趣　闻

“奇葩”建筑：日本建筑有“超大裂缝”

Sunwell Muse Kitasando大楼（图8.9）位于日本东京西部的某街区转角处，项目完成于2008年。这座五层高的混凝土建筑包含了画廊、工作区及著名的纺织公司。该建筑外立面被两道优美的弧线切开，露出内部由原木格栅材料构成的扭转墙面。“立面上的弧线象征着女性的身体”，建筑师如此形容。被切开的部分在空中通过玻璃桥联通，看上去很像建筑依稀连着的“血管”。在建筑物首层，通过楼梯可以下到地下室，那里有着开敞的大空间供公司举办集体活动时使用。

图8.9　Sunwell Muse Kitasando大楼

教学内容

在建筑物中设置变形缝必须全部做盖缝处理，其主要目的是满足使用的需要，如通行等。另外，位于外围护结构的变形缝还要防止渗漏及热桥的产生。因此，下面将从墙面、楼地面及屋面的变形缝的构造来进行学习。

8.2.1　墙体变形缝的构造

1．墙体伸缩缝

砖墙伸缩缝一般做成平缝或错口缝，一砖半厚外墙应做成错口缝或企口缝，如

图 8.10 所示。

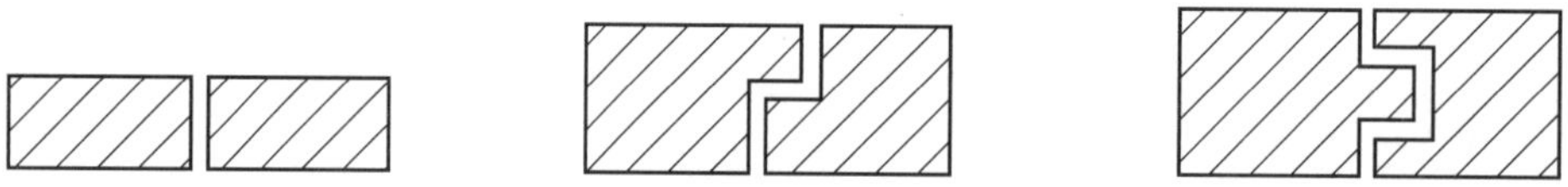

(a) 平缝　(b) 错口缝　(c) 企口缝

图 8.10　砖墙伸缩缝的截面形式

2. 墙体变形缝的构造

为防止外界自然条件对墙体及室内环境的影响，变形缝外侧墙常用沥青麻丝、泡沫塑料条、油膏等有弹性的防水材料填缝，缝口用钢板、不锈钢板、铝板等材料作盖缝处理；内墙一般结合室内装修用木板、各类金属板等盖缝处理，如图 8.11 所示。

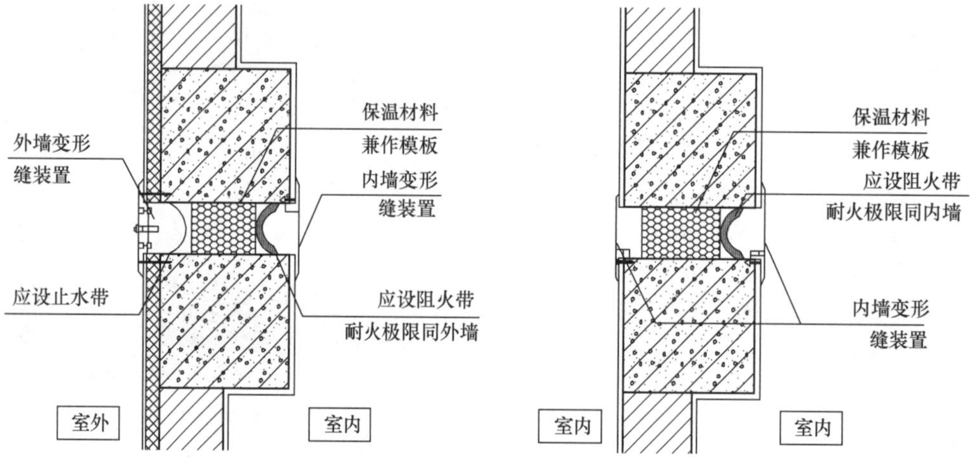

图 8.11　内墙、外墙的变形缝构造示意

AR 图：内墙变形缝平缝构造

AR 图：外墙变形缝平缝构造

AR 图：外墙沉降缝构造（金属调节板盖缝）

AR 图：外墙伸缩缝平缝构造（沥青麻丝）

外墙变形缝构造示例（图文）

墙体沉降缝一般兼起伸缩缝的作用，其构造与伸缩缝基本相同，但是由于沉降缝要保证缝两侧的墙体能自由沉降，所以盖缝的金属调节片必须保证在水平方向和垂直方向均能自由变形。

墙面变形缝盖缝处理如图 8.12 所示。

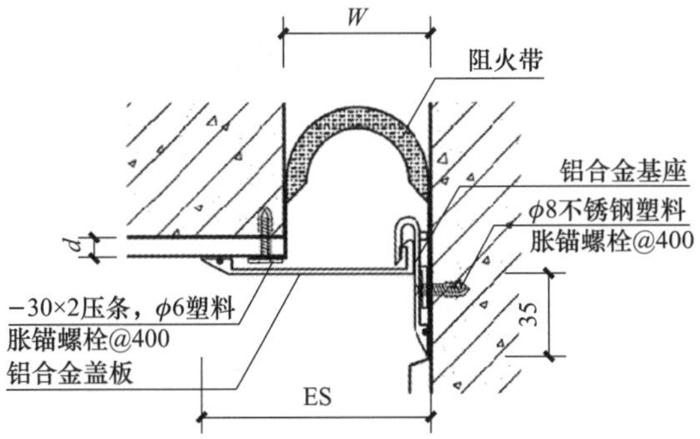

(a) 外墙盖板型变形缝

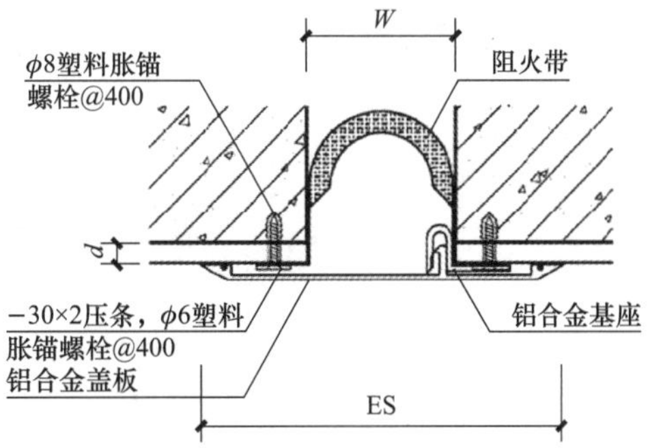

(b) 内墙盖板型变形缝

图 8.12　墙面变形缝盖缝处理

AR 图：内墙转角处伸缩缝构造（木压条）

AR 图：内墙转角处伸缩缝构造（金属盖片）

AR 图：外墙转角处伸缩缝构造（金属调节片）

AR 图：外墙转角处伸缩缝构造（橡胶条）

8.2.2　楼地面变形缝的构造

楼地面变形缝构造示例（图文）

楼地面变形缝内常用油膏、沥青麻丝、金属或塑料调节片等材料做封缝处理，上铺活动盖板或橡皮等以防灰尘下落。顶棚处的盖缝条只能固定于一端，以保证缝两端构件自由伸缩，如图 8.13 所示。

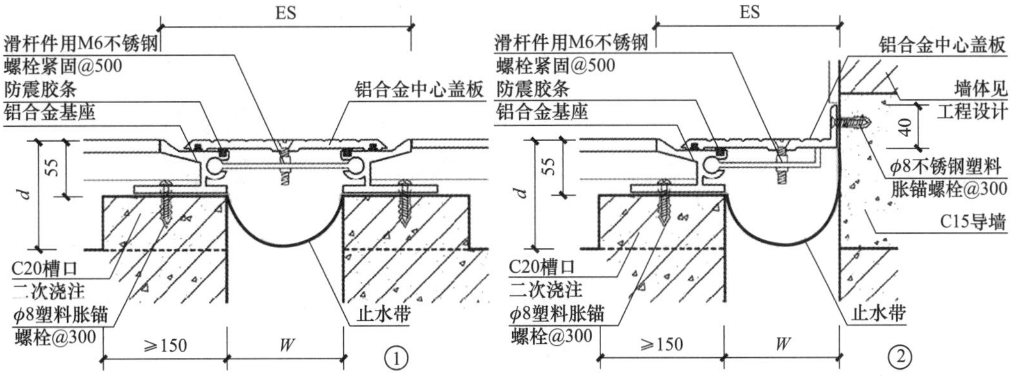

图 8.13　楼地面变形缝构造

AR 图：楼面变形缝 1　　AR 图：楼面变形缝 2　　AR 图：楼面变形缝 3

8.2.3 屋顶变形缝的构造

屋顶变形缝处的金属或塑料调节的盖缝皮或其他构件应考虑沉降变形和维修余地。

屋顶变形缝构造不上人屋面一般在变形缝处加砌矮墙，屋顶防水和泛水基本上同常规做法，不同之处在于盖缝处薄钢板混凝土板或瓦片等均应能允许自由伸缩变形而不造成渗漏，上人屋顶则用嵌缝油膏嵌缝并注意防水处理，如图 8.14 所示。

(a) 平屋面变形缝

(b) 高低跨屋面变形缝

AR 图：屋面变形缝构造 1

AR 图：屋面变形缝构造 2

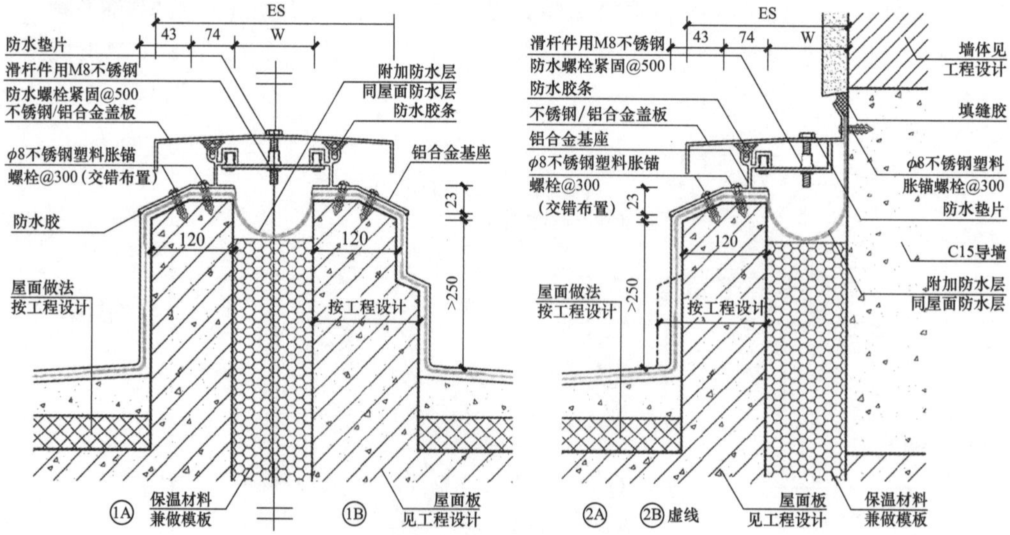

图 8.14　屋面变形缝构造

链 接

不设变形缝如何对抗变形

变形缝的设置会带来诸多不便，例如，减少建筑使用面积，影响建筑美观，增加工程造价，屋面及地下室处理不当易引起局部漏雨或渗水等问题，因此在实际工程中，在规范允许的前提下会采取以下方法代替变形缝。

1）采用微膨胀混凝土抵抗收缩变形，从而使伸缩缝设置间距增大，以达到不设缝或少设缝的目的。

2）采用后浇带解决不均匀沉降。

3）增加建筑物的整体刚度，使之具有足够的刚度与强度来克服由于温度、不均匀沉降及地震产生的破坏应力。

以上方法以设置后浇带比较普遍。后浇带又称为施工后浇带（图 8.15）。按照设计或施工规范要求，在基础底板、墙、梁相应位置设临时施工缝，将结构暂时分为若干部分，经过内部构件收缩，在一段时间后再浇捣该施工缝混凝土，将结构连成整体。

图 8.15 后浇带

本章小结

1．变形缝是为了解决建筑物由于温度变化、不均匀沉降及地震等因素影响产生裂缝的一种措施。其可以分为伸缩缝、沉降缝和防震缝。

2．工程中应根据建筑物具体情况设置不同的变形缝，但在抗震设防地区，无论设置哪种变形缝，其宽度都应按照防震缝的宽度来设置。这是为了避免在震灾发生时，由于缝宽不够而造成建筑物相邻的分段相互碰撞，造成破坏。

3．变形缝的构造主要有内外墙，楼地面及屋面等处的盖缝处理。根据部位及需要分别采取防水、防火、保温等防护措施，并使其在产生位移或变形时不受阻，不被破坏。

课后习题

1. 何谓变形缝？哪些情况下须设沉降缝？
2. 伸缩缝、沉降缝、防震缝各自存在什么特点？哪些变形缝能互相替代使用？
3. 变形缝在外墙、楼地面、屋面等位置如何进行盖缝处理？

学习小结

（沿此虚线裁剪）

观后感

要求：通过对本章微课视频的观看，结合现实中见到的变形缝构造，写出变形缝在构造上随着材料的发展与进步有怎样的变化？

（沿此虚线裁剪）

第9章 工业建筑概述

学习目标

1. 了解工业建筑的特点；
2. 掌握工业建筑的结构类型。

学习引导
（音频）

能力目标

能对工业建筑进行简单分类。

课程思政

建筑业是我国国民经济的支柱产业之一，被称为国民经济的先行。长期以来，建筑业传统生产方式与大规模的经济建设不相适应，必须改变目前这种落后的状况，尽快实现建筑工业化。发展建筑工业化的意义在于能够加快建设速度，降低劳动强度，减少人工消耗，提高施工质量和劳动生产率。建筑工业化是指用现代工业的生产方式来建造房屋，它的内容包括四个方面，即建筑设计标准化、构配件生产工厂化、施工机械化和管理科学化。

建筑工业化带来建筑产业化，进而要求培养具备吃苦耐劳品质的建筑产业工人。2017 年 2 月，中共中央、国务院印发了《新时期产业工人队伍建设改革方案》，该方案指出："工人阶级是我国的领导阶级，产业工人是工人阶级的主体力量。加快产业工人队伍建设改革，坚持全心全意依靠工人阶级的方针。"还指出："要创新体制机制，提高产业工人素质，畅通发展通道，依法保障权益，造就一支有理想守信念、懂技术会创新、敢担当讲奉献的宏大的产业工人队伍。"

思维导图

资源索引

页码	资源内容	形式
299	学习引导	音频
302	起重机	视频
303	厂房采光	视频
306	门式刚架	视频

9.1 工业建筑的特点和分类

知识导入

工业建筑是为从事各类工业生产及相关活动而建造的建筑物和构筑物的总称，也称厂房或车间，一般除了主要的生产车间外，还包括一些辅助生产用房。工业建筑除了必须满足生产要求外，同时还需要创造良好的劳动保护条件和生产环境。那么工业建筑相比民用建筑有哪些特点？它们又有哪些分类方式及类别？本节将一一进行介绍。

趣　闻

兴村红糖工坊

浙江丽水的兴村红糖工坊入围 ArchDaily2019 年度建筑奖，该红糖工坊（图 9.1）传承了村庄内核的文化传统元素，体现了其内在的文化价值，也展示了兴村的独特特征。

图 9.1　兴村红糖工坊

原有的红糖家庭作坊，基本是由简陋的轻钢棚架搭建，管理杂乱无章、卫生条件差、火灾隐患大。新设计的兴村红糖工坊建筑体量分为南北两部分，北侧与甘蔗地相邻，由红砖围合，成为甘蔗堆放和后勤服务区；南侧朝向村庄和绿地，成为开放的红糖生产展示区。三个挑高的轻钢搭建区城分别作为休闲体验区、甘蔗堆放区和带有六个灶台三十六口锅的传统红糖加工区。环绕这三个区块的线性走廊，成为红糖生产现场的环形看台和参观流线。该工坊投入使用后，不仅极大改善了传统小作坊式脏乱差的生产条件，也使传统红糖加工走向产业化加工，同时也带动了其他相关产业的发展，实现了“吃、住、游、购、娱”的红糖旅游方略。

兴村红糖工坊兼具红糖生产厂房、村民活动和文化展示，是衔接村庄和田园的一处重要场所。村民在生产活动的同时能够欣赏田园风光，并成为村民田间劳作之余休息休憩的场所，外来的游客也可在此停留，体验田园诗意、村庄生活。

9.1.1　工业建筑的特点

工业建筑由于在其内部要进行工业生产，它不仅要容纳各种设备，同时也要满足各种生产的特定工艺要求，所以设计时，它的平面形式、室内空间、构件类型、功能要求等方面考虑的侧重点与民用建筑有所不同。

1．应满足生产工艺的要求

工业建筑设计要以生产工艺要求为基础，为工业生产创造良好的工作环境，如生物、制药、精密仪器等生产的环境，要满足洁净度、恒温、恒湿等特殊要求；为劳动者创造良好的劳动卫生条件，以提高产品质量和劳动生产效率，如热加工的车间，需加强车间的通风。

2. 有较大的内部空间

大多数工业建筑，特别是厂房，由于内部需要设置大量或大型的生产设备，且内部各部分生产关系密切，有些还有起重机等起重设备需吊运，因此，它的跨度和高度都比较大（图 9.2）。

起重机（视频）

图 9.2　工业建筑内部空间

3. 大型构件多

由于工业建筑的跨度和高度较大，并且有些还有起重机等起重设备吊运重物，附加产生较大的竖向和水平向的荷载，因此工业建筑的构件所承受的内力较大，这就需要构件的截面尺寸大、用料多，设计中常采用大型的钢筋混凝土结构构件或钢构件（图 9.3）。

图 9.3　工业建筑构件

4. 屋面构造复杂

由于工业建筑内部空间较大，这就形成了大面积的屋顶，给屋顶的防水、排水带来了困难。由于生产工艺的需要，厂房的采光（图 9.4）、通风、散热等要求较高，需要在屋顶上设置天窗，而且开窗面积较大，这增加了屋顶构造的复杂程度。

图 9.4 工业建筑屋面采光

9.1.2 工业建筑的分类

工业建筑的种类繁多，通常工业建筑按用途、生产特征、层数等进行分类。

1．按用途分类

按用途分类主要有主要生产建筑、辅助生产建筑、动力用建筑、储藏用建筑和运输工具用建筑。

2．按生产特征分类

工业建筑内的生产复杂多样，大致可以分为冷加工车间、热加工车间、恒温恒湿车间、洁净车间和特殊车间（是指在生产过程中有爆炸可能性、有大量腐蚀物、有放射性散发物、防微振、防电磁波干扰等）。

厂房采光（视频）

3．按层数分类

（1）单层厂房

单层厂房是工业建筑的主体，广泛应用于机械、冶金、纺织等工业。单层厂房适用于有大型机械、设备、加工件，这些物件一般较重且轮廓尺寸较大，宜直接在地面上放置和生产，同时单层厂房也便于水平方向组织生产流程，单层厂房形式上主要有单跨、多跨（图 9.5）和高低跨。

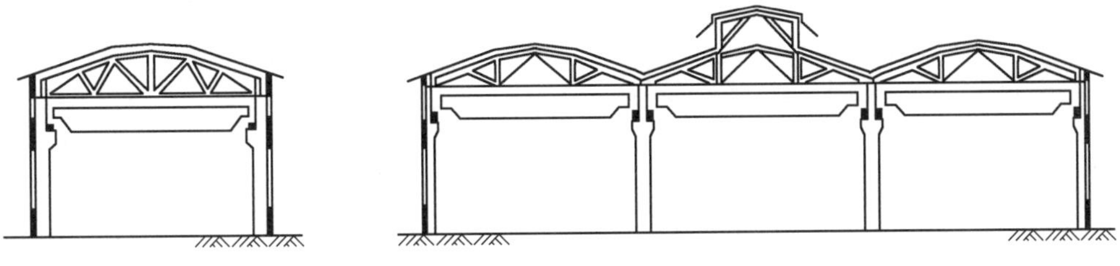

(a) 单跨　　(b) 多跨

图 9.5 单层厂房

（2）多层厂房

多层厂房是指层数在 2 层及以上的工业厂房。其适用于设备、产品较轻，生产在不同标高楼层进行，每层之间不仅有水平的联系，还有垂直方向的联系，如食品加工，电子和精密仪器等车间。其具有占地面积少、节约用地的优点，能节约投资，且造型美观，应加以提倡推广，如图 9.6 所示。

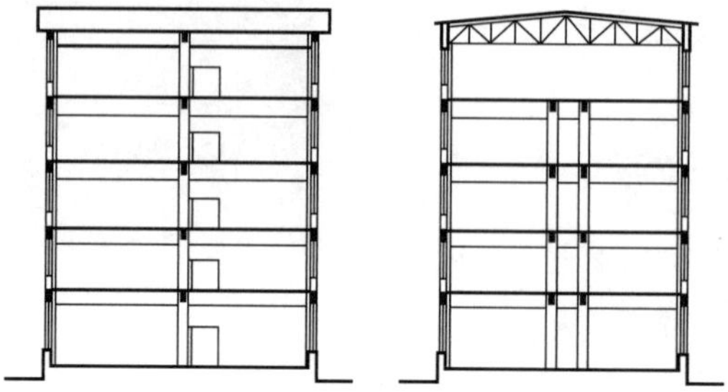

图 9.6　多层厂房

（3）混合层数厂房

混合层数厂房内既有单层又有多层，一般高大的生产设备位于中间的单层内，边跨为多层，多用于热电厂、化工厂等，如图 9.7 所示。

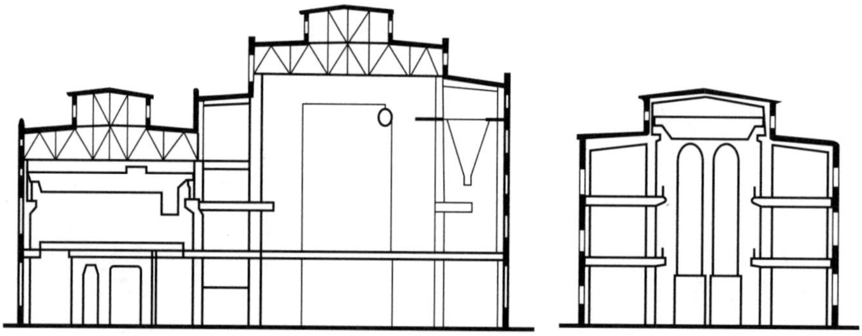

图 9.7　混合层数厂房

9.2 工业建筑的结构类型

知识导入

工业建筑目前广泛采用的是平面结构体系，它由横向骨架和纵向的系杆、支撑系统等组成。根据横向骨架的特点，工业建筑的结构类型主要有排架结构、刚架结构和框架结构，那么这些结构类型都有哪些特点？它们又有哪些形式及应用范围？本节将一一进行介绍。

趣　闻

N18LOFT 小院

随着经济的发展和产业结构的调整，大量废弃的工业建筑面临着推倒重建的窘境，而文化创意产业等新兴产业的萌芽发展又急需大量适合自身特征的建筑空间。此时，将工业废弃建筑改造成创意园区的做法既能够解决社会问题，又能够创造经济效益，具有重要的理论意义和实践价值。

N18LOFT 小院（图 9.8）的前身是重庆印制五厂老厂区，十幢 20 世纪 90 年代修建的老厂房，在保留了原有的工业元素的基础上改造成了集景观公园、咖啡厅、快捷酒店、休闲俱乐部等配套设施于一身的文艺创意园。老厂区留下的桌椅、保险柜、表演用的大鼓、车间里起重机的吊臂等散落在园区里，处处散发着悠闲的怀旧氛围，让人不禁“穿越”回到 20 世纪 90 年代。

图 9.8　N18LOFT 小院

9.2.1　框架结构

框架结构是指由梁和柱以刚接相连接而成，构成承重体系的结构，即由梁和柱组成框架共同抵抗使用过程中出现的水平荷载和竖向荷载，结构中的墙体不承重，仅起到围护和分隔作用。其优点是空间布置灵活、质量轻、节省材料，可以较灵活地配合建筑平面布置；缺点是框架结构的侧向刚度小，框架梁的刚度相对较小，因此不宜建得太高、跨度不宜太大。不太适宜用在内部需要设置大量或大型设备的生产建筑，特别是有起重机需要吊运的车间。常用于一些设备、产品较轻的车间和辅助生产建筑。形式上以单体建筑为框架结构，也可以厂房的外侧面或内侧面局部设置多层框架结构。

9.2.2　排架结构

排架结构是工业建筑中比较普遍的结构形式，一般为钢筋混凝土结构。其承载能力强、耐久性好、施工安装比较方便，适用于大跨度、高度较高、起重机荷载较大的大型单层工业建筑。

排架结构承重结构体系（图 9.9）的构成主要有横向排架、纵向连系构件及支撑构件三部分。横向排架为主要承重构件，它包括屋架（或屋面梁）、柱、基础，其中柱与基础刚接，屋架（或屋面梁）与柱铰接连接。纵向连系构件由吊车梁、连系梁、基础梁等组成，与横向排架构成骨架，提高屋架整体性，作为屋架的侧向支撑保证屋架的面外稳定，另外还起到传递水平力作用。支撑构件包括屋盖支撑、柱间支撑两大部分。支撑构件主要传递水平力，并起着保证厂房空间刚度和整体稳定的作用。

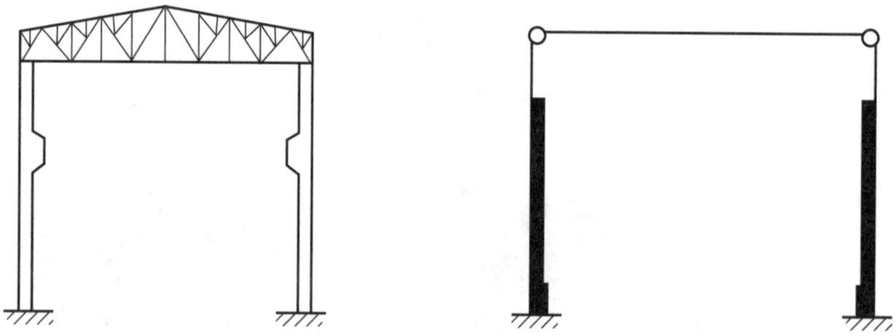

(a) 排架结构厂房　　(b) 连接示意

图 9.9　排架结构

9.2.3　刚架结构

刚架结构是指屋面梁与柱刚接连接的结构（图 9.10）。目前，应用较多的是门式刚架的钢结构。它是一种以轻钢门式刚架为骨架加一定的系杆和支撑系统作为主要受力体系，以轻质复合板材为围护材料的结构，构件采用螺栓及焊接连接的环保经济型工业建筑。

门式刚架（视频）

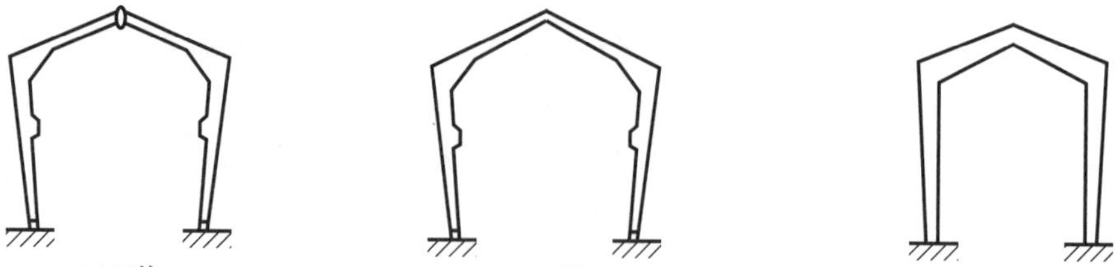

(a) 三铰　　(b) 两铰　　(c) 无铰

图 9.10　刚架结构

常见的形式有单跨、双跨或多跨的单双坡门式钢架。根据采光通风的需要，这种钢架厂房可设置通风口、采光带和天窗等。门式刚架主要由边柱、钢梁、中柱等构件组成。边柱和梁通常根据门式刚架弯矩包络图的形状制作成变截面，以达到节约材料的目的。门式刚架结构采用干作业施工，具有质量轻、钢材用量少、安装工业化程度高、施工速度快等特点，而且其抗风、抗震、节能效果好，应加以提倡推广，目前工业建筑中应用较普遍。

本章小结

1. 介绍了工业建筑的特点，工业建筑按用途、生产特征、层数进行分类；
2. 工业建筑的结构类型有框架结构、排架结构和刚架结构。

课后习题

1. 工业建筑的特点是什么？
2. 工业建筑分类有哪些？
3. 工业建筑的结构类型主要有哪些？

学习小结

观后感

要求：学习废弃工业建筑的再利用，了解废弃工业建筑的特点，写出对废弃工业建筑再利用的意义。了解现在工业建筑的发展趋势及现代绿色工业建筑的发展现状，写出工业建筑今后的发展趋势。

（沿此虚线裁剪）

第10章 工业厂房构造

学习目标

1. 理解工业厂房的构件组成及作用；
2. 掌握工业厂房墙体类型及构造要求；
3. 了解工业厂房屋面防水构造、排水组成及保温构造等屋面的细部构造；
4. 掌握工业厂房大门、侧窗、天窗类型及构造要求；
5. 了解工业厂房地面构造要求。

学习引导
（音频）

能力目标

1. 在掌握工业厂房基本构成的基础上，能够选取适当的构造方案；
2. 能编制墙面和屋面围护的构造方案。

课程思政

工业厂房，是指直接用于生产或为生产配套的各种房屋，包括主要车间、辅助用房及附属设施用房，如工业、交通运输、商业、建筑业及科研、学校等单位中的厂房等。工业厂房除了用于生产的车间，还包括其附属建筑物。工业厂房在我国经济发展过程中起着重要的作用。国家大力推进建筑工业化，在工业厂房中尤为适用，我们要理清思路，掌握各部分构造原理，为高效推进建筑工业化贡献自己的力量。

思维导图

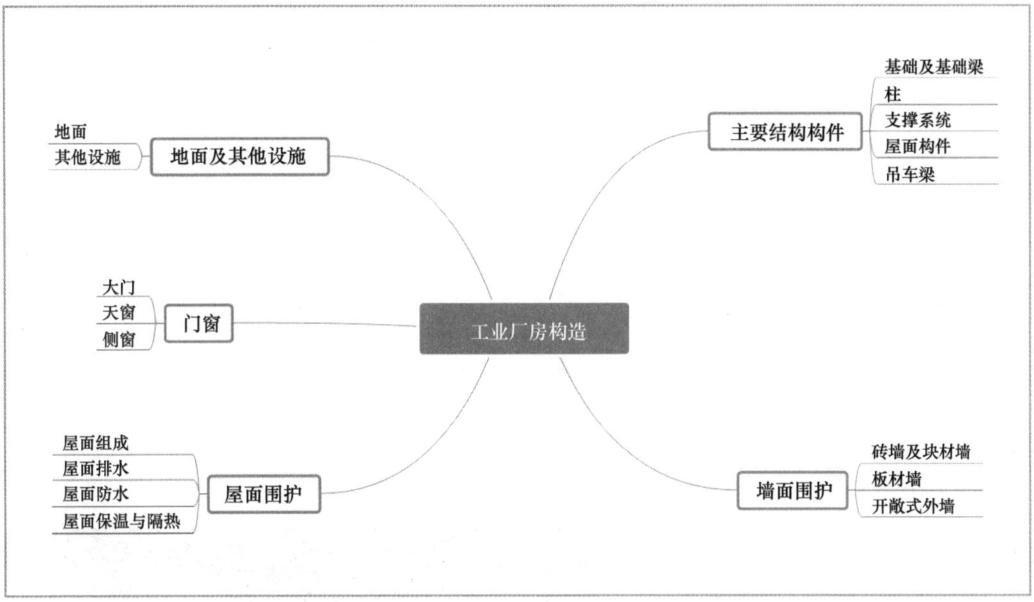

资源索引

页码	内容资源	形式
310	学习引导	音频
314	格构柱	视频
315	抗风柱	视频
324	压型钢板	视频
331	卷材防水屋面构造（改性柔性油毡卷）	AR 图

10.1 主要结构构件

知识导入

结构构件是建筑中主要的受力构件，也是建筑结构骨架的主要组成部分，那么工业建筑的主要结构构件有哪些？它们在结构中有什么作用？又有怎样的构造特点？本节将一一进行介绍。

趣 闻

一根柱的甘露岩寺

甘露岩寺（图 10.1）位于我国福建省，坐落于泰宁风景名胜区金湖西岸。这座寺庙建造至今已经有 850 多年的历史。

图 10.1　甘露岩寺

这座寺庙采取的是“一柱插地，不假片瓦”的建造方式，即一根粗大的柱子落地，撑托起了四幢重楼叠阁，屋顶无须用片瓦。建筑结构为全木质。该建筑由上殿、蜃楼阁、观音阁、南安阁四部分组成，用“T”形拱头相连接，没有用铁钉，工艺精湛，巧夺天工，雕梁画栋，别具一格，是我国建筑史上一大杰作，闻名中外。

10.1.1 基础与基础梁

1．基础

基础承受厂房上部结构的全部质量并将其传递到地基中，是厂房结构中的重要构件之一。工业厂房的基础多为预制或现浇独立式基础，其形式有锥形基础、阶形基础、杯形基础等。根据厂房荷载及地基情况，还可以采用条形基础和桩基础等。

（1）现浇独立基础

当柱子采用钢结构门式刚架柱时，独立基础中需预埋锚栓，方便与上部钢柱连接，如图 10.2 所示。锚栓主要有两个作用：一是作为安装时临时支撑，保证钢柱定位和安装稳定性；二是对于刚接柱脚，抵抗柱底弯矩，将力传递给基础。

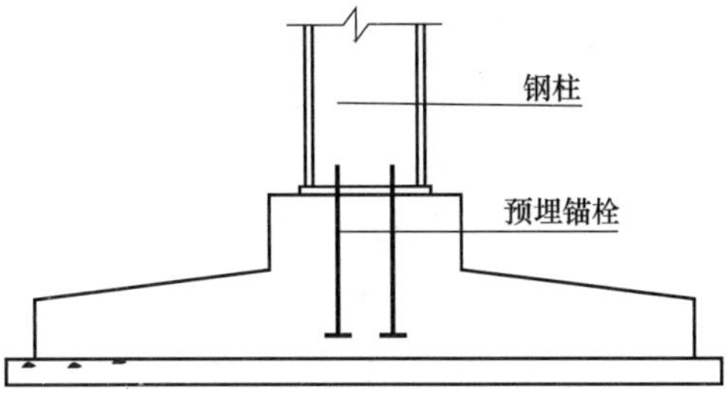

图 10.2 钢柱与独立基础连接

当柱子采用现浇钢筋混凝土柱时，基础顶面须留出插筋，方便后期与柱子连接。钢筋数量和柱筋数量必须一致，其伸出长度应根据柱的受力情况、钢筋的规格及接头方式来确定，如图 10.3 所示。

（2）预制杯口基础

当采用装配式钢筋混凝土柱时，在基础中应预留放置柱的孔洞，孔洞的尺寸应比柱子断面尺寸大一些，以便插入预制柱。柱子放入孔洞后，柱子周围用细石混凝土（比基础混凝土强度高一级）浇筑，这种基础称为杯口基础（又称杯形基础），如图 10.4 所示。

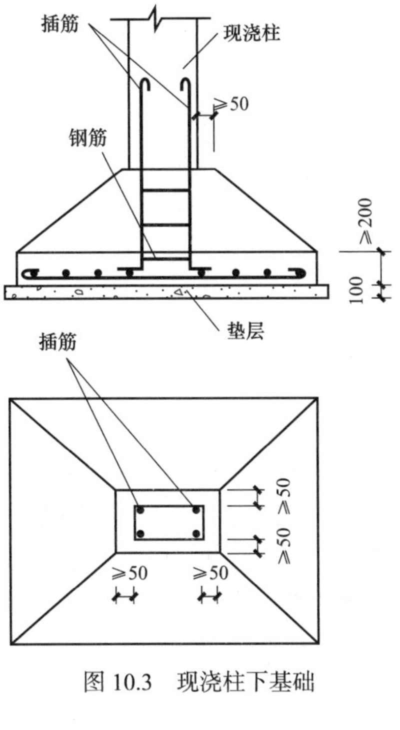

图 10.3 现浇柱下基础

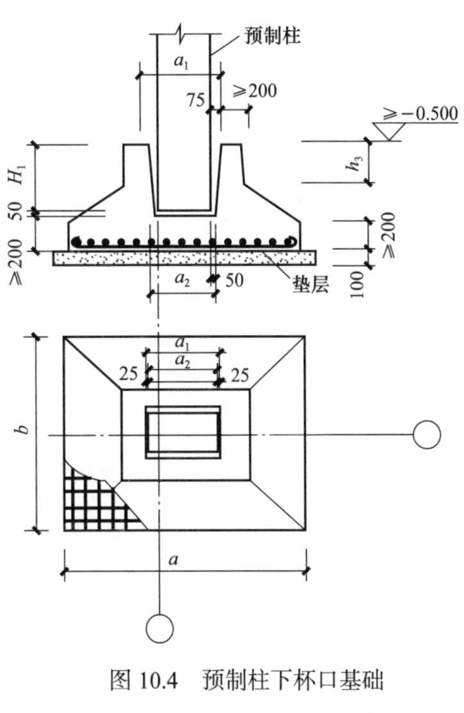

图 10.4 预制柱下杯口基础

2．基础梁

装配式钢筋混凝土排架结构厂房的墙体一般设计成自承重墙，通常墙下不再单独做基础，而将墙砌在基础梁上，基础梁两端搁置在杯口基础的杯口上，墙体的质量通过基础梁传递到基础上。这样可以使墙体与柱沉降一致，墙体不易开裂。

基础梁的断面形状有梯形和矩形，其中倒梯形比较常用。基础梁顶面标高应至少低于室内地坪 50mm，比室外地坪至少高 100mm。基础梁搁置在基础顶的方式，视基础埋深而定，如图 10.5 所示。当基础杯口顶面距离室内地坪为 500mm 以内时，则直接搁置在杯口上；当杯口顶面距离室内地坪大于 500mm 时，可设 C20 混凝土垫块搁置在杯口顶面，垫块的宽度相当于墙厚；当基础较深时，可设置高杯口基础或在柱下部分加设牛腿来搁置基础梁。

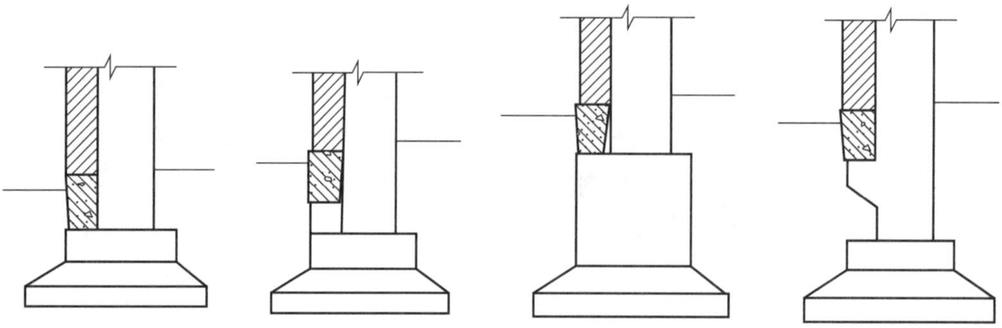

(a) 搁置在基础上　(b) 搁置在垫块上　(c) 搁置在高杯口基础上　(d) 搁置在牛腿上

图 10.5　基础梁的位置与搁置方式

为确保基础梁与柱下基础有共同的沉降，基础梁下的回填土要虚铺或留有 50 ～ 100mm 的空隙，为基础梁的沉降预留变形空间。

10.1.2　柱

1．排架柱

装配式钢筋混凝土排架结构单层厂房的柱子也称为排架柱或列柱，是厂房的主要承重构件，主要有钢筋混凝土柱、钢柱等。排架柱是厂房结构中的主要承重构件之一，它主要承受屋盖和吊车梁等竖向荷载、风荷载及起重机产生的纵向和横向水平荷载，按所处的位置的不同可分为边柱和中柱。

格构柱（视频）

排架柱可分为单肢柱和双肢柱两大类。单肢柱截面形式有矩形、工字形及空心管柱；双肢柱截面形式是由两肢矩形柱或两肢空心管柱，用腹杆连接而成的，如图 10.6 所示。

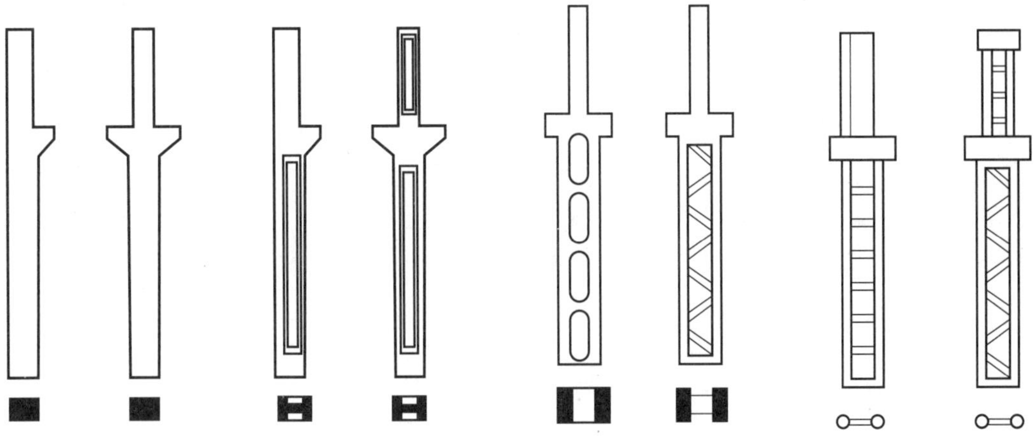

(a) 矩形柱　(b) 工字形柱　(c) 双肢柱　(d) 管柱

图 10.6　柱子的类型

2. 抗风柱

由于厂房的山墙面积较大，所受的风荷载很大，因此在山墙处设置抗风柱来承受墙面上的风荷载，使一部分风荷载由抗风柱直接传至基础；另一部分风荷载由抗风柱上端通过屋盖系统传到厂房纵向列柱，再由柱间支撑传至基础；抗风柱与屋架的连接多为铰接，在构造处理上必须满足水平方向应有可靠的连接，以保证有效地传递风荷载，在竖向应使屋架与抗风柱之间有一定的竖向位移的可能性，屋架与抗风柱之间一般采用弹簧钢板连接，如图 10.7 所示，但当厂房沉降大时用螺栓连接，如图 10.8 所示。

抗风柱（视频）

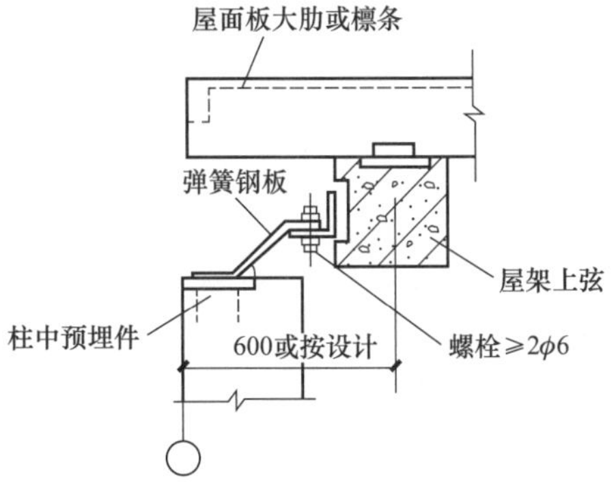

图 10.7　抗风柱与屋架弹簧钢板连接

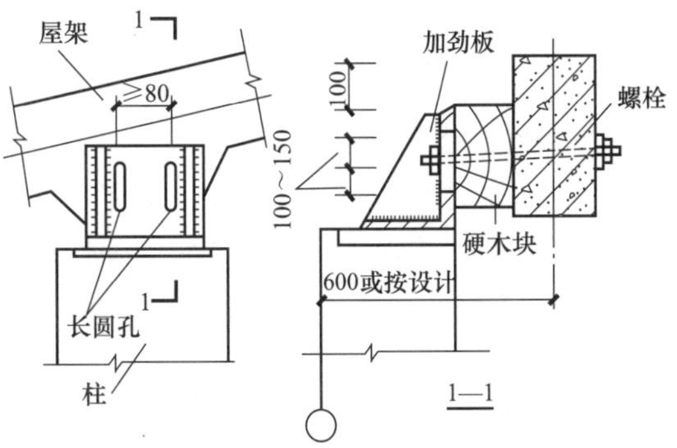

图 10.8　抗风柱与屋架螺栓连接

一般情况下，抗风柱须与屋架上弦连接，当屋架设有下弦横向水平支撑时，则抗风柱可与屋架下弦相连接，作为抗风柱的另一个支点。

10.1.3 支撑系统

工业建筑广泛采用的是平面结构体系，它由横向骨架和纵向的系杆、支撑系统等组成。平面结构体系中，横向（一般指建筑的宽度方向）的受力由横向骨架来抵抗和保证，建筑在长度方向的纵向结构刚度较弱，需要设置支撑系统来传力和保证其纵向稳定性。支撑系统的主要作用是将施加在建筑纵向上的风载、起重机荷载及地震作用从其作用点传递到基础，最后传递到地基上，主要可分为柱间支撑和屋面支撑。

1. 柱间支撑

柱间支撑多用十字交叉的支撑布置，常用张紧的圆钢，如图 10.9（a）所示；当支撑承受吊车等动力荷载时，应选用型钢交叉支撑，如图 10.9（b）、（c）所示。

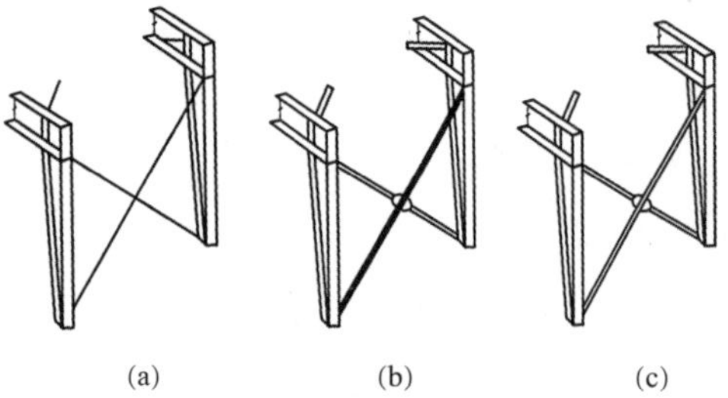

图 10.9 柱间支撑布置形式

柱间支撑的间距应根据房屋纵向柱距、受力情况和安装条件确定；柱间支撑与屋面的横向水平支撑应设置在同一开间内；当房屋高度相对于柱间距较大时，柱间支撑宜分层设置。

2. 屋面支撑

屋面支撑宜用十字交叉的支撑布置，如图 10.10（a）所示。对具有一定刚度的圆管和角钢，也可使用对角支撑布置，如图 10.10（b）所示。图 10.11（a）～（d）代表典型的 4 种常见的屋面横向支撑布置形式。其中，张拉圆钢支撑和角钢支撑常用［图 10.11（a）、（c）］（图中虚线表示连接中间各榀刚架的屋面系杆）。

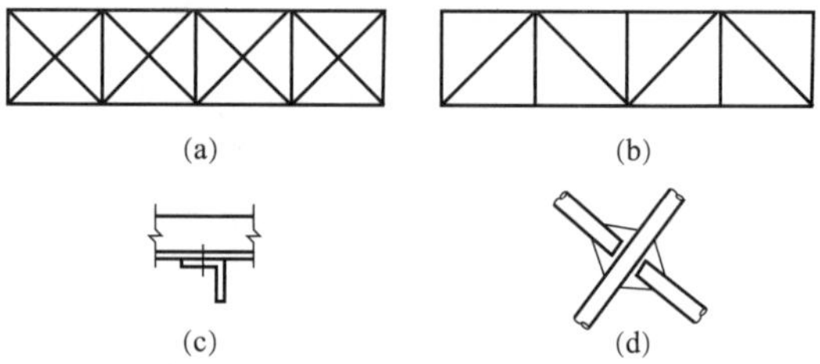

图 10.10 十字交叉的支撑布置和对角支撑布置

屋面横向支撑［图 10.11（a）～（d）］宜设置在温度区段端部的第一个或第二个开间。当端部支撑设置在第二个开间时，在第一个开间的相应位置应设置刚性系杆，如图 10.11（c）、（d）所示。在需要时还应设置屋面纵向支撑。

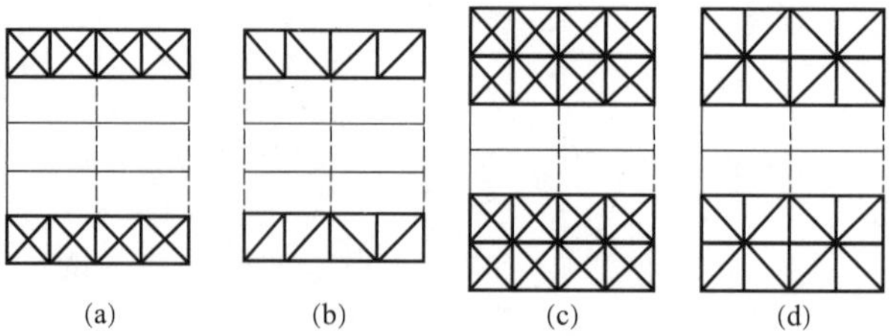

图 10.11 屋面横向支撑布置形式

10.1.4 屋面构件

工业厂房一般内部空间都很大，其屋面构件跨度也较大，屋面承重构件主要有屋架、钢架梁、檩条、屋面板等。

屋架的类型很多，有钢筋混凝土屋架、钢结构屋架。其形式有折线形屋架、梯形屋架、三角形屋架、两铰拱屋架等，如图 10.12 所示。

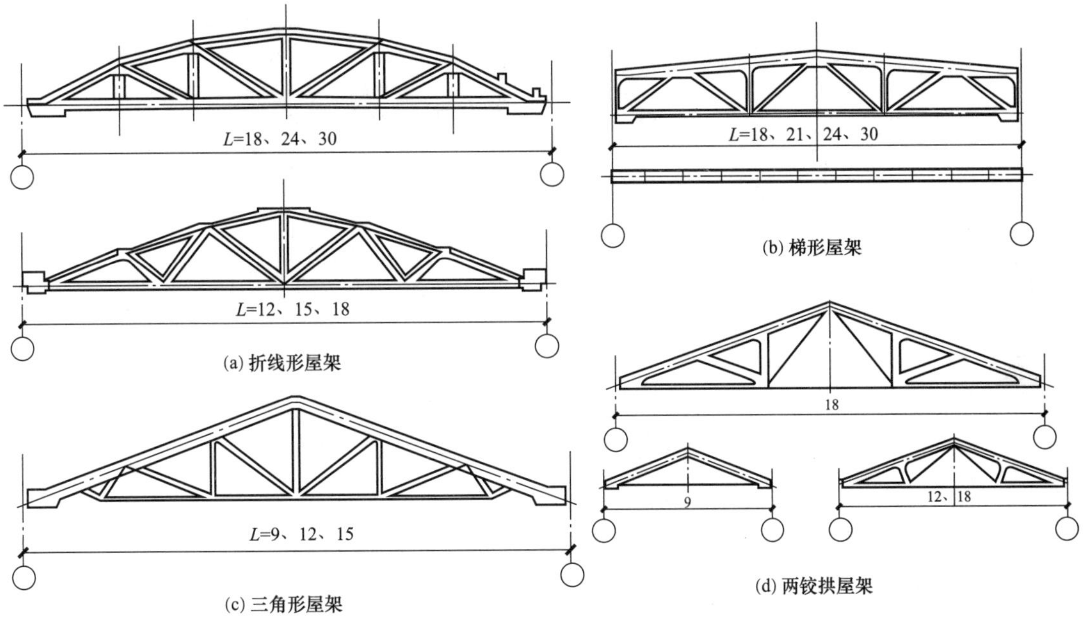

图 10.12　常用屋架的形式（单位：m）

屋架与柱可以采用螺栓连接或焊接连接。若为钢筋混凝土屋架，则螺栓连接时在柱顶预埋螺栓，在屋架下弦的端部连接预埋钢板，吊装就位后，用螺母将屋架拧紧固定；焊接连接时将柱顶和屋架下弦端部的预埋钢板用焊接的方法连接在一起。

10.1.5 吊车梁

吊车梁可分为钢筋混凝土吊车梁和钢结构吊车梁，搁置在柱牛腿上，并沿起重机的运行方向设置，起重机在吊车梁上铺设的轨道上行走。吊车梁直接承受起重机的自重和起吊物件的质量，以及刹车时产生的水平荷载。吊车梁由于安装在柱子之间，因此也起着传递纵向荷载、保证厂房纵向刚度和稳定的作用。

吊车梁的形式较多，有等截面的 T 形、工字形吊车梁和变截面的鱼腹式、折线形吊车梁，如图 10.13 所示。吊车梁与柱多采用焊接的方法连接，其下部通过钢垫板与柱牛腿上面的预埋钢板焊牢，上翼缘与柱用角钢或钢板连接。

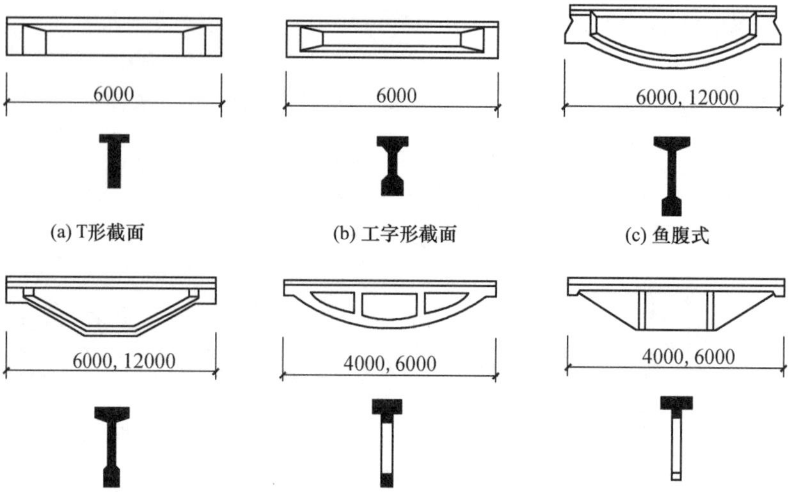

(a) T形截面　(b) 工字形截面　(c) 鱼腹式
(d) 折线形　(e) 腹杆鱼腹式　(f) 腹杆折线式

图 10.13　吊车梁的形式

10.2 墙面围护

知识导入

墙面围护是建筑围护系统的组成部分之一，主要对建筑立面进行围护，能够为建筑遮蔽外界恶劣气候的侵袭（图 10.14、图 10.15）。

图 10.14　压型钢板墙面围护

图 10.15　砌体墙面围护

趣　闻

水立方的“建筑外皮”——ETFE膜

国家游泳中心“水立方”（图10.16）是世界上最大的膜结构工程，它不仅具有梦幻般“水泡”的外形设计，同时也是一座可以自我调节温度的巨大的温室，能有这样的功能，主要在于建筑外围采用了ETFE膜材料。

ETFE是乙烯－四氟乙烯共聚物，ETFE膜是透明建筑幕墙和建筑屋顶的优越的替代材料，这种膜由人工高强度氟聚合物（ETFE）制成，具有以下特点：

1）ETFE膜耐腐蚀性好，对金属具有较强黏着特性，且其平均线膨胀系数接近碳钢的线膨胀系数，使之成为与金属协调使用的理想复合材料。

2）EFTE膜通常厚度小于0.2mm，具有很强的自洁性。由于ETFE膜本身的摩擦系数很小，灰尘、污垢在其表面上很难存留，即使表面有些浮尘，稍作清洗，立面的膜就能被冲洗得很干净。

3）能有效进行光线的调节。ETFE膜内层上有透明的银色圆点，这些镀点布成的点阵可以改变光线的方向，起到隔热散光的效果。

水立方是世界上规模最大的膜结构工程，其ETFE膜结构的使用是人类建造史上的一次巨大挑战，取得了巨大的成功。

图10.16　水立方

教学内容

单层厂房的外墙按承重方式可分为承重和非承重两种。当厂房跨度及高度不大，没有或只有较小的起重运输设备时，可采用承重墙直接承担屋盖及起重运输设备等荷载。当厂房跨度及高度较大、起重运输设备较重时，通常用钢筋混凝土排架或钢架承担荷载，外墙只起围护作用。由于单层厂房的外墙本身的高度与跨度都比较大，又要承受较大的风荷载，还要受到生产及运输设备振动的影响，因此要求外墙具有足够的刚度和稳定性。

根据使用要求、材料和施工条件等，厂房外墙可采用砖墙、块材墙、板材墙、波形瓦（或压型钢板）墙及开敞式外墙等。

10.2.1 砖墙及块材墙

1．墙与柱的相对位置

砖墙与柱子的相对位置有两种方案，一种是墙体砌筑在柱的外侧，它具有构造简单、施工方便、热工性能好、基础梁与连系梁便于标准化等优点，一般单层厂房多采用此方案；另一种是将墙体砌筑在柱的中间，它可增加柱子的刚度，对抗震有力，在起重机吨位不大时，可省去柱间支撑，但砌筑施工不便，基础梁与连系梁的长度要受到柱子宽度的影响，增加构件类型（图 10.17）。

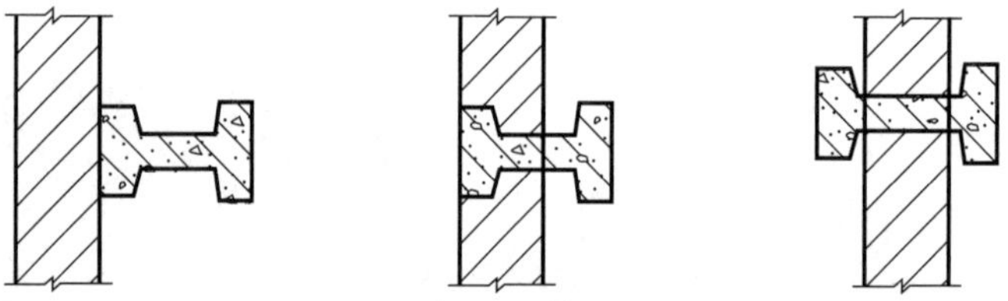

(a) 墙体在柱外侧　(b) 墙体外缘与柱外缘重合　(c) 墙体在柱中间

图 10.17　墙与柱的相对位置

2．墙的一般构造

（1）墙与柱的连接

为了使砖墙与排架柱保持一定的整体性及稳定性，墙体与柱子之间应有可靠的连接（图 10.18）。通常的做法是沿柱子高度方向每隔 500 ～ 600mm 伸出两根 $\phi6$ 的钢筋（伸出长度为 450mm），砌墙时砌入墙内。

（2）山墙与屋面板的连接

山墙女儿墙处，须在每块屋面板的纵缝内设置 $\phi6$ 钢筋，砌入女儿墙。

（3）墙身变形缝

伸缩缝的缝宽一般为 20 ～ 30mm，沉降缝的缝宽一般为 30 ～ 50mm，防震缝的缝宽一般为 50 ～ 90mm，在厂房纵横跨交接处设缝时，缝宽宜取 100 ～ 150mm。变形缝的设置应与防震缝统一考虑。

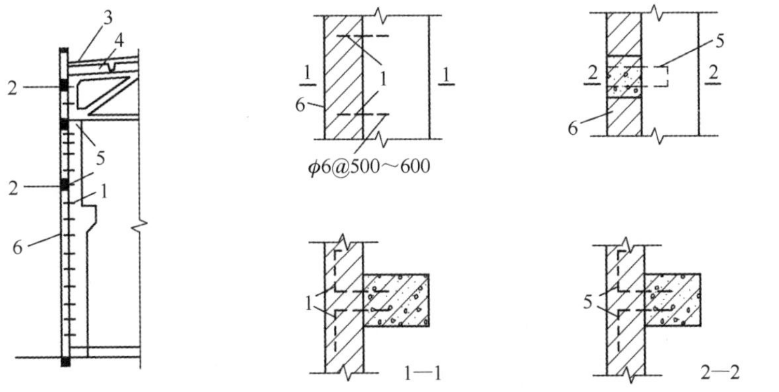

(a) 砖墙与骨架连接剖面　(b) 砖墙与柱子的连接　(c) 圈梁与柱子的连接

1—墙柱连接筋；2—圈梁兼过梁；3—檐口墙内加筋 1ϕ12；4—板缝加筋 1ϕ12 与墙内加筋连接；5—圈梁与柱连接筋；6—砖外墙。

图 10.18　砖墙与柱的连接

3. 墙的抗振与抗震

对震区厂房和有振源产生的车间，除满足一般构造要求外，还需采取必要的抗振和抗震措施。

1）轻质板材代替砖墙，特别是高低跨相交处的高跨封墙及山墙山尖部位应尽量采用轻质板材。山墙少开门窗，侧墙第一开间不宜开门窗。

2）尽量不做女儿墙，在烈度为 7 度、8 度地震区做女儿墙时，若无锚固措施，高度不应超过 500mm，9 度区不应做无锚固女儿墙。

3）加强砖墙与屋架、柱子（包括抗风柱）的连接，并适当增设圈梁。当屋架端头高度较大时，应在端头上部与柱顶处各设现浇闭合圈梁一道（变形缝处仍断开）；山墙应设卧梁，除与檐口圈梁交圈连接外，还应与屋面板用钢筋连接牢固。地震设防烈度为 8 度、9 度时，应沿墙高按上密下疏的原则每隔 3 ～ 5m 增设圈梁一道。圈梁截面高度不小于 180mm，配筋不少于 4ϕ12，并与柱、屋架或屋面板牢固锚拉。

4）单跨钢筋混凝土厂房，砖墙可嵌砌在柱子之间，由柱两侧伸出钢筋砌入砖缝锚拉，可增强柱墙整体性及厂房纵向刚度，并可承受纵向地震荷载，比外包墙提高了抗震能力。

5）设置防震缝。一般在纵横跨交接处、纵向高低跨交接处、与厂房毗连贴建生活间及变电所等附属房屋处，均应用防震缝分开，缝两侧应设置墙或柱。

6）必须严格保证施工质量。

4. 砌块墙

用各种轻质材料制成的块材及用普通混凝土制成的空心砌块，在厂房中有一定的应用和发展。砌块墙质量轻，整体性及抗震性均较砖墙好，在有条件地区应优先选用。

砌块墙的连接与砖墙基本相同，即块材砌筑要横平竖直灰浆饱满，错缝搭接，块材与柱子之间由柱子伸出钢筋砌入水平缝内实现锚拉。

10.2.2　板材墙

推广应用板材墙是墙体改变的重要内容。使用板材墙可促进建筑工业化，能简化施工现场，加快施工速度，同时板材墙较砖墙质量轻、抗震性优异，因此板材墙将成为我国工业建筑广泛采用的外墙类型之一。但板材墙目前依然存在用钢量大、造价偏高、构件连接不理想，接缝尚不能保证质量，有时渗水透风、保温隔热效果不尽如人意的缺点，这些问题正在逐渐得到解决。

1. 大型板材墙

目前，采用的大型板材墙多为钢筋混凝土板材墙，长度有 4500mm、6000mm、7500mm、12000mm 四种，宽度有 900mm、1200mm、1500mm、1800mm 四种，板厚度为 160 ～ 240mm。

（1）板材的类型

常用的单一材料墙板主要有钢筋混凝土槽形板、钢筋混凝土空心板、配筋轻混凝土墙板和复合材料墙板等（图 10.19）。

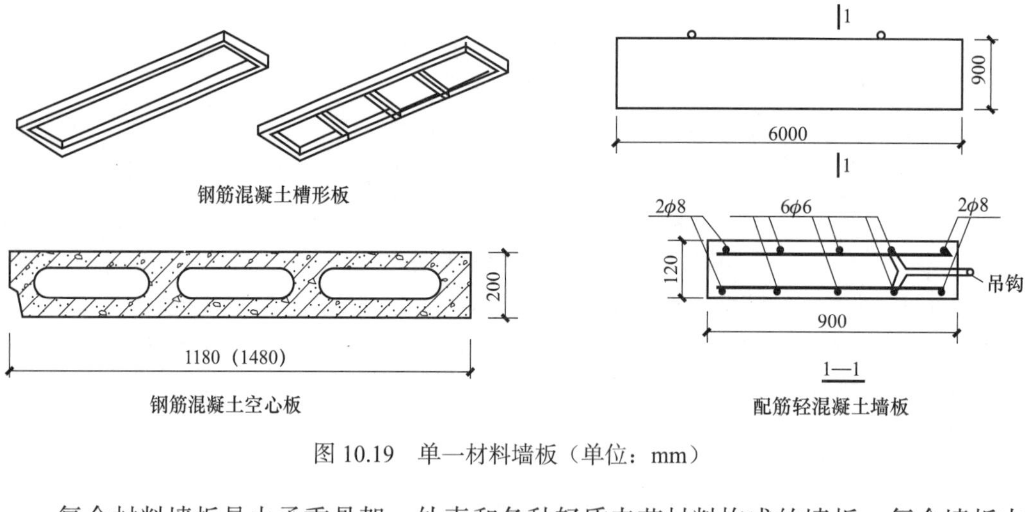

图 10.19　单一材料墙板（单位：mm）

复合材料墙板是由承重骨架、外壳和各种轻质夹芯材料构成的墙板。复合墙板中的轻质板夹芯材料有膨胀珍珠岩、蛭石、矿物棉、泡沫塑料等。

（2）墙板的布置

墙板布置可分为横向布置、竖向布置和混合布置三种类型。各种类型的特点及适用情况不同，应根据工程实际情况进行选用（图 10.20）。

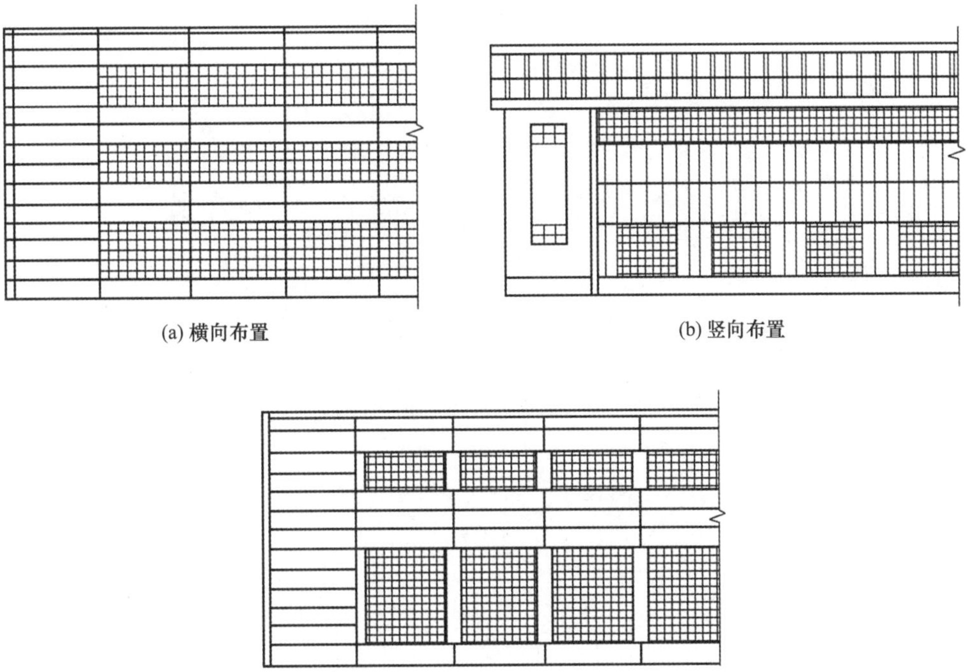

(a) 横向布置 (b) 竖向布置

(c) 混合布置

图 10.20 墙板布置方式

（3）墙板与柱的连接

墙板与柱的连接可分为柔性连接和刚性连接两类。

1）柔性连接。适用于地基不均匀沉降较大或有较大振动影响的厂房，这种方法多用于承自重墙，是目前采用较多的方式。柔性连接是通过设置预埋铁件和其他辅助件使墙板与排架柱相连接。柱只承受由墙板传来的水平荷载，墙板的质量并不加给柱，而是由基础梁或勒脚墙板承担。墙板的柔性连接构造形式很多，其最简单的为螺栓连接（图 10.21）和压条连接两种做法。

2）刚性连接（图 10.22）。刚性连接是在柱子和墙板中分别设置预埋铁件，安装时用角钢或 $\phi16$ 的钢筋段将它们焊接牢固。此种连接的优点是构造简单，厂房纵向刚度好；缺点是对不均匀沉降及振动比较敏感，墙板板面要求平整，预埋件要求准确。刚性连接宜用于地震设防烈度为 7 度及以下的地区。板缝根据不同情况，可以做成各种形式。水平缝可做成平口缝、高低错口缝、企口缝等。企口缝处理方式较好，但从制作、施工及防雨、防风等因素综合考虑，错口缝比较理想，应多采用这种形式。垂直缝可做成直缝、喇叭缝、单腔缝、双腔缝等。

墙板在勒脚、转角、檐口、高低跨交接处及门窗洞口等特殊部位，均应做相应的构造处理，以确保其正常发挥围护功能。

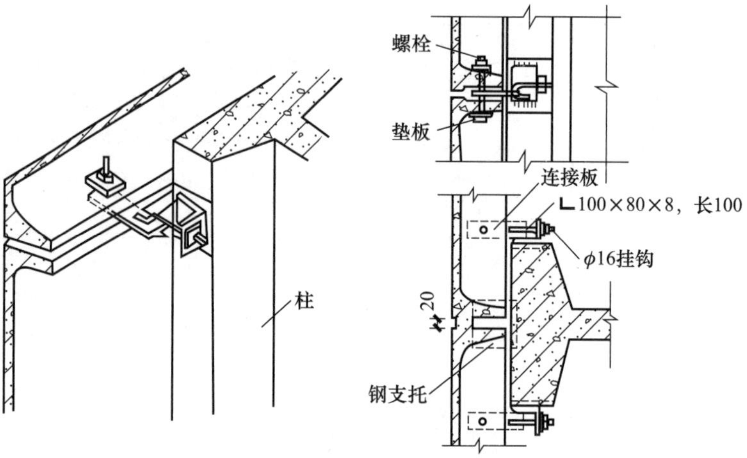

图 10.21　螺栓挂钩柔性连接构造（单位：mm）

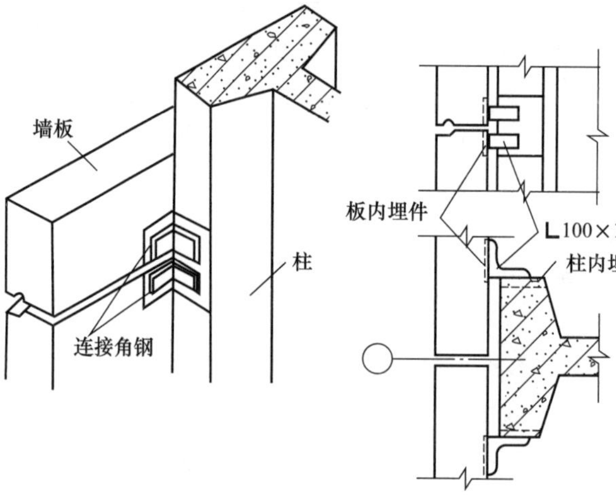

图 10.22　刚性连接构造（单位：mm）

2．轻质板材墙

常用的轻质板材墙有压型钢板、铝合金板、镀锌铁皮波瓦、石棉水泥波瓦、塑料或玻璃钢瓦等。这类墙板适用于热工车间及无保温、隔热要求的车间、仓库等。

（1）压型钢板墙

压型钢板是将金属板压制成波形断面，改善力学性能、增大板刚度，具有轻质高强、施工方便、防火、抗震等优点。压型钢板墙可根据设计要求采用不同的彩色压型钢板，既可增加防腐性能，又有利于建筑艺术的表现。压型钢板墙多是用铆钉或自攻螺栓通过金属墙梁固定在柱子上的。压型钢板间要合理搭接，尽量减少板缝（图 10.23）。

压型钢板
（视频）

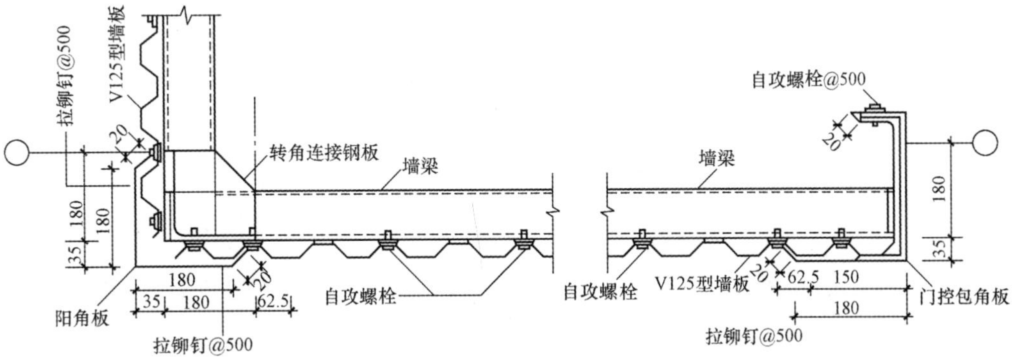

图 10.23　压型钢板外墙构造（单位：mm）

（2）石棉水泥波瓦墙

石棉水泥波瓦可分为大波瓦、中波瓦和小波瓦，工业建筑外墙多用大波瓦。这种板材质量轻、造价低、施工方便、防火和绝缘性较好，但强度较低，温度变化时易碎裂。石棉水泥波瓦不适用于高温、高湿和振动较大的车间。

10.2.3　开敞式外墙

炎热地区的热加工车间及某些化工车间为了迅速排散气、烟、尘、热和通风，常采用开敞或半开敞式外墙，这种墙要求便于通风且能防雨，故其构造主要是挡雨板的构造。

1．石棉水泥瓦挡雨板

石棉水泥瓦挡雨板的特点是质量轻，它由型钢支架（或钢筋支架）、型钢檩条、石棉水泥瓦（中波）挡雨板及防溅板构成。型钢支架焊接在柱的预埋件上，石棉水泥瓦用弯钩螺栓勾在角钢檩条上。挡雨板垂直间距视车间挡雨要求和飘雨角而定（一般取雨线与水平夹角为 30° 左右）。

2．钢筋混凝土挡雨板

钢筋混凝土挡雨板可分为有支架和无支架两种。其基本构件有支架、挡雨板和防溅板。各种构件通过预埋件焊接予以固定（图 10.24）。

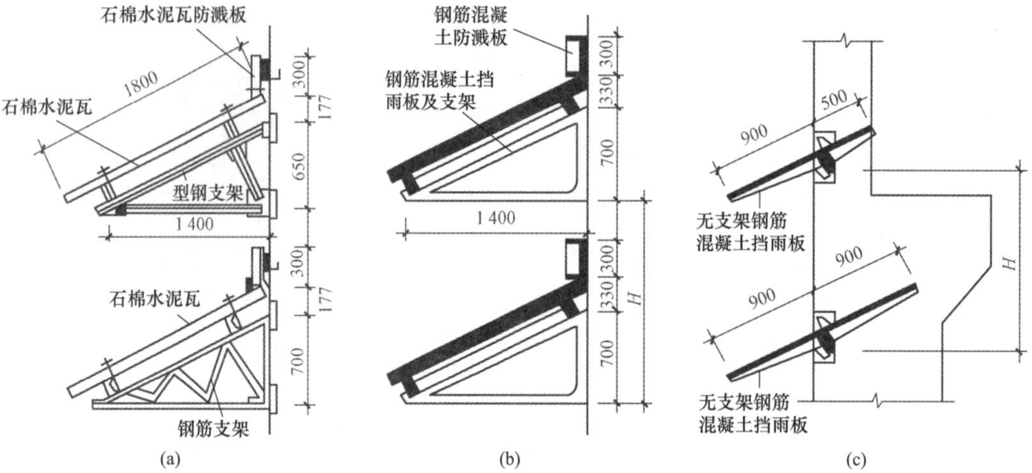

图 10.24　钢筋混凝土挡雨板构造

链　接

民法典规定小区外墙广告收入归谁

小区外墙广告（图 10.25）收入归谁？以往物权法的规定并不明确，引发了一些矛盾纠纷。在《中华人民共和国民法典》中明确，建设单位、物业服务企业或者其他管理人等利用小区外墙或电梯张贴广告等“利用共有部分从事经营活动”行为不仅须经业主同意、由业主共同决定，而且该广告收入是利用业主的共有部分产生的收入，在扣除合理成本之后属于业主共有。这不仅加强了对业主权利的保护，也强化了业主对共有部分共同管理的权利。

图 10.25　外墙广告

10.3 屋面围护

知识导入

工业厂房屋面是一个重要的围护结构（图 10.26），它与墙体、楼板共同作用围合形成室内空间，同时能够抵御自然界风、霜、雨、雪、太阳辐射、气温变化及外界各种不利因素对建筑物的影响。

图 10.26 工业厂房屋面围护

趣 闻

北京南站——光电建筑屋面

建筑是为满足人类日常生活和社会活动而创造的空间环境，人们已习惯于其作为房屋或流动场所的主要功能。从屋顶举例，它主要起遮风挡雨等围护作用，但随着光电建筑概念提出，不断颠覆着“建筑”的原始观念，屋顶不再仅仅是屋顶，它还可以是一个小型电站。

2008 年建成的北京南站（图 10.27）突出了环保、节能等理念，它是众多大型火车站中首个采用太阳能发电的。在候车大厅屋顶安装了 4186 块太阳能电池板，并采用了 SMA 的 36 台性价比较高且运行稳定可靠的 Sunny Mini Central 集中型逆变器，并有先进数据采集器 Sunny WebBox 和各种传感器对光伏电站的运行进行可靠的数据采集和全面的监控，保证电站的可靠高效运行，其光伏电站系统项目总容量为 300kWp。

随着研究的深入，从早期的安装在屋顶，到现在能应用到立面上，光电建筑为社会节省了更多资源，也给建筑的创造带来更大的空间。

图 10.27　北京南站

教学内容

单层工业厂房屋面要承受生产机械的振动、起重机的冲击荷载、室内高温，以及外界气候的影响，还要解决好厂房的采光、通风、屋面排水、保温隔热等问题，常需设置天窗、天沟、檐沟、雨水斗及雨水管和保温隔热层等。结合厂房的生产性质，屋面有时还要考虑防爆、防腐蚀问题。因此，屋面要具有足够的刚度、强度、整体性和耐久性，构造较为复杂。

普通单层工业厂房屋面，一般仅在柱顶标高较低的厂房屋面采取隔热措施，柱顶标高在 8m 以上时可不考虑隔热。对有保温要求的车间，应设置良好的保温隔热层。

单层厂房屋面面积大，对厂房的造价影响较大，应根据具体情况选择合适的屋面设计方案来降低投资。

10.3.1　屋面组成

1. 屋面类型

屋面按防水材料和构造做法，可分为卷材防水屋面和非卷材防水屋面。非卷材防水屋面包括各种波形瓦和钢筋混凝土等构件自防水屋面。

2. 屋面基层

屋面基层是屋面的结构部分，一般单层工业厂房屋面的基层包括无檩体系和有檩体系两种形式。

无檩体系是将大型屋面板直接搁置在屋架上，这种体系构件尺寸大、型号少，有利于工业化施工；有檩体系由搁置在屋架上的檩条支撑小型屋面板，这种体系构件尺寸小、质量轻，施工方便，但构件数量多，施工周期较长。

10.3.2 屋面排水

屋面排水方式可分为无组织排水和有组织排水。选择排水方式应该结合当地降雨量、气温、车间生产特性、厂房高度和天窗高度等因素综合考虑。

1．无组织排水

无组织排水构造简单、造价便宜，条件允许时优先选用。尤其是对屋面有特殊要求的厂房，如屋面容易积灰的冶炼车间、屋面防水要求很高的铸工车间，以及对内排水的铸铁管有腐蚀作用的炼铜车间等均宜采用无组织排水。

2．有组织排水

多跨车间一般采用有组织排水方式。有组织排水屋面有内排水和外排水两种。有组织内排水是将雨水通过设置在室内的雨水管排出，雨水管较长、易堵塞，但有良好的防冻性能；有组织外排水是将雨水通过设置在室外的雨水管排出，常需较长的天沟。在结构和气候条件允许下，一般宜采用有组织外排水。单层厂房有组织排水具体可以分为以下几种形式（图 10.28）。

（1）檐沟外排水

当厂房较高或地区降水量较大，不宜采用无组织排水时，可将屋面的雨、雪水汇集在檐沟内，经雨水口和立管排下。这种排水方式具有构造简单、施工方便、造价低，且不影响车间内部工艺设备的布置等特点，在南方地区应用比较广泛。

（2）长天沟外排水

长天沟外排水即沿厂房纵向设天沟汇集雨水，天沟内的雨水由山墙端部的雨水管排至室外地坪。这种方式构造简单、造价低，但天沟长度大，设置时要考虑地区降水量、汇水面积、屋面材料、天沟断面和纵向沟底坡度等因素进行确定。当采用长天沟外排水时，需在山墙上留出洞口，天沟板伸出山墙，并在天沟板的端壁上方留出溢水口。

（3）内排水

内排水是将屋面雨水由设在厂房内部的雨水管及地下雨水管沟排除的排水方式。其特点是排水不受厂房高度限制，排水比较灵活，但屋面构造复杂，造价及维修费用较高，而且室内雨水管容易与地下管道、设备基础、工艺管道等产生矛盾。内排水多用于多跨厂房，特别适合严寒多雪地区的采暖厂房和有生产余热的厂房。

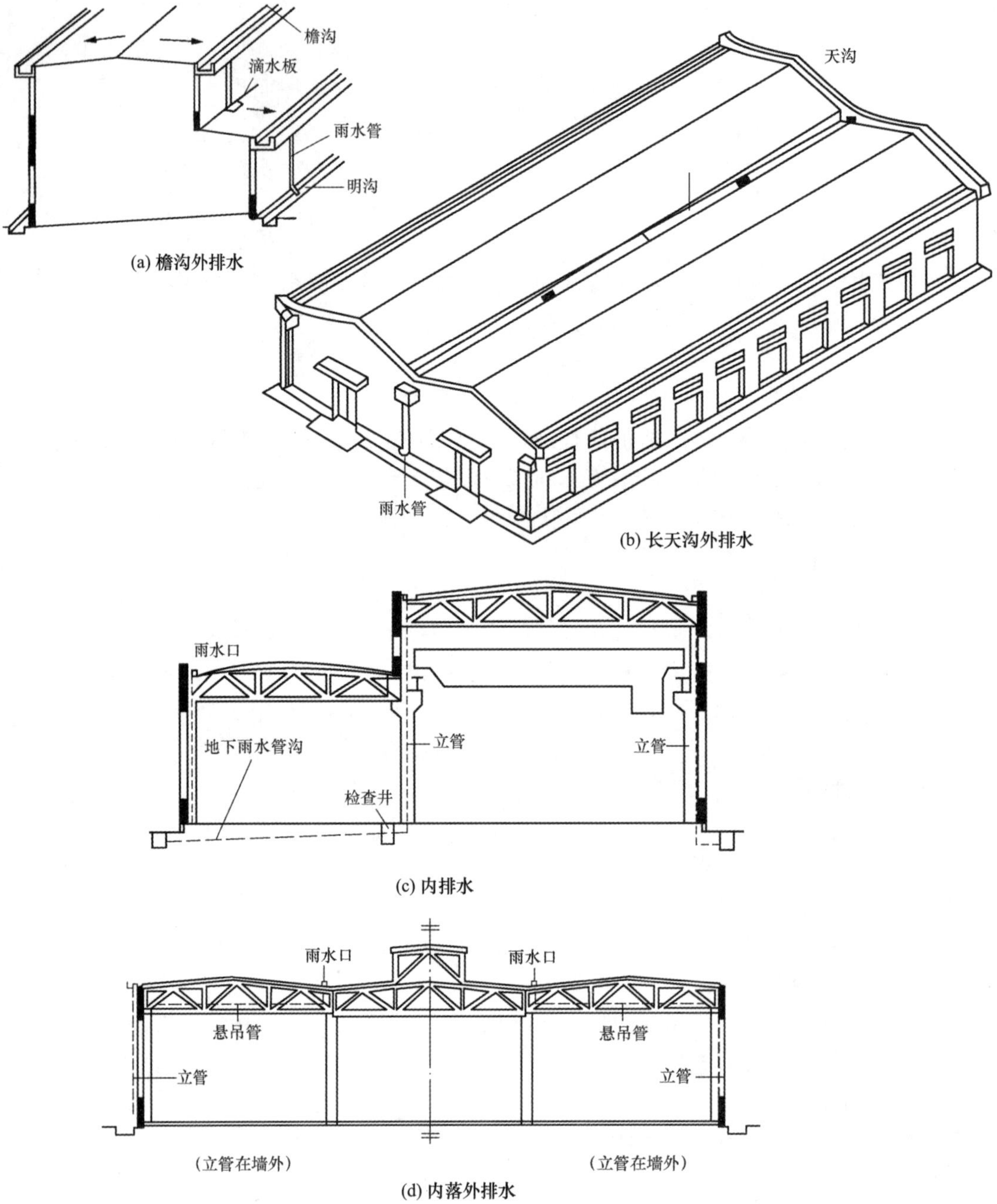

(a) 檐沟外排水　(b) 长天沟外排水　(c) 内排水　(d) 内落外排水

图 10.28　有组织排水形式

（4）内落外排水

内落外排水是将屋面雨水先排至室内上空具有 0.5% ～ 1% 坡度的水平吊管，再将雨水导至墙外的排水立管来排除雨水的排水方式。这种方式克服了内排水需要厂房地面下设雨水地沟、室内雨水管，影响设备布置等缺点，但水平管易被阻塞，不宜用于有大量积尘的厂房。

3．屋面排水相关要求

排水坡度的选择主要取决于屋面基础的类型、防水构造方式、材料性能、屋架形式及当地的气候条件等因素。

卷材防水屋面为防止卷材下滑或沥青流淌，要求坡度平缓，一般为（1 ∶ 20）～（1 ∶ 50）。自防水屋面要求排水快，避免残余雨水由板缝渗入室内，常采用（1 ∶ 3）～（1 ∶ 4）的坡度。

内、外檐沟或天沟的截面，要根据降水量和屋面排水面积的大小来确定。

10.3.3　屋面防水

按照屋面防水材料和构造做法，单层厂房的屋面有柔性防水屋面和构件自防水屋面。柔性防水屋面适用于有振动影响和有保温隔热要求的厂房屋面；构件自防水适用于南方地区和北方无保温要求的厂房。

1．卷材防水屋面构造

AR 图：卷材防水屋面构造（改性柔性油毡卷）

单层工业厂房卷材防水屋面的构造做法与民用建筑卷材屋面基本相同，它的防水质量关键在于基层和防水层。由于厂房屋面荷载大、振动大，变形可能性也因此增大。一旦基层变形过大时，易引起卷材拉裂。为防止屋面卷材开裂，应选择刚度大的构件、改进构造做法等增强屋面基层的刚度和整体性，减少屋面基层变形。在卷材铺设中，改善卷材在构件接缝处的构造做法以适应基层变形。在大型屋面板或保温层上做找平层时，先在厂房横向板缝处做分隔缝，缝内用油膏填充，沿缝干铺 300mm 的卷材做缓冲层，减少基层变形对屋面的影响。板的纵缝由于变形较小，通常情况下不需要特别处理。

2．构件自防水屋面构造

（1）压型钢板屋面

彩色涂层压型钢板瓦具有质量轻、施工速度快、耐锈蚀、美观等特点，但造价较高、维修复杂。有保温要求的彩色涂层压型钢板屋面可分为两大类：一类为松散型组合体系，由外到内依次为外层压型钢板、玻璃棉毡、铝薄布、檩条、内层压型钢板；另一类为复合板体系，即将金属复合板直接固定在檩条上。

（2）钢筋混凝土构件自防水屋面

钢筋混凝土构件自防水屋面是利用具有良好密实性的屋面板，仅对板缝进行局部防水处理而形成的防水屋面。这种屋面的质量较轻、施工方便、造价较低，但易受混凝土风化、碳化影响出现渗水现象。增大屋面结构厚度、改善抗渗性，或在屋面板的表面涂刷防水涂料等，是提高钢筋混凝土构件自防水性能的重要措施。

屋面板生产中应采用较高强度等级的混凝土，严格控制水胶比，骨料应清洗干净，并进行级配，保证振捣密实、光滑无裂缝，为防止板的质量问题或后期风化碳化对防水性能的影响，可对板面加涂防水涂料。

板缝可分为横缝、纵缝、脊缝。其中，横缝由于变形较大，应特别注意防水。根据板缝的防水方式不同，钢筋混凝土构件自防水屋面可分为嵌缝式、贴缝式和搭盖式三种构造方式。

1）嵌缝式防水构造。利用大型屋面板做防水构件，缝内应先清扫干净，用 C20 细石混凝土填实，上部留 20 ～ 30mm 凹槽，待干燥后刷冷底子油，上面用油膏等弹性防水材料嵌实［图 10.29（a）］。

2）贴缝式防水构造。为保护油膏，减缓其老化速度，可在油膏嵌缝基础上再粘贴卷材条，形成贴缝式构造。对于横缝和脊缝处，由于变形较大，应先在缝上干铺一层卷材（单边点粘），再粘贴若干层卷材，贴缝式防水构造的防水效果较嵌缝式防水构造好［图 10.29（b）］。

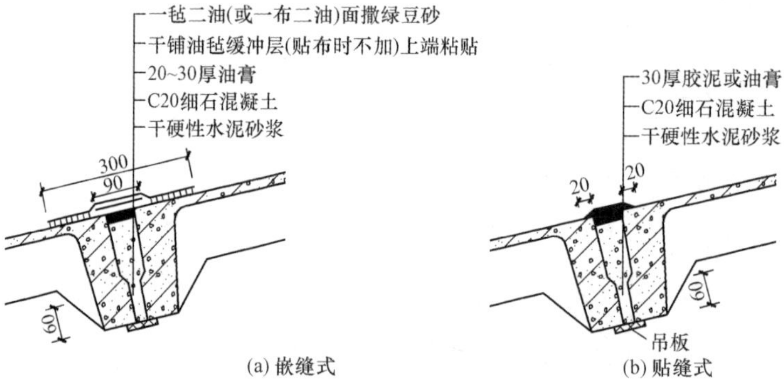

图 10.29　嵌缝式、贴缝式防水构造（单位：mm）

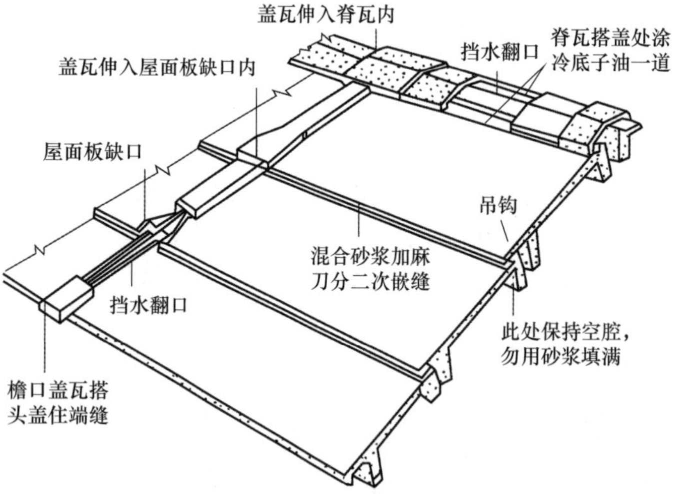

图 10.30　F 形屋面板搭盖式防水构造

3）搭盖式防水构造。搭盖式防水构造是用特殊形状的屋面板做防水构件，板缝采用搭接和利用专用构件盖缝处理的防水方式，常用的有 F 形屋面板（图 10.30）。搭盖式防水屋面安装简便、施工速度快，但板型较复杂、受振动影响明显，盖瓦易脱落，易产生渗水现象。

10.3.4　屋面保温与隔热

1．屋面保温

厂房的屋面保温层的构造做法与民用建筑屋面保温有所不同，根据保温层所处位置可分为以下三种（图 10.31）。

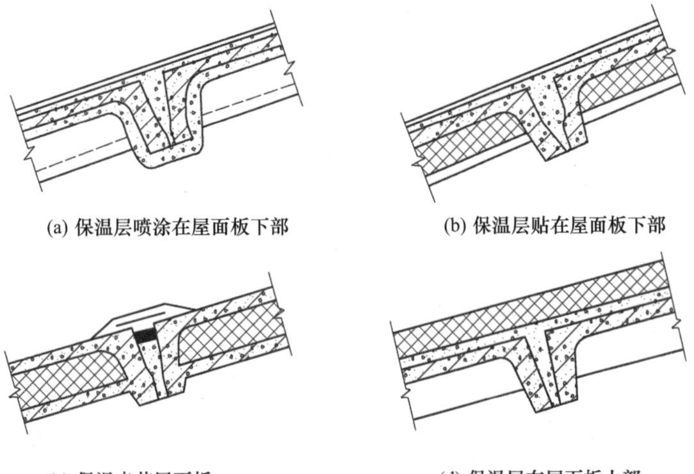

(a) 保温层喷涂在屋面板下部　(b) 保温层贴在屋面板下部

(c) 保温夹芯屋面板　(d) 保温层在屋面板上部

图 10.31　保温层设置

1）保温层位于屋面板下部。它主要用于构件自防水屋面。一种是将水泥拌和的保温材料，如水泥膨胀蛭石直接喷涂在屋面板下部，如图 10.31（a）所示；另一种是将轻质保温材料，如聚苯乙烯泡沫塑料、玻璃棉毡、铝箔等固定或吊挂在屋面板下部，如图 10.31（b）所示。这两种做法施工均较复杂，容易局部脱落。

2）保温层位于屋面板中间，如图 10.31（c）所示。这种夹芯保温屋面板具有承重、保温、防水三种功能。其优点是能叠层生产、减少高空作业、施工进度快，部分地区已有使用；缺点是易产生板面裂缝和变形，存在着冷桥等问题。压型钢板屋面的保温层常设于两层压型钢板之间（图 10.32）。

3）保温层位于屋面板上

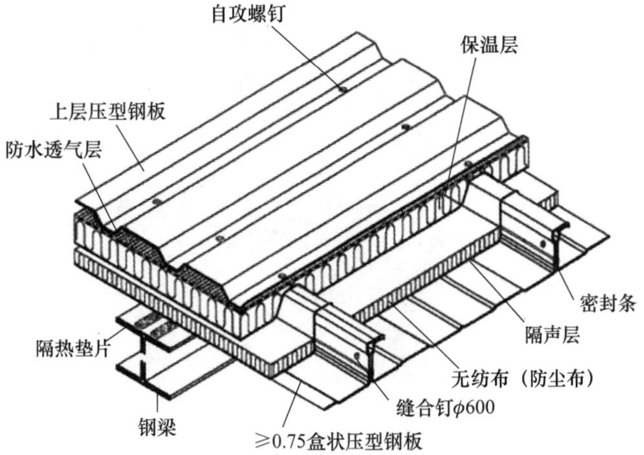

图 10.32　压型钢板屋面保温层

部，如图 10.31（d）所示。常用于卷材防水屋面。

2．屋面隔热

厂房的屋面隔热措施与民用建筑相同。当厂房高度大于 8m，且采用钢筋混凝土屋面时，屋面对工作区的辐射热有影响，屋面应考虑隔热措施。通风屋面隔热效果较好、构造简单、施工方便，在一些地区采用较广。也可在屋面的外表面涂刷反射性能好的浅色材料，以达到降低屋面温度的效果。

链 接

四部委：推广光电建筑一体化，实现光伏覆盖率 50%

2021 年 11 月 16 日，国管局、国家发展改革委、财政部、生态环境部印发了《深入开展公共机构绿色低碳引领行动促进碳达峰实施方案》（以下简称《方案》）。

《方案》明确提出总体目标：到 2025 年，全国公共机构用能结构持续优化，用能效率持续提升，年度能源消费总量控制在 1.89 亿吨标准煤以内，二氧化碳排放总量控制在 4 亿吨以内，有条件的地区 2025 年前实现公共机构碳达峰、全国公共机构碳排放总量 2030 年前尽早达峰。《方案》提出五大重点举措，其中就有大力推广太阳能光伏光热项目。同时，针对重点工作提出具体指标：到 2025 年，公共机构新建建筑可安装光伏屋顶（图 10.33），面积力争实现光伏覆盖率达到 50%，实施合同能源管理项目 3000 个以上，力争 80% 以上的县级及以上机关达到节约型机关创建要求，创建 300 家公共机构绿色低碳示范单位和 2000 家节约型公共机构示范单位，遴选 200 家公共机构能效领跑者。

图 10.33　光伏屋顶

10.4 门窗

知识导入

门窗按其所处的位置不同可分为围护构件或分隔构件，根据不同的设计要求要分别具有保温、隔热、隔声、防水、防火等功能。工业厂房天窗如图 10.34 所示，侧窗及大门如图 10.35 所示。

图 10.34 天窗

图 10.35 侧窗及大门

趣闻

传承与创新——工业区旧厂房到文化创意园

广东深圳华侨城创意文化园区内大多为工业风的建筑，其中的店铺各具特色。该创意园前身是华侨城东部工业区。2004 年，华侨城人根据厂房的建筑特点以及政府对文化和创意产业的相关政策指引，提出将工业区改造为 LOFT 创意产业园区，引进各种类型创意产业，使旧厂房的建筑形态和历史痕迹得以保留，同时又衍生出更有朝气和生命力的产业经济。如一整面墙都是透明玻璃门窗的某茶饮店，以及旧厂房改造而成的展览馆等，如图 10.36 所示。如今的创意园，是艺术家的聚集地，也是深圳人周末消遣的去处。

(a) 某茶饮店透明玻璃门窗 (b) 旧厂房改造而成的展览馆

图 10.36 LOFT 创意产业园区

教学内容

10.4.1 大门

厂房大门主要用于生产运输和人流通行，因此，大门的尺寸应根据运输工具的类型、运输货物的外形尺寸及通行高度等因素确定。选择时应根据使用要求、洞口尺寸、开启方式及构造处理要求等因素合理确定，做到适用、经济、耐久和少占厂房面积。

1. 大门的尺寸

厂房大门的宽度应比满载货物的车辆宽 600 ～ 1000mm，高度应高出 400 ～ 600mm。大门的尺寸以 300mm 为模数。门洞尺寸较大时，应当防止门扇变形，常用型钢做骨架的钢木大门或钢板门。

2. 大门的类型

1）按门的用途分类：分为一般大门和特殊大门，特殊大门包括保温门、防火门、冷藏门、隔声门等。

2）按门的材料分类：分为木门、钢板门、钢木门、空腹薄壁钢板门、铝合金门等。

3）按门的开启方式分类：分为平开门、推拉门、折叠门、升降门、卷帘门及上翻门等（图 10.37）。

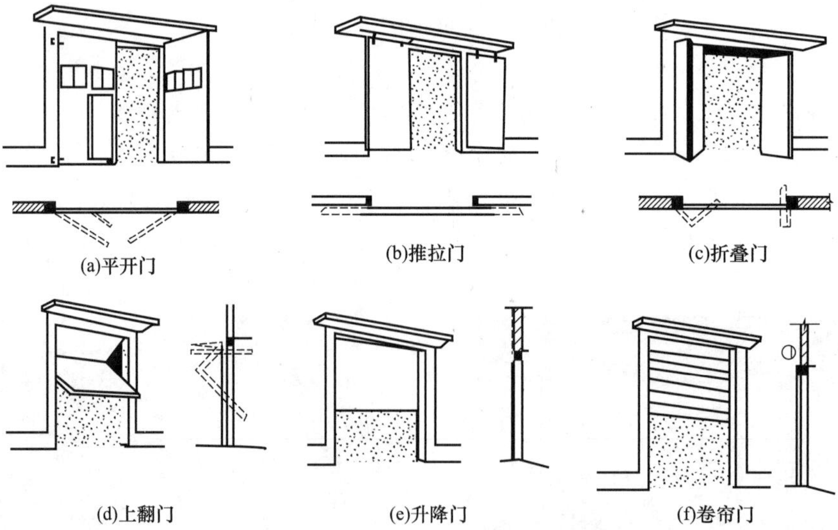

图 10.37　不同开启方式的厂房大门

① 平开门：构造简单，门扇常向外开，门洞上应设雨篷，平开门受力状况较差，易产生下垂和扭曲变形，门洞较大时不宜采用。当运输货物不多，大门不需要经常开

启时，可在大门扇上开设供人通行的小门。

② 推拉门：构造简单，门扇受力状况较好，不易变形，应用广泛；但密闭性差，不宜用于在冬季采暖的厂房大门。

③ 折叠门：是由几个较窄的门扇通过铰链组合而成。开启时通过门扇上下滑轮沿导轨左右移动并折叠在一起。这种门占用空间较少，适用于较大的门洞口。

④ 上翻门：开启时门扇随水平轴沿导轨上翻至门顶过梁下面，不占使用空间。这种门可避免门扇的碰损，多用于车库大门。

⑤ 升降门：开启时门扇沿导轨上升，不占使用空间，但门洞上部要有足够的上升高度，开启方式有手动和电动，常用于大型厂房。

⑥ 卷帘门：门扇由许多冲压成型的金属叶片连接而成。开启时通过门洞上部的转动轴叶片卷起。适用于 4000 ～ 7000mm 宽的门洞，高度不受限制。这种门构造复杂，造价较高，多用于不经常开启和关闭的大门。

3．大门的构造

（1）平开钢木大门

平开钢木大门由门框和门扇组成。一般用在不大于 3600mm×3600mm 的门洞。平开门的门框由上框和边框构成。上框可利用门顶的钢筋混凝土过梁兼作。过梁上一般均带有雨篷，雨篷应比门洞每边宽出 370 ～ 500mm，雨篷挑出长度一般为 900mm。门框有砖砌和钢筋混凝土两种（图 10.38）。当门洞宽度大于 2.4m 时，宜采用钢筋混凝土门框用于固定门铰链，边框与墙砌体应有拉筋连接，铰链与门框上的预埋件焊接；当门洞宽度小于 2.4m 时，一般采用砖门框，砖门框在安装铰链的位置上砌入混凝土预制块，其上带有与砌体的拉结筋和与铰链焊接的预埋铁板。

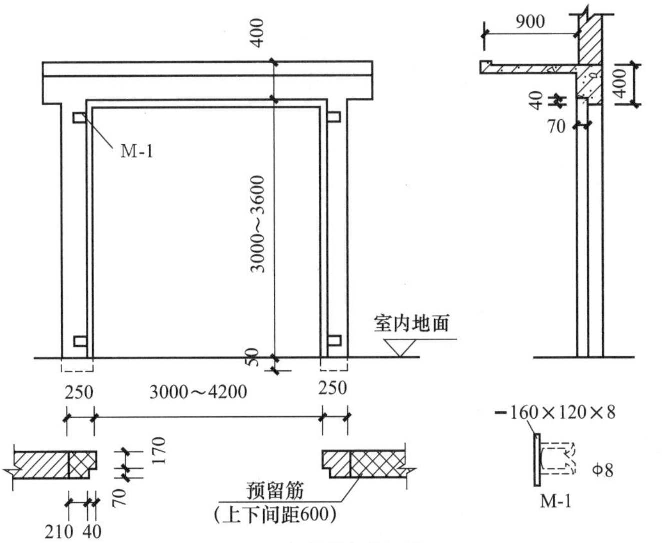

(a) 钢筋混凝土门框

图 10.38　厂房大门门框构造（单位：mm）

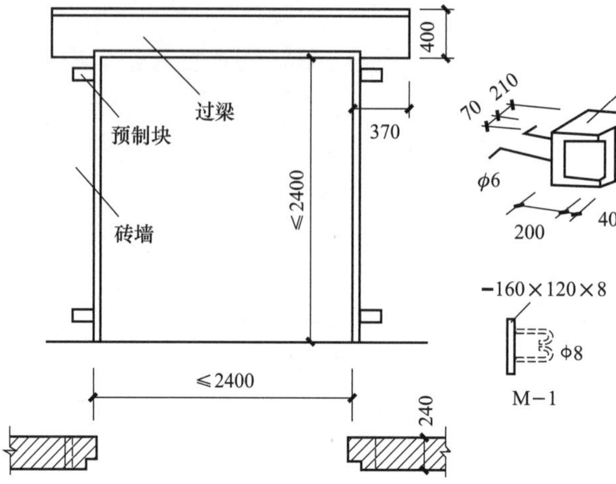

(b) 砖砌门框

图 10.38（续）

钢木大门门扇的骨架由型钢构成，门芯板采用 15 ～ 25mm 厚的木板，门芯板与骨架用螺栓连接固定。寒冷地区有保温要求的厂房大门，可采用双层门芯板，中间填充保温材料，并在门扇边缘加钉橡皮条等密封材料封闭缝隙。

平开钢木门构造如图 10.39 所示。

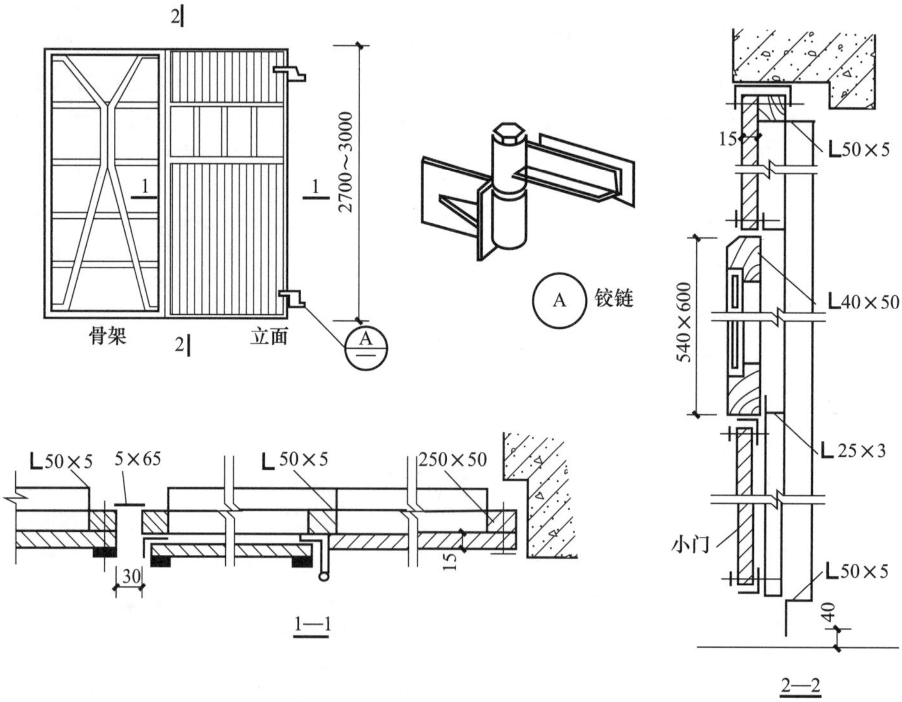

图 10.39　平开钢木门构造（单位：mm）

（2）推拉门

推拉门由门扇、门轨、地槽、滑轮及门框组成。门扇可采用钢板门、钢木门、空腹薄壁钢门等。每个门扇的宽度不大于1.8m，根据门洞的大小，可做成单轨双扇、双轨双扇、多轨多扇等形式，常用单轨双扇。推拉门支承的方式有上挂式和下滑式两种。当门扇高度小于4m时，采用上挂式，即门扇通过滑轮挂在洞口上方的导轨上。

（3）折叠门

折叠门有侧挂式、侧悬式和中悬式三种。

1）侧挂式折叠门可用普通铰链，靠框的门扇如为平开门，在它侧面只挂一扇门，不适用于较大的洞口。

2）侧悬式和中悬式折叠门，在洞口上方设有导轨，各门扇间除用铰链连接外，在门扇顶部还装有带滑轮的铰链，下部装地槽滑轮，开闭时，上下滑轮沿导轨移动，带动门扇折叠，这类门适用于较大的洞口。滑轮铰链安装在门扇侧边的为侧悬式，开、关较灵活。中悬式折叠门的滑轮铰链安装在门扇中部，门扇受力较好，但开、关时比较费力。

（4）卷帘门

卷帘门主要由帘板、导轨及传动装置组成。工业建筑中的帘板常采用页板式，页板可用镀锌钢板或铝合金板轧制而成，页板之间用铆钉连接。页板的下部采用钢板和角钢，用以增强卷帘门的刚度，并便于安设门钮。页板的上部与卷筒连接，开启时，页板沿着门洞两侧的导轨上升，卷在卷筒上。门洞的上部设传动装置，传动装置可分为手动和电动。

卷帘门结构紧凑、开启方便、密封性好，有防火、防风、防尘、防盗等优点。按性能可分为普通型卷帘门、防火型卷帘门、防风型卷帘门等；按门扇结构有帘板结构卷帘门和通花结构卷帘门。大型卷帘门必要时可在卷帘门扇上设置供单人通行的小门扇。

10.4.2 天窗

在大跨度和多跨的单层工业厂房中，为了满足天然采光和自然通风的要求，常在厂房的屋顶上设置各种天窗。

天窗的类型（图10.40）很多，一般就其在屋面的位置常分为：上凸式天窗，常见的有矩形、三角形、M形天窗等；下沉式天窗，常见的有横向下沉式、纵向下沉式及井式天窗等；平天窗，常见的有采光罩、采光屋面板等。

一般天窗都具有采光和通风双重功能。但采光兼通风的天窗一般很难保证排气的效果，故这种做法只用于冷加工车间；而通风天窗排气稳定，故只应用于热加工车间。

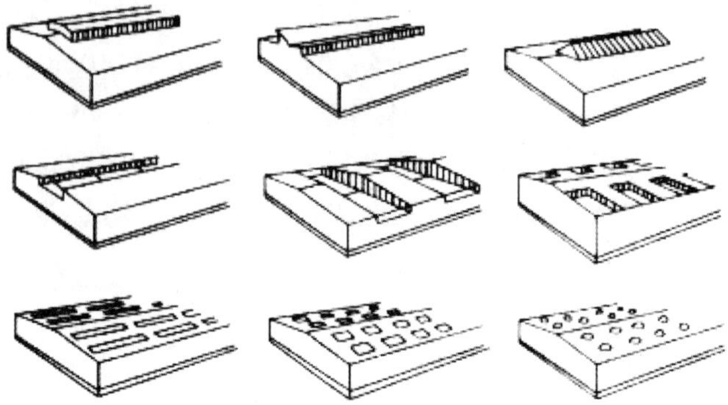

图 10.40　天窗的类型

1．上凸式天窗

上凸式天窗是单层工业厂房采用最多的一种，它沿厂房纵向布置，采光、通风效果均较好。下面以矩形天窗为例，介绍上凸式天窗的构造。

矩形天窗由天窗架、天窗屋面、天窗端壁、天窗侧板和天窗窗扇等组成（图 10.41）。

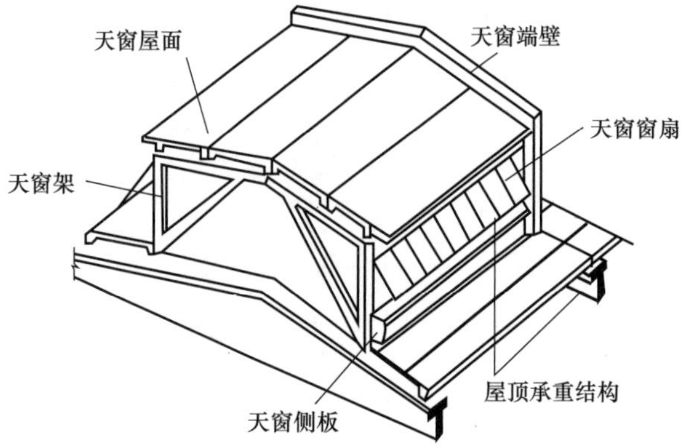

图 10.41　矩形天窗的组成

（1）天窗架

天窗架是天窗的承重结构，它直接支承在屋架上。天窗架的材料一般与屋架、屋面梁的材料一致。天窗架的宽度占屋架、屋面梁跨度的 1/3 ～ 1/2，同时也要照顾屋面板的尺寸。天窗扇的高度为天窗架宽度的 0.3 ～ 0.5。

矩形天窗的天窗架通常用 2 ～ 3 个三角形支架拼装而成（图 10.42）。

（2）天窗端壁

天窗端壁又称天窗山墙，它不仅使天窗尽端封闭起来，同时也支承天窗上部的屋面板，也是一种承重构件。

天窗端壁由预制的钢筋混凝土肋形板组成（图 10.43），它代替端部的天窗架支撑天窗尾面板。当天窗架跨度为6m时，用两个端壁板拼接而成；天窗架的跨度为9m时，用三个端壁板拼接而成。

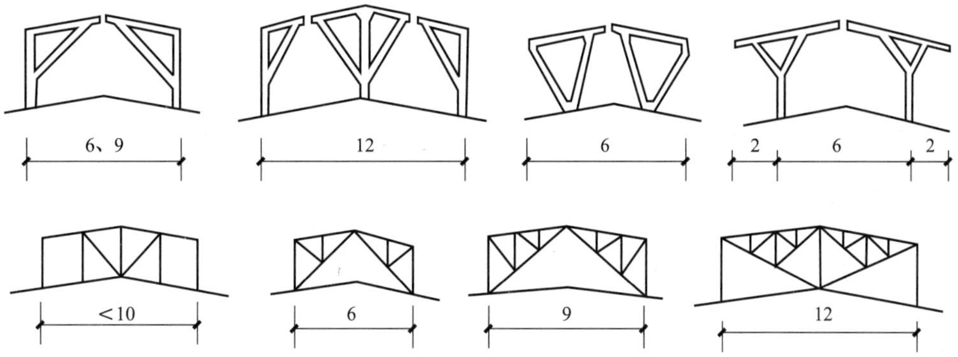

图 10.42 矩形天窗的天窗架（单位：m）

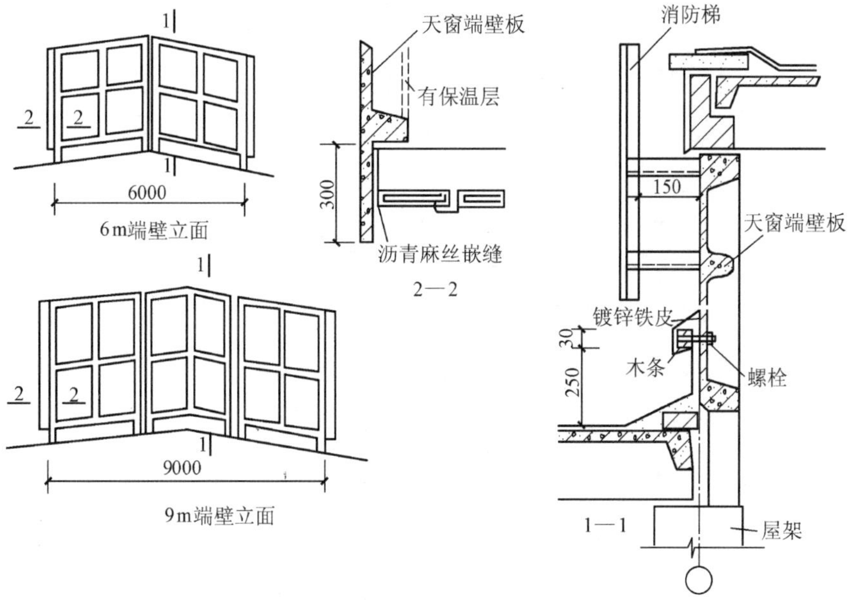

图 10.43 钢筋混凝土端壁（单位：mm）

天窗端壁也采用焊接的方法与屋顶的承重结构连接。其做法是天窗端壁的支柱下端预埋钢板与屋架的预埋钢板焊在一起，端壁肋形板之间用螺栓连接。

天窗端壁的肋间应填入保温材料，常用块材填充。一般采用加气混凝土块或聚苯板，表面用铅丝网拴牢，再用砂浆抹平。

（3）天窗侧板

天窗侧板是天窗窗扇下的围护结构，相当于侧窗的窗台部分，其作用是防止雨水溅入室内。

天窗侧板可以做成槽形板式，其高度由天窗架的尺寸确定，一般为400～600mm，但应注意高出屋面300mm。槽形板内应填充保温材料，并将屋面上的卷材用木条加以固定（图10.44）。

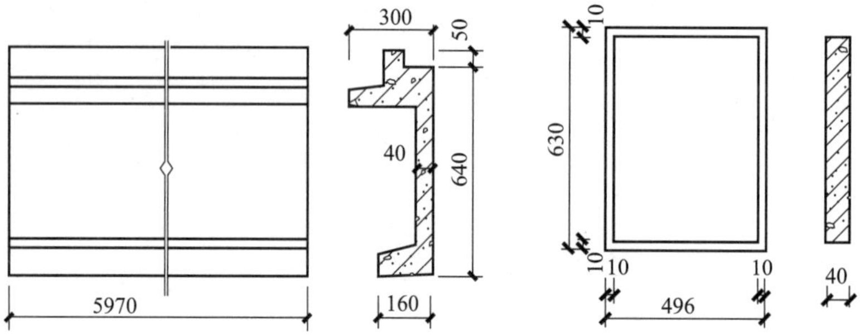

(a) 槽形板　　(b) 平板

图10.44　天窗侧板（单位：mm）

（4）天窗窗扇

天窗窗扇可以采用钢窗扇或木窗扇。钢窗扇一般为上悬式，木窗扇一般为中悬式。

1）上悬式钢窗扇。这种窗扇防飘雨效果较好，最大开启角度为30°，窗高有900mm、1200mm、1500mm三种（图10.45）。

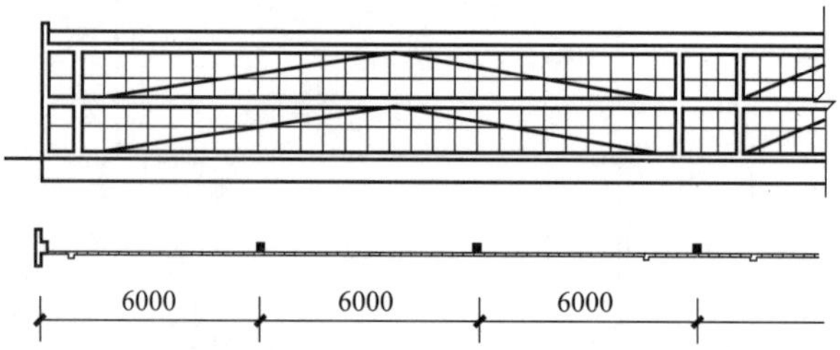

图10.45　天窗窗扇（上悬式钢窗扇）（单位：mm）

2）中悬式木窗扇。窗扇高有1200mm、1800mm、2400mm、3000mm四种规格。

（5）天窗屋面

天窗屋面与厂房屋面相同，檐口部分采用无组织排水，将雨水直接排在厂房屋面上。檐口挑出尺寸为300～500mm。在多雨地区可以采用在山墙部位做檐沟，形成有组织的内排水。

（6）天窗挡风板

天窗挡风板（图10.46）主要用于热加工车间。有挡风板的天窗称为避风天窗。

矩形天窗的挡风板不宜高过天窗檐口的高度。挡风板与屋面板之间应留出50～100mm的空隙，以利于排水又使风不容易倒灌。挡风板的端部应封闭，并留出供清除积灰和检修时通行的小门。挡风板的立柱焊在屋架上弦上，并用支撑与屋架焊接。挡风板采用石棉板，并用特制的螺钉将石棉板拧在立柱的水平檩条上。

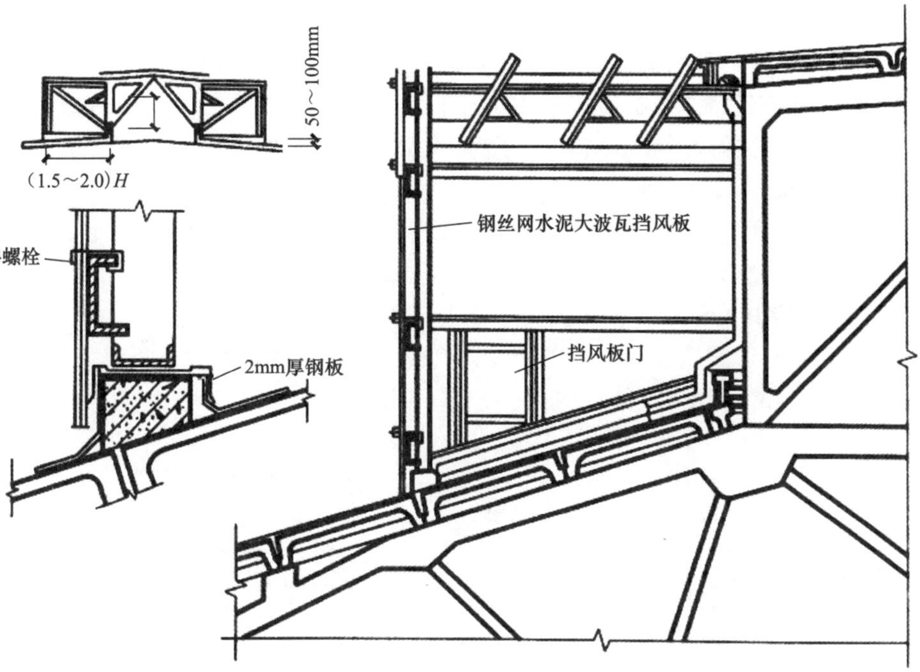

图 10.46 天窗挡风板

2．下沉式天窗

这里着重介绍天井式天窗的构造做法。

（1）布置方法

天井式天窗布置比较灵活，可以沿屋面的一侧、两侧或居中布置。热加工车间可以采用 两侧布置，这种做法容易解决排水问题。在冷加工车间对上述几种布置方式均可采用。

（2）井底板的铺设

天井式天窗的井底板位于屋架上弦，搁置方法有横向铺放与纵向铺放两种（图 10.47）。

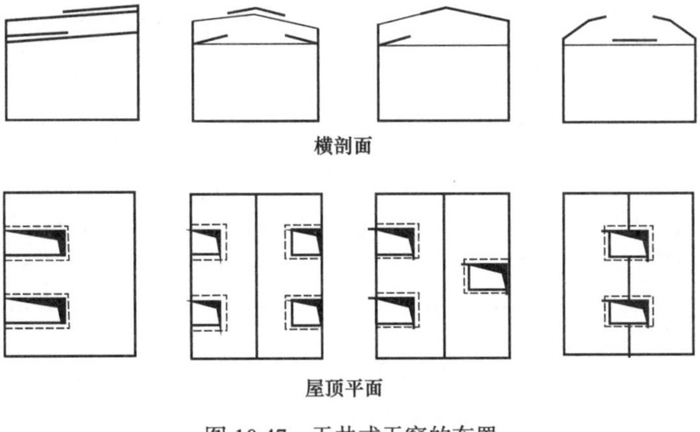

图 10.47 天井式天窗的布置

1）横向铺放是井底板平行于屋架摆放。铺板前应先在屋架下弦上搁置檩条，并应有一定的排水坡度。若采用标准屋面板，其最大长度为 6m。

2）纵向铺放是将井底板直接放在屋架下弦上，可省去檩条，增加天窗垂直口净空高度。但屋面有时受到屋架下弦节点的影响，故采用非标准板较好。

（3）挡雨措施

井式天窗通风口常不设窗扇，做成开敞式。为防止屋面雨水落入天窗内，敞开口部位应设挑檐并设挡雨板，以防止雨水飘落室内。

井上口挑檐由相邻屋面直接挑出悬臂板，挑檐板的长度不宜过大。井上口应设挡雨片（图 10.48），设挡雨片时，先铺设空格板，挡雨片固定在空格板上。挡雨片的角度采用 30° ～ 60° ，材料可用石棉瓦、钢丝网水泥板、钢板等。

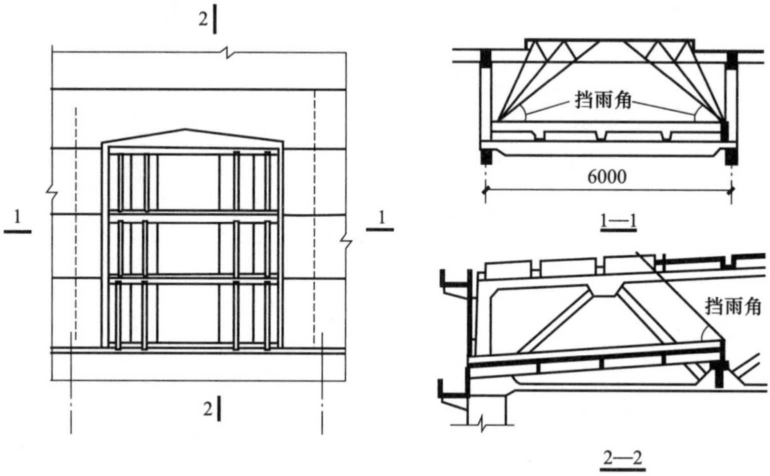

图 10.48　挡雨片

（4）窗扇

窗扇可以设置在井口处或垂直口外，垂直口一般设置在厂房的垂直方向，可以安装上悬或中悬窗扇，但窗扇的形式不一定是矩形，应随屋架的坡度而改变，一般呈平行四边形。井上口窗扇的做法有两种：一种是在井口做导轨，在平窗扇下面安装滑轮，窗扇沿导轨移动；另一种做法是在开口上设中悬窗扇，窗扇支承在上开口空格板上，可根据需要调整窗扇角度（图 10.49）。

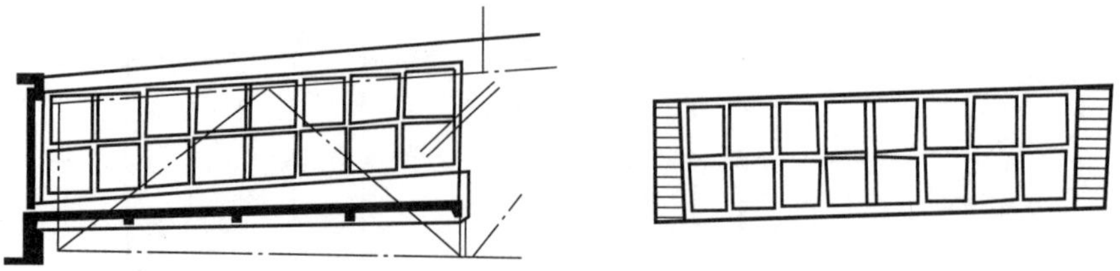

(a) 平行四边形窗扇　　(b) 矩形窗扇

图 10.49　窗扇做法

（5）排水设施

天井式天窗有上下两层屋面，排水设计比较复杂。其具体做法可以采用无组织排水、上层通长天沟排水、下层通长天沟排水和双层天沟排水等（图 10.50）。

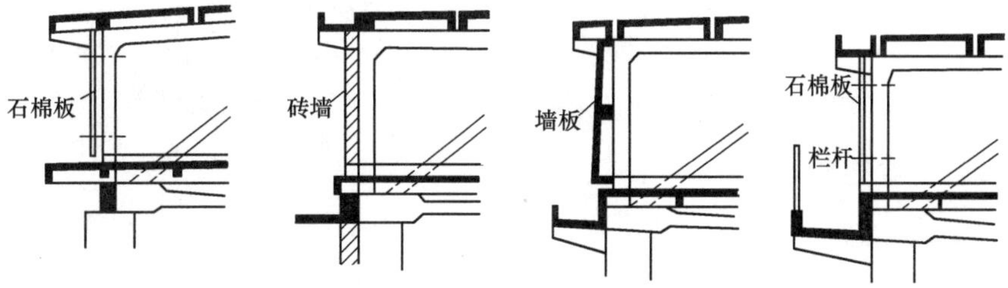

(a) 无组织排水　(b) 上层通长天沟　(c) 下层通长天沟　(d) 双层天沟

图 10.50　下沉式天窗的排水设施

3．平天窗

平天窗是与屋面基本相平的一种天窗。平天窗有采光屋面板（图 10.51）、采光罩、采光带等做法。这里主要介绍采光屋面板。

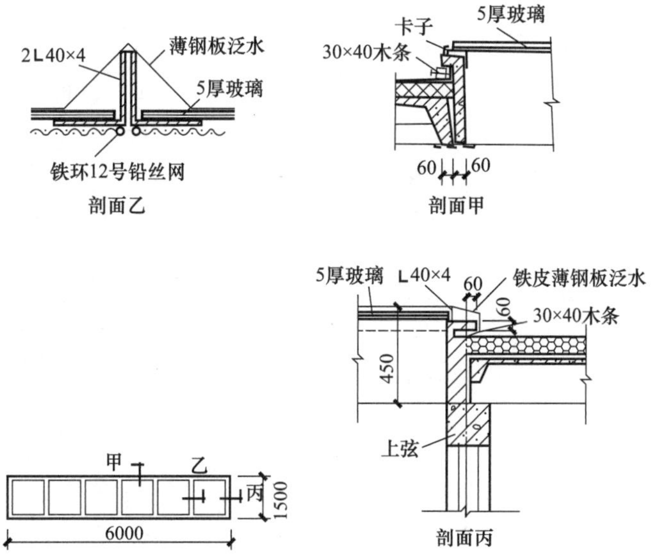

图 10.51　采光屋面板（单位：mm）

采光屋面板的长度为 6m，宽度为 1.5m，它可以取代一块屋面板。采光屋面板应比屋面稍高，常做成 450mm，上面用 5mm 的玻璃固定在支承角钢上，下面铺有铅丝网作为保护措施，以防止玻璃破碎坠落伤人。在支承角钢的接缝处应该用薄钢板泛水遮挡。

10.4.3 侧窗

单层工业厂房侧窗除具有采光、通风等一般功能外，还要满足保温、隔热、防尘，以及有爆炸危险车间的泄爆等工艺要求。由于单层工业厂房的侧窗面积大，因此需要足够的刚度，并且开关方便。侧窗多数为单层窗，在寒冷地区或有恒温、洁净等要求的厂房可设双层窗。

1．侧窗的布置和类型

（1）侧窗的布置

侧窗按布置可分为单面侧窗和双面侧窗（图 10.52）。当厂房进深不大时，可用单面侧窗采光；单跨厂房多为双面侧窗采光，可以提高厂房采光照明的均匀程度。

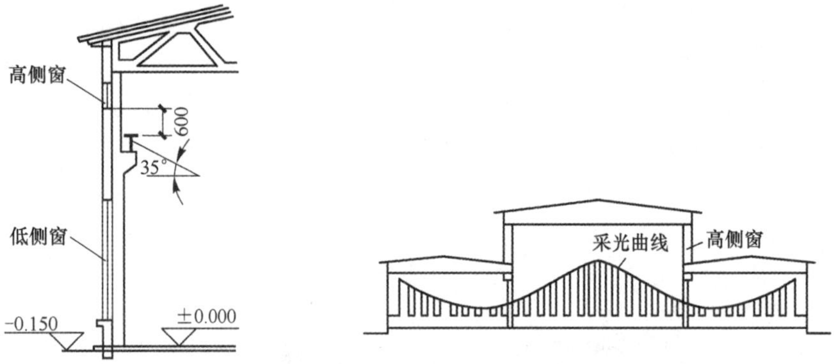

(a) 高、低侧窗的布置位置　　(b) 高、低侧窗结合布置的采光效果

图 10.52　侧窗的布置

在设置有起重机的厂房中，可将侧窗分为上、下两段布置，形成低侧窗和高侧窗。低侧窗下沿应略高于工作面，投光近，对近窗采光点有利；高侧窗投光远，光线均匀，可提高距离侧窗较远位置的采光效果。侧窗构造简单，当采光良好时，可不必再设置采光天窗。

（2）侧窗的类型

单层工业厂房的侧窗，按材料可分为钢侧窗、木窗、铝合金窗、塑钢侧窗等；按开启方式可分为中悬窗、平开窗、固定窗、立旋窗等。

一般情况下，可用中悬窗、平开窗、固定窗等组合成单层工业厂房的侧窗。

平开窗开关方便，构造简单，通风效果好，一般用于外墙下部，作为通风的进气口。

中悬窗开启角度大，便于机械开关，多用于外墙上部。这种窗结构复杂，窗扇周边的缝隙易漏水，不利于保温。

固定窗没有活动窗扇，不能开启，主要用于采光，多设置在外墙中部。

立旋窗的窗扇绕垂直轴转动，可根据风向调整角度，通风效果好。立旋窗多用作热加工车间的进风口。

2．钢侧窗类型和组合

（1）钢侧窗类型

钢侧窗按框料截面的形式可分为空腹钢侧窗和实腹钢侧窗。

1）空腹钢侧窗的框料是由低碳钢经冷轧、焊接形成的薄壁管状型材。由于空腹钢侧窗框料壁较薄，容易受锈蚀破坏，框料成型后，一般需做内外表面的防锈处理。空腹钢侧窗的断面形式如图 10.53 所示。

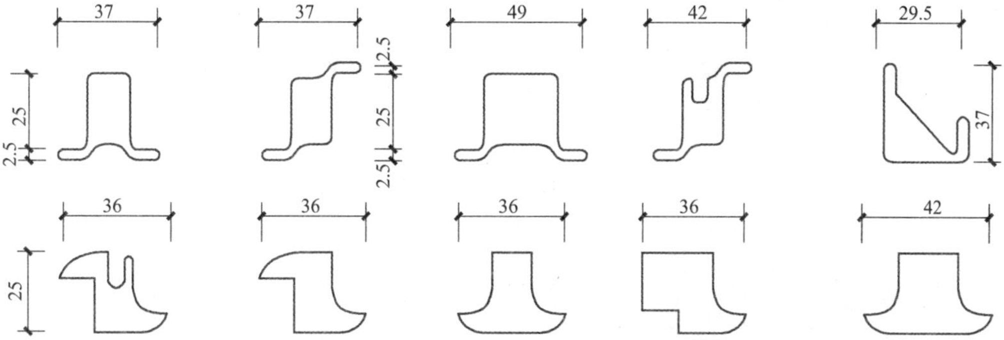

图 10.53　空腹钢侧窗框料的断面形式

2）实腹钢侧窗的框料是热轧型钢，截面肋厚大，抗锈蚀性强。实腹钢侧窗框料的断面形式如图 10.54 所示。

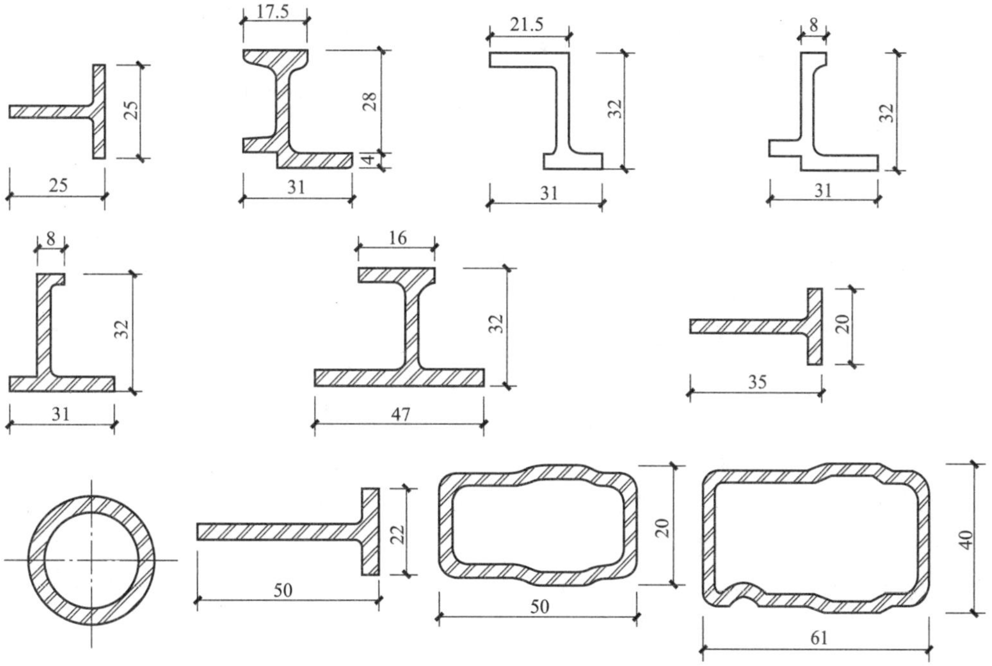

图 10.54　实腹钢侧窗框料的断面形式

（2）钢侧窗的组合

单层工业厂房侧窗面积大，要用基本钢侧窗拼接组合。组合钢侧窗由竖梃和横档保证整体性和稳定性，基本钢侧窗窗扇连接固定在竖梃和横档上。

（3）钢侧窗与窗洞的连接

钢侧窗与钢筋混凝土构件的连接，在钢筋混凝土构件中的相应位置预埋铁件，用拼接件将钢侧窗与预埋铁件焊接固定；钢侧窗与砖墙的连接，一般是先在墙体上预留孔洞，再插入钢侧窗的拼接料并用细石混凝土灌实嵌固。

（4）开关器

由于单层工业厂房的高度、宽度大，窗的开、关需借助专用开关器完成。开关器有手动和电动两种形式（图 10.55）。

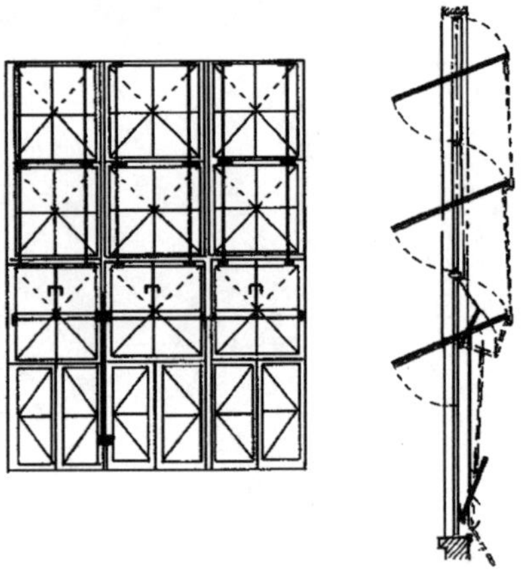

(a) 撑臂式简易开关器

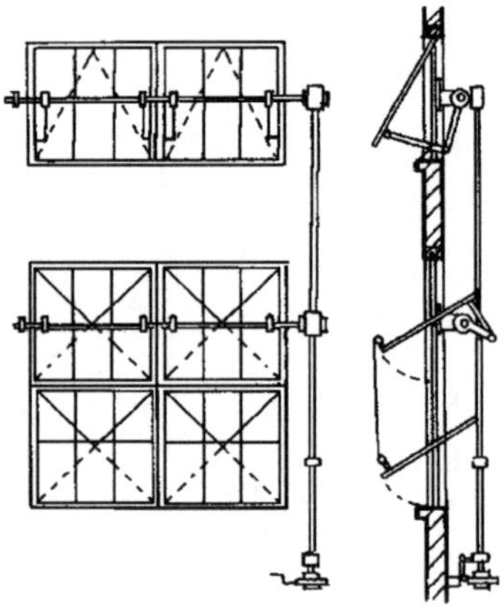

(b) 蜗轮蜗杆手摇开关器

图 10.55 中悬钢侧窗的开关器

链 接

北京冬奥会延庆赛区首个建筑光伏一体化项目

按照计划，2022 年北京市可再生能源在能源消费总量中的比重要达到 10% 以上，而光伏发电具有显著的能源、环保和经济效益，是优质的绿色能源之一。2021 年 11 月 10 日，北京市发改委对外披露，北京 2022 年冬奥会延庆赛区山地新闻中心的建筑光伏一体化应用项目安装完成，这是北京 2022 年冬奥会延庆赛区首个建筑光伏一体化应用项目。如图 10.56 所示，山地新闻中心建筑光伏一体化应用项目是在建筑上配备了成排的黑色天窗，将黑色单晶硅双玻组件作为天窗建材的一部分，安装于新闻媒体大厅上空 64 个方形天窗外，结合天窗自身的倾角设计，实现了建筑采光和光伏发电的双重功能。这种光伏发电设施采用自发自用、余电上网的运行方式接入山地新闻中心低压配电系统。

建筑光伏一体化应用项目

光伏系统安装位置

图 10.56　山地新闻中心

天窗为侧进光方式，光伏组件为黑色无框设计，每 4 块组件拼接安装于 1 个天窗上，如同黑色玻璃幕墙放置于天窗上方，这也使山地新闻中心充满现代感、科技感，实现了光伏发电和建筑景观的结合。

建筑光伏一体化是近年来技术创新较快、市场前景广阔的可再生能源应用形式之一，具有应用场景多样、与建筑结合度高等特点，能够与城市发展充分融合。

10.5 地面及其他设施

知识导入

单层厂房地面面积大、荷重大、材料用量多。据统计，一般机械类厂房混凝土地面（图 10.57）的混凝土用量占主体结构的 25% ~ 50%。所以，正确而合理地选择地面材料与相应的构造，不仅有利于生产，而且对节约材料与基建投资都有重要的意义。

图 10.57　单层工业厂房地面

趣 闻

智造 4.0 厂房促进生产力提高

工艺 4.0 高标厂房（图 10.58），针对传统厂房进行了升级革新，提高了土地利用的集约化程度，为企业提供高标准生产研发空间，深度契合企业产能升级的需求。全新的“工业上楼”模式使企业可把研发、生产、展示、办公功能放在工业性质的高楼里，而非传统的地面建造一层厂房。

工艺 4.0 高标厂房的纵向“提容”模式已成为拓展制造业空间的新方向。通过“工业上楼”，可以解决制造业发展的三大痛点：一是解决企业无处扩产，再次外迁的问题；二是解决产业集聚度低，不易形成专业化园区的问题；三是解决企业总部办公与制造场地分离，增加成本和管理难度的问题。

在产品参数设计方面，“工业上楼”模式下的高标智造厂房，层高设置基本在 4m 以上，采用大跨柱距，各区域配置高速货梯和吊装平台，承重指标多是传统厂房的 2 倍左右，合理的空间规划与智能配置，让企业研发生产更高效。

工业 4.0 生产场景示意图

工业 4.0 高标厂房示意图

图 10.58 工业 4.0 厂房

教学内容

10.5.1 地面

工业厂房的地面，首先要满足生产使用要求，同时厂房地面面积大，承受荷载大且复杂，还应具有抵抗各种破坏作用的能力。

1．厂房地面的组成

与民用建筑一样，工业厂房地面由面层、垫层和基层组成。为了满足一些特殊要求还要增设结合层、找平层、防水层、保温层、隔声层等功能层次。

（1）面层选择

面层是直接承受各种物理和化学作用的表面层，应根据生产特征、使用要求和影响地面的各种因素来选择地面。生产精密仪器和仪表的车间，地面要求防尘；在生产中有爆炸危险的车间，地面应不致因摩擦撞击而产生火花；有化学侵蚀的车间，地面应有足够的抗腐蚀性；生产中要求防水、防潮的车间，地面应有足够的防水性等。

根据使用性质不同，地面可分为一般地面和特殊地面（如防腐、防爆等）两类；按构造不同也可分为整体地面和块料地面。

（2）垫层的设置与选择

垫层是承受并传递地面荷载至地基的构造层次，可分为刚性垫层和柔性垫层两种。刚性垫层整体性好、不透水、强度大，适用于荷载较大且要求变形小的场所；柔性垫层在荷载作用下产生一定的塑性变形，造价较低，适用于有较大冲击和有剧烈震动作用的地面。

混凝土垫层应设置伸缩缝，缝的形式有平头缝、企口缝、假缝（图 10.59）。一般纵向伸缩缝多为平头缝；当混凝土垫层厚度大于 150mm 时宜设置企口缝；横向缝则采用假缝形式。假缝的处理是上部有缝，但不贯通地面，其目的是引导垫层的收缩裂缝集中于该处。

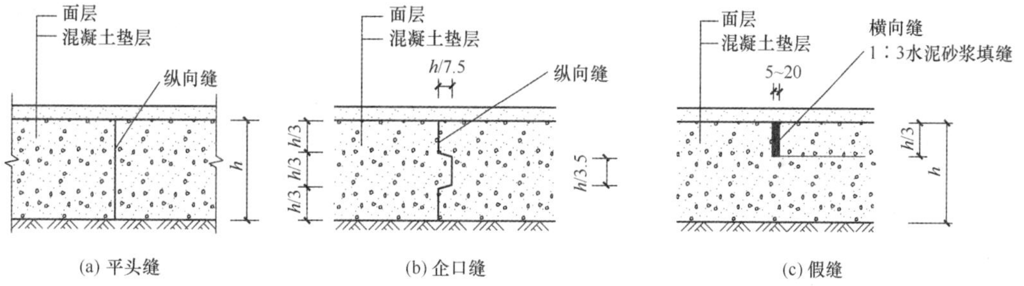

图 10.59　混凝土垫层伸缩缝形式（单位：mm）

（3）基层

基层是承受上部荷载的土壤层，是经过处理后的低级土层，最常见的处理方法是素土夯实。地基处理的好坏直接影响地面的承载力，因此地基应均匀密实，不得用湿土、淤泥、腐殖质土、冻土及有机物含量大于 8% 的土作填料。若地基土松软，可加入碎石、碎砖等夯实，以加强基层的承载能力。

2．地面细部构造

（1）变形缝

地面变形缝的位置应与建筑物的变形缝一致。同时，在一般地面与振动大的设备基础之间应设置变形缝，在厂房内局部地面上堆放的荷载与相邻地段相差悬殊时也应设置变形缝。变形缝应贯穿地面各构造层（图 10.60）。

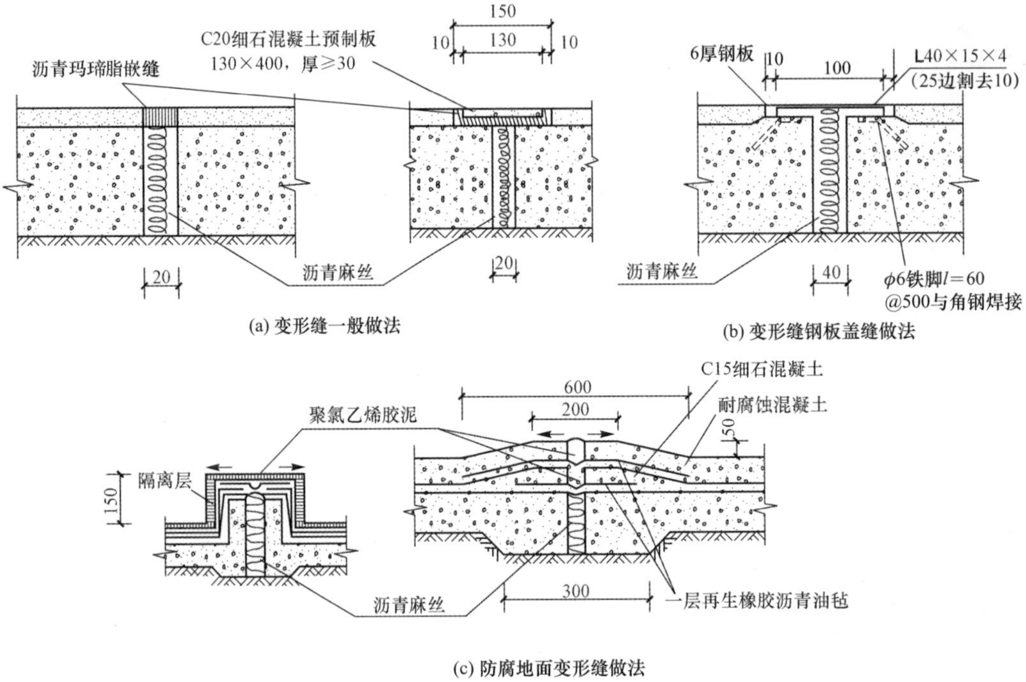

图 10.60　地面变形缝构造（单位：mm）

在经常有较大冲击、磨损或车辆行驶等强烈机械作用的地面变形缝处，应做角钢或扁铁护边。防腐地面处应尽量避免设置变形缝，确需要设置时，则可在变形缝两侧利用面层或垫层加厚的方式作挡水，并做好挡水和缝间的防腐处理。

（2）地面排水坡度

当生产过程中有大量液体洒落在地面上时，需要进行排水处理。较光滑的地面坡度取 1% ～ 2%，较粗糙的地面坡度可取 2% ～ 3%。地面排水大多采用明沟，明沟不宜过宽，以免影响通行和生产操作，一般为 100 ～ 250mm，过宽时加设盖板或篦子，沟底最浅处为 100mm，沟底纵向坡度一般为 0.5%。

（3）交界缝

两种不同材料的地面，由于强度不同，接缝处易受到破坏，应根据使用情况采取措施加强。当厂房内车辆行驶频繁、磨损大时，应在交界处的垫层中预埋钢板焊接角钢嵌边，或用混凝土预制块加固。防腐地面与一般地面交界处，应设置挡水条，防止腐蚀性液体泛流（图 10.61）。

（4）坡道

厂房的室内外高差一般为 150mm。为便于各种车辆通行，在门外侧设置坡道，坡道宽度应较门洞口大出 1200mm，坡度一般为 10% ～ 15%，最大不超过 30%，若采用大于 10% 的坡度，其面层应做防滑齿槽。当车间有铁轨通入时，则坡道设置在铁轨两侧（图 10.62）。

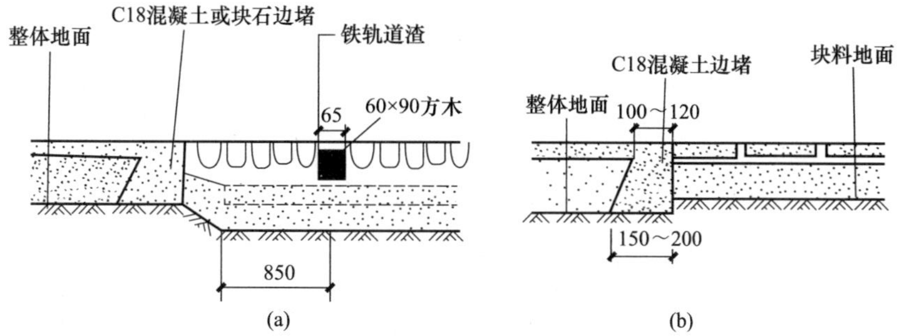

图 10.61　交界缝构造（单位：mm）

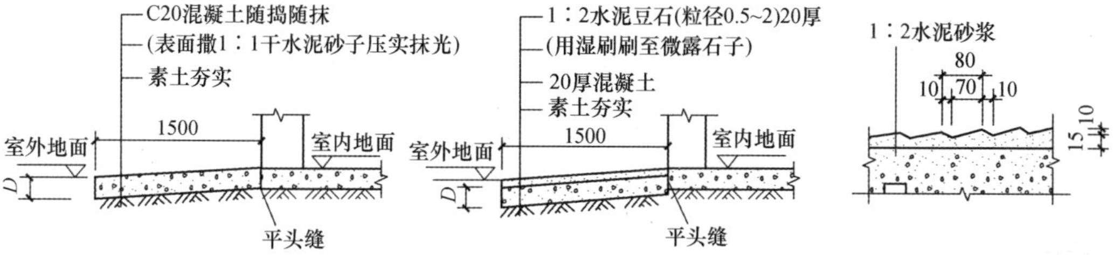

图 10.62　坡道构造（单位：mm）

（5）地沟

由于生产工艺的需要，厂房内有各种生产管道需要设置在地沟里。地沟由底板、沟壁、盖板三部分组成，不同类型地沟构造如图 10.63 所示。常用的地沟有砖砌地沟和混凝土地沟。砖砌地沟适用于沟内无防酸碱要求，沟外部也不受地下水影响的厂房。砖砌地沟沟壁厚度一般为 120 ～ 490mm，上端设置混凝土垫梁，以支撑盖板。砖砌地沟一般需做防潮处理，做法是在壁外刷冷底子油一道，热沥青两道，沟壁内抹 20mm 的 1 ∶ 2 水泥砂浆，内掺 3% 防水剂。沟底须做垫坡，其坡度为 0.5% ～ 1%。要求防水时，沟壁及沟底均应做防水处理。沟深及沟宽根据敷设及检修管线的要求确定。盖板根据荷载大小制成配筋预制板。

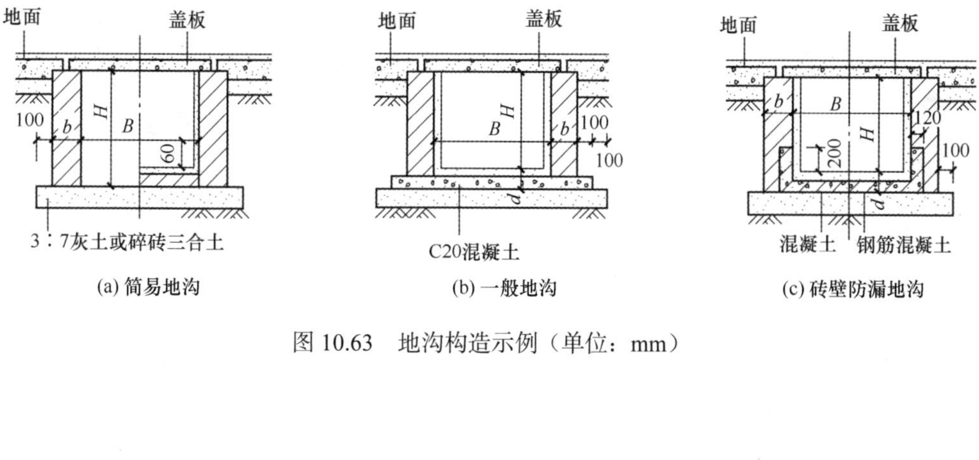

图 10.63　地沟构造示例（单位：mm）

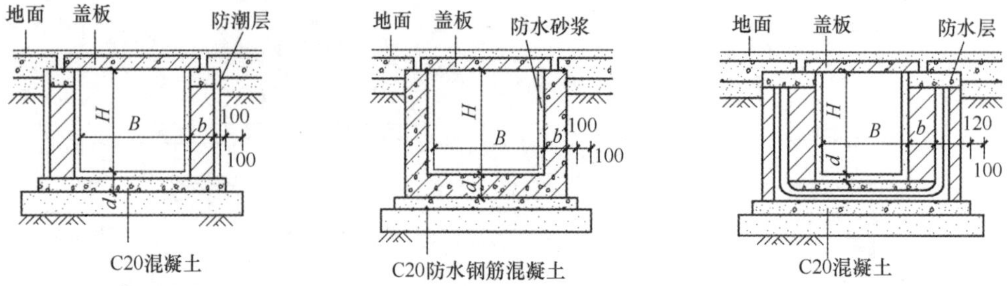

(d) 防潮地沟　　(e) 防水地沟　　(f) 防水地沟

图 10.63（续）

10.5.2 其他设施

1．钢梯

单层工业厂房由于其内部空间和设备高度较大，需要设置各种钢梯，主要有作业钢梯、吊车钢梯和消防检修钢梯等。

（1）作业钢梯

作业钢梯多选用定型构件，坡度有 45°、59°、73°、90°等类型（图 10.64）。

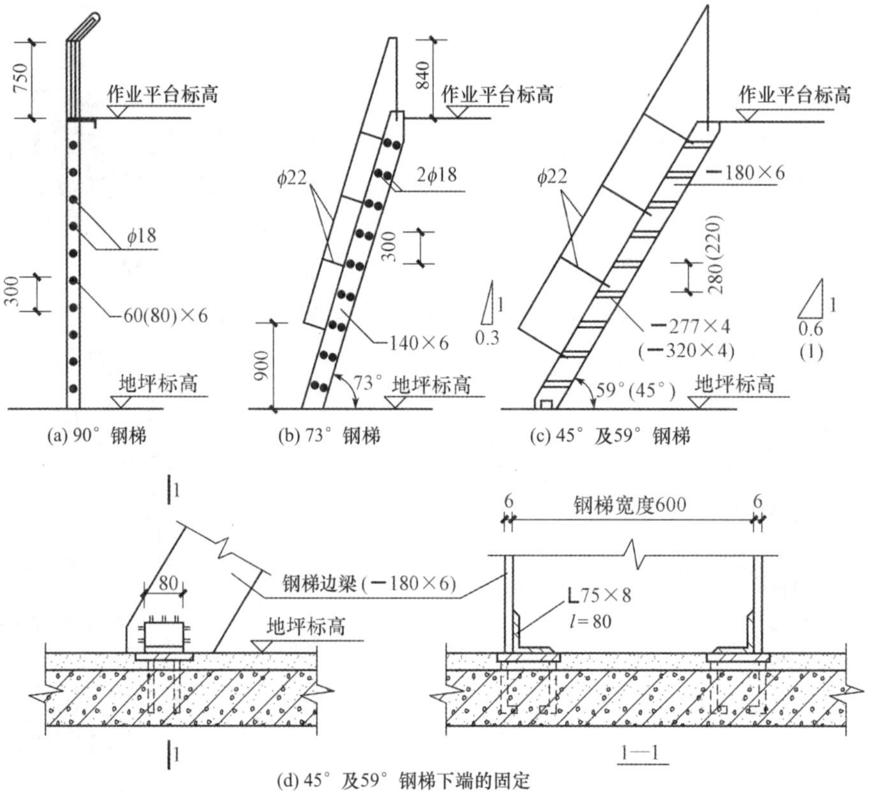

(a) 90°钢梯　　(b) 73°钢梯　　(c) 45°及59°钢梯

(d) 45°及59°钢梯下端的固定

图 10.64　作业钢梯

作业钢梯的踏步可采用钢筋或网纹钢板，两端焊在角钢或槽钢的钢梯边梁上，边梁的下端与地面混凝土基础中的预埋钢板焊接，边梁的上端固定在作业平台钢梁或钢筋混凝土梁的预埋铁件上。

（2）吊车钢梯

为方便起重机司机上下，应在有起重机司机室的一侧设置吊车钢梯及平台，且不能影响生产工艺布置和生产操作。吊车钢梯一般为斜梯，可以是直行单跑或双跑梯段（图 10.65）。

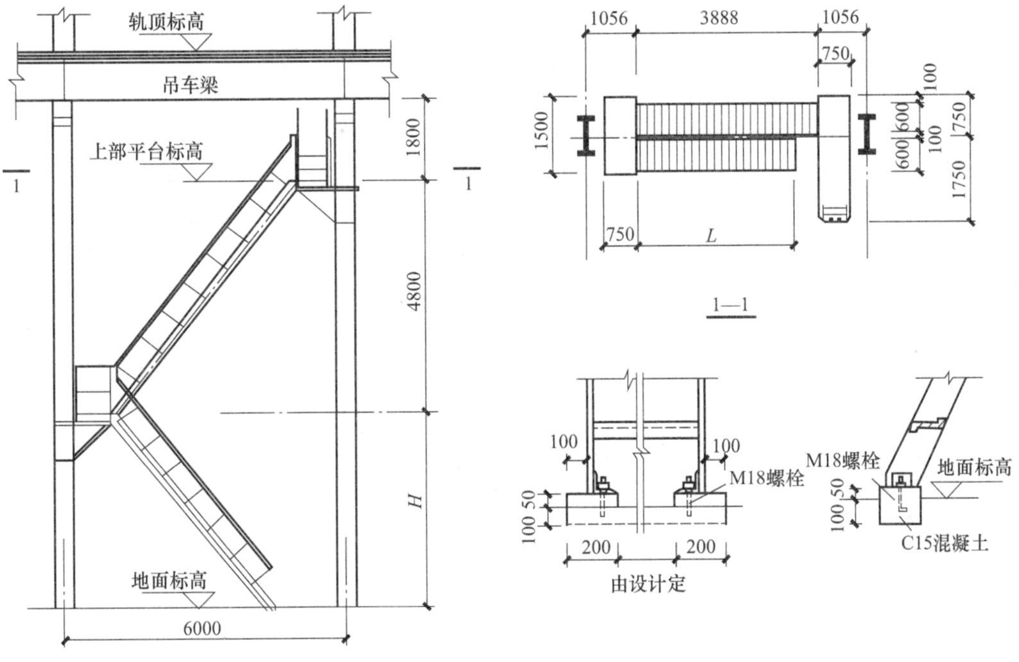

图 10.65 吊车钢梯

（3）消防检修钢梯

当单层工业厂房屋面高度大于 9m 时，应设置通至屋面的室外钢梯，用于屋面检修和消防。消防检修钢梯一般设置在厂房的外墙上，多为直梯。

当厂房高度过大时，应考虑设置有休息平台的斜梯。

2. 安全走道板

安全走道板沿吊车梁顶面敷设，主要用于检修起重机和维修起重机轨道，由支架、走道板和栏杆组成。

走道板有木板、钢板和钢筋混凝土板等，一般用钢支架支撑固定，若利用外墙支撑，可不另设支架；当走道板设置在中柱而中柱两侧吊车梁轨顶等高时，走道板可直接铺在两个吊车梁上（图 10.66）。

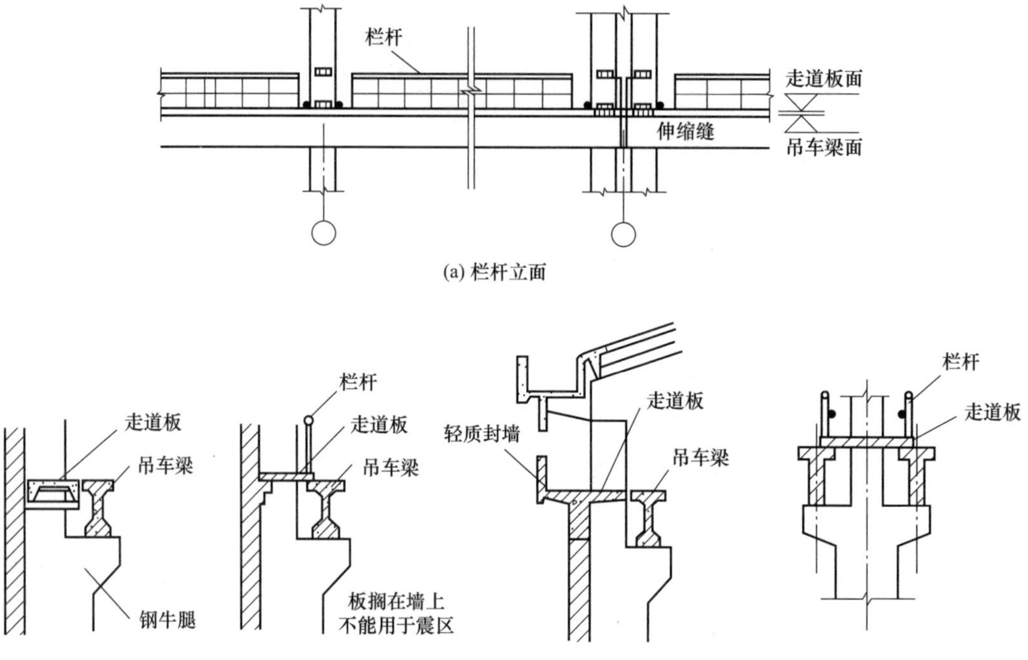

图 10.66　走道板的设置与构造

3. 隔断

用隔断可以在单层工业厂房内分隔出车间办公室、工具间、临时仓库等房间。常用的隔断有木板隔断、金属网隔断、钢筋混凝土板隔断、铝合金隔断和混合隔断等。

（1）金属网隔断

金属网隔断由金属框架和金属网组成。金属网有镀锌钢丝网和钢板网两种。金属网隔断透光性好、灵活性大，可用于生产工段的分隔（图 10.67）。

（2）钢筋混凝土板隔断

钢筋混凝土板隔断多为预制装配式，施工方便，防火性能好，适用于温度高的车间（图 10.68）。

（3）混合隔断

混合隔断一般采用柱距为 3m 左右的砖柱，柱间砌筑高约为 1m 的砖墙，上部安装玻璃木隔断、玻璃铝合金隔断或金属网隔断等。

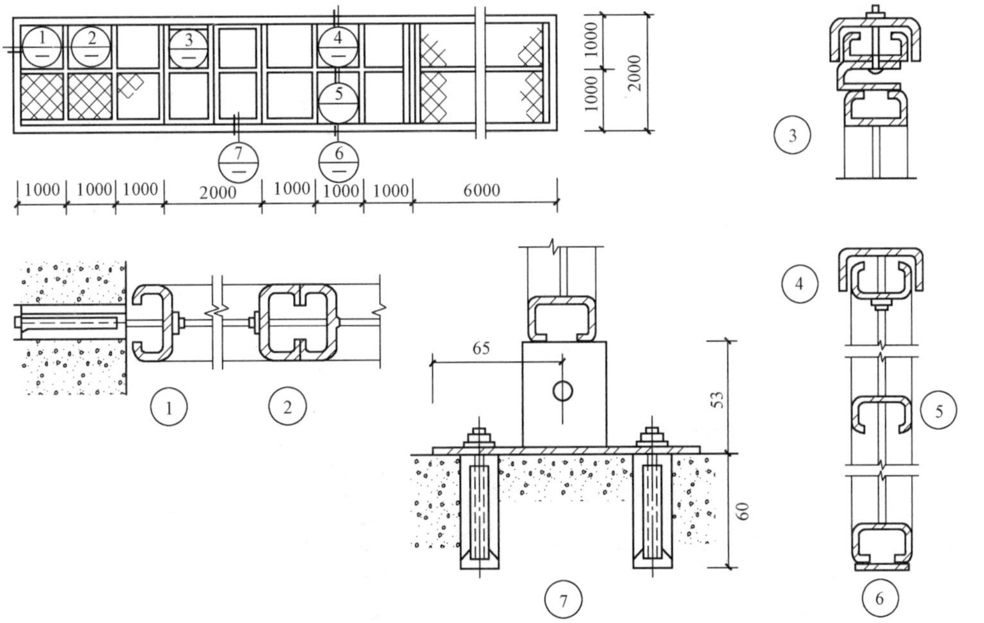

图 10.67　金属网隔断构造

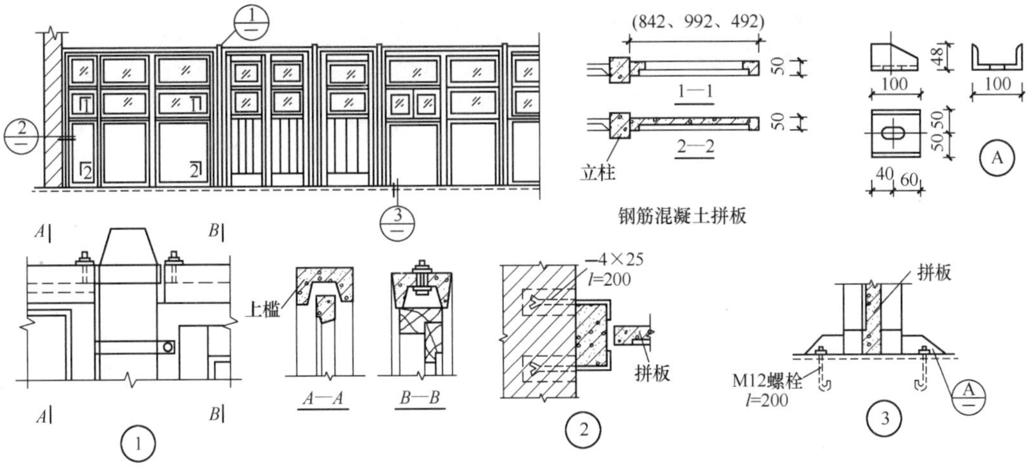

图 10.68　钢筋混凝土板隔断构造

链 接

科洛弗高分子工业地板的特点和应用

科洛弗高分子工业地板（图 10.69）是一种采用聚氯乙烯为原材料通过高温热压成型的地板，此地板具备防油性、抗污性、抗腐蚀、防水防潮、施工工期短、维修简单、耐磨性好、抗静电、重载、能过叉车、环保无毒、可回收再利用等优点。这种产品各项性能指标均衡且优异，应用将逐渐增大，市场前景广阔。科洛弗地板可以用于无尘车间及高等级洁净室，精密仪器等行业车间、医院手术室等对地板要求非常精密的场所，在基础地面满足安装条件的情况下还可以应用于地下车库等场所。

图 10.69　科洛弗高分子工业地板

本章小结

1．工业厂房的结构构件及构造组成。

2．墙体的种类及构造方式。

3．工业厂房屋面与民用建筑不同的几种常用排水方式及构件自防水的构造做法。

4．工业厂房大门的种类及侧窗的组合方式；天窗是工业厂房特有的构造形式。

5．工业生产的复杂多样性导致厂房内的地面及一些附属设备具有与民用建筑风格迥异的构造做法。

课后习题

1. 试述单层厂房屋盖结构的类型与构件之间的连接构造。
2. 工业厂房基础有哪些类型？杯口基础的构造是什么？
3. 吊车梁的种类及特点有哪些？
4. 简述支撑的作用、种类及其设置要求。
5. 简述抗风柱的作用及其与屋架的连接构造。
6. 屋面排水的方式有哪几种？
7. 卷材防水屋面与民用建筑比较有哪些特点？
8. 简述构件自防水屋面的种类与构造要点。
9. 屋面隔热的形式及特点是什么？
10. 天窗的作用与类型有哪些？
11. 简述外墙与柱的位置关系及其优缺点。
12. 砖墙与柱、屋架的连接方法有哪些？
13. 墙板与柱的连接方法有哪些？
14. 板材墙垂直缝和水平缝的防雨构造是什么？
15. 厂房侧窗有何特点？
16. 厂房侧窗的形式及适用范围是什么？
17. 平开大门及推拉大门的构造是什么？

学习小结

（沿此虚线裁剪）

观后感

要求：观看工业厂房相关视频，了解工业厂房的建造过程。

（沿此虚线裁剪）

参 考 文 献

郭学明，王炳洪，王俊，2020．装配式混凝土建筑：设计问题分析与对策［M］．北京：机械工业出版社．

胡向磊，2019．建筑构造图解［M］．2 版．北京：中国建筑工业出版社．

金虹，2010．房屋建筑学［M］．2 版．北京：科学出版社．

李必瑜，魏宠杨，覃琳，2019．建筑构造［M］．6 版．北京：中国建筑工业出版社．

苏炜，2017．建筑构造［M］．2 版．大连：大连理工大学出版社．

肖芳，2021．建筑构造［M］．3 版．北京：北京大学出版社．

中华人民共和国住房和城乡建设部，2008．建筑门窗洞口尺寸系列：GB 5824—2008［S］．北京：中国标准出版社．

中华人民共和国住房和城乡建设部，国家质量监督检验检疫总局，2012．屋面工程技术规范：GB 50345—2012［S］．北京：中国建筑工业出版社．

中华人民共和国住房和城乡建设部，2014．装配式混凝土结构技术规程：JGJ 1—2014［S］．北京：中国建筑工业出版社．

中华人民共和国住房和城乡建设部，2015．混凝土结构设计规范（2015 年版）：GB 50010—2010［S］．北京：中国建筑工业出版社．

中华人民共和国住房和城乡建设部，2018．建筑设计防火规范（2018 年版）：GB 50016—2014［S］．北京：中国计划出版社．

中华人民共和国住房和城乡建设部，2019．民用建筑设计统一标准（2019 年版）：GB 50352—2019［S］．北京：中国建筑工业出版社．